普通高等教育"十三五"规划教材
高等院校计算机系列教材

网络互联技术与实训

主　编　管　华　张　琰　王　勇
副主编　吴劲芸　桂兵祥　王　慧

华中科技大学出版社
中国·武汉

内 容 简 介

本书为实训教材,结合案例,详细介绍了如何进行计算机网络实验操作。全书共分为9章,讲解了网络互联的基本理论和关键技术,涉及最新主流网络技术,如网络基础、交换技术、路由技术和防火墙技术等。本书先后介绍了综合布线、网络故障检测;还介绍了网络项目规划和设计,并在此基础上详细介绍了路由器、交换机和防火墙的配置。本书内容包括综合布线、网络基础、网络命令和故障检测、网络建设项目规划和设计、网络架构、交换机基础技术、交换机高级技术(VLAN、ACL)、路由器技术、防火墙及网络安全、综合实训、厂家网络实验平台等。实践环节包括了39个实验和3个实训。主要网络实验内容包括综合布线、基本网络命令、网络抓包、交换机和路由器的配置和管理、防火墙配置、NAT 和 VPN 技术等。通过各任务的实施,完成网络互联技术的技能训练。

通过对本书的学习,使读者能够对网络互联知识有一个比较系统的了解,掌握计算机网络特别是网络互联的基本概念,了解网络互联的各种关键技术及其基本手段和常用方法。学习实践 IP、RIP、OSPF、VLAN、ACL、VPN 技术等目前主流网络协议及其在系统集成项目中的应用;了解当前各类主流网络技术、主流厂商的路由器和交换机等网络设备的调试。本书以实训案例为主线,内容覆盖面广,各个实训案例结合理论但又不限于理论。根据实际开发项目,进行一定的修改与剪裁,接近实际项目,难度适当,并让学生在有限的时间内能完成项目。

本书可作为本科院校计算机类或相近专业的"计算机网络""网络工程""网络互联技术"等课程的实验教材,也可作为其他工科类专业"计算机网络及应用"课程的实验教材,还可作为从事网络安全、网络管理、信息系统开发、系统集成的技术人员和相关行业技术人员的参考书。

图书在版编目(CIP)数据

网络互联技术与实训/管华,张琰,王勇主编. —武汉:华中科技大学出版社,2019.1
ISBN 978-7-5680-4959-7

Ⅰ.①网… Ⅱ.①管… ②张… ③王… Ⅲ.①计算机网络-高等学校-教材 Ⅳ.①TP393

中国版本图书馆 CIP 数据核字(2019)第 012573 号

网络互联技术与实训 管 华 张 琰 王 勇 主编
Wangluo Hulian Jishu yu Shixun

策划编辑:范 莹	
责任编辑:余 涛	
封面设计:原色设计	
责任监印:赵 月	
出版发行:华中科技大学出版社(中国·武汉)	电话:(027)81321913
武汉市东湖新技术开发区华工科技园	邮编:430223
录 排:武汉市洪山区佳年华文印部	
印 刷:武汉华工鑫宏印务有限公司	
开 本:787mm×1092mm 1/16	
印 张:21.5	
字 数:471 千字	
版 次:2019 年 1 月第 1 版第 1 次印刷	
定 价:49.80 元	

本书若有印装质量问题,请向出版社营销中心调换
全国免费服务热线:400-6679-118 竭诚为您服务
版权所有 侵权必究

前 言

随着计算机网络技术的迅猛发展和网络信息系统的深入应用,信息网络的国际化和社会化使人类社会的生活方式发生了重大变化。网络化、数字化应用业务大量涌现,网上购物、网上炒股、视频会议、远程教育、电子政务、网络银行、数字图书馆等走进了我们的生活中。随着网络的升级和万兆网的发展,目前国产的华为、锐捷等国产厂商的设备逐步取代思科等国外厂商的设备。本书以当前主流国内网络厂商华为和锐捷的设备为基础,重点讲述了网络互联技术问题,涵盖了网络互联的基本概念、综合布线、交换机技术、路由器技术、防火墙技术等方面的知识,力求从简洁、全面、前沿、深刻的视角分析网络互联技术的规划和使用。

全书共分为9章,第1章重点介绍了局域网传输介质的分类,认识线缆及工具,包括光缆、双绞线、做线工具、水晶头、信息模块、双绞线配线架。介绍了综合布线系统目标及技术要求,详细介绍了布线系统的几个组成部分。阐述了结构化布线系统内的连接类型、安装及验收标准或规范等。综合布线实验包括双绞线跳线的制作与测试和双绞线与信息模块的连接实验。

第2章介绍了网络的基础知识和交换机路由器基础知识,包括计算机网络分层结构、变长子网掩码、划分子网。阐述了网络故障的检查方法及网络故障原因分析。对常用的网络故障测试命令,如 ipconfig、ping、tracert、pathping、netstat、arp、nslookup、Nbtstat、route 命令,简单说明了它们的基本用法。介绍了 Wireshark 抓包工具的界面和基本用法。网络故障测试实验包括常用网络命令的使用和 Wireshark 抓网络数据包实验。

第3章阐述了局域网规划基础知识、VLAN 简介、VLAN 的规划设计、局域网 IP 连接口类型、局域网网络架构设计、网络设计和实施过程。

第4章介绍了交换机的基本工作原理、生成树协议。主要内容包括交换机的远程配置方式、华为和锐捷交换机的基本配置、华为和锐捷交换机的生成树协议模式及配置。

第5章叙述了交换机高级操作,锐捷、华为交换机的 VLAN 配置,VLAN 部署应用案例,访问控制列表 ACL 等。VLAN 实验包括在单台和多台锐捷交换机上划分 VLAN,ACL 的配置实验。华为实验涉及 VLAN 配置、VLAN 间通过 VLANIF 接口通信。

第6章讲解了路由器及其功能和分类。介绍了常见的几个路由协议,包括静态路由、RIP、OSPF 及各种路由协议比较。阐述了华为、锐捷路由器的配置方式和 NAT 技术。实验包括配置静态路由、RIP、OSPF 路由协议、路由器 NAT 的配置、利用 ACL 进行网络流量的控制。

第7章阐述了防火墙的概念、基本功能、构成。介绍了防火墙技术分类,包括应用代理型级、包过滤防火墙、状态检测防火墙等。简单介绍了锐捷网络防火墙使用,重点介绍了华为防火墙配置方式和华为防火墙配置步骤,认识了防火墙 NAT 的功能和配置。详细介绍了虚拟专用网(VPN)技术,重点以 IPSec VPN 例,介绍了华为 IPSec VPN 的配置。锐捷防火墙实验包括 Web 基本实验、使用 Web 实现安全的访问控制和实现安全 NAT 功能。华为防火墙实验包括基本配置实验、配置 Site-to-Site IPSec VPN、配置采用 Manual 方式协商的 IPSec 隧道、配置域间 NAT 和内部服务器、防火墙安全区域及安全策略配置实验。

第 8 章阐述了三类综合模拟实现网络的大型综合实验：园区组网、校园网组网、网吧组建。介绍了实验环境、方案设计和实验要求，以加深对网络环境的理解。

第 9 章介绍了锐捷网络设备以及应用。重点介绍了锐捷产品的交换机、路由器、防火墙等系列产品以及网络实验室机架控制和管理服务器 RG-RCMS，锐捷网络实验室使用方法。介绍了华为网络仿真工具平台 eNSP、华为网络实验室主要网络设备类型。

附录提供了缩略语、思科（锐捷）网络命令参考和华为网络命令参考。

另外，为了方便教师教学，本书配有免费电子教学课件、试题库、基于网络设备模拟器的源代码备份等资料。本书还提供所有本书涉及的实验所需的完整学生实验报告及配置文件备份。本书提供完整的教学资源，如有需要请发电子邮件向作者索取。

本书的编写来源于网络实践，从实用的网络应用实验到网络综合设计，逐步深入，力求将复杂的网络技术应用到实际的工作中，达到理论联系实际的目的。每个实验都有实验目的、网络拓扑、实验原理、实验过程、实验小结，有助于学生通过实践提升理论水平。希望解决网络工程实践教学和工程能力培养的一些问题。书中提供了来自企业施工中真实的工程项目案例和解决方案，会让读者获益匪浅。本书的实验平台依托国内网络实验室应用最广泛的华为和锐捷设备，并附带详细的产品介绍。本书主编既有从事校园网络实践工作十多年的工程实践一线人员，也有执教计算机网络课程十多年的一线老师，本书的编写融入了他们多年的网络工程实践和教学经验，力图反映网络发展的最新技术。

本书由湖北中医药大学的管华负责全书统稿定稿工作，其中管华、张琰、王勇、吴劲芸、桂兵祥、王慧等参加了全书的编写工作。武汉轻工大学网络与信息中心主任丰洪才教授认真地审阅了全书，并提出了宝贵意见。刘兵、吴煜煌等参加了本书大纲的讨论。另外，本书在编写过程中，得到了湖北中医药大学网络与教育技术中心和信息工程学院的领导的关心和支持，在此一并表示衷心的感谢。

由于网络互联技术发展非常快，本书涉及内容较多，加之编者水平有限、时间仓促，书中难免存在不足与疏漏之处，敬请广大读者和同行批评指正，以便进一步完善提高。欢迎通过电子信箱 3018@hbtcm.edu.cn 来信告知。

编　者
2018 年 9 月于武汉

目 录

第1章 综合布线 ………………………………………………………………… (1)
  1.1 局域网传输介质简介 ………………………………………………… (1)
    1.1.1 光缆 ……………………………………………………………… (1)
    1.1.2 双绞线 …………………………………………………………… (6)
    1.1.3 做线工具 ………………………………………………………… (8)
    1.1.4 水晶头 …………………………………………………………… (9)
    1.1.5 信息模块 ………………………………………………………… (11)
    1.1.6 双绞线配线架 …………………………………………………… (12)
  1.2 综合布线系统组成及技术要求 ……………………………………… (12)
    1.2.1 布线系统设计目标 ……………………………………………… (13)
    1.2.2 工作区子系统 …………………………………………………… (13)
    1.2.3 水平子系统 ……………………………………………………… (14)
    1.2.4 干线子系统 ……………………………………………………… (14)
    1.2.5 建筑群子系统 …………………………………………………… (15)
    1.2.6 管理子系统 ……………………………………………………… (15)
    1.2.7 设备间子系统 …………………………………………………… (16)
    1.2.8 综合布线系统内的连接类型 …………………………………… (16)
  1.3 综合布线实验 ………………………………………………………… (17)
    实验1-1 双绞线跳线的制作与测试 ……………………………… (17)
    实验1-2 双绞线与信息模块的连接 ……………………………… (19)

第2章 网络测试和故障检测 …………………………………………………… (22)
  2.1 网络基础知识 ………………………………………………………… (22)
    2.1.1 计算机网络分层结构 …………………………………………… (22)
    2.1.2 交换机和路由器基础知识 ……………………………………… (23)
    2.1.3 划分子网 ………………………………………………………… (24)
  2.2 网络故障 ……………………………………………………………… (26)
    2.2.1 网络故障的检查方法 …………………………………………… (26)
    2.2.2 网络故障原因分析 ……………………………………………… (27)
  2.3 常用的网络故障测试命令 …………………………………………… (30)
    2.3.1 ipconfig ………………………………………………………… (30)
    2.3.2 ping ……………………………………………………………… (31)
    2.3.3 tracert …………………………………………………………… (35)
    2.3.4 pathping ………………………………………………………… (37)

  2.3.5 netstat ……………………………………………………………………(38)
  2.3.6 arp ………………………………………………………………………(39)
  2.3.7 nslookup …………………………………………………………………(39)
  2.3.7 Nbtstat …………………………………………………………………(40)
  2.3.8 route ……………………………………………………………………(40)
 2.4 Wireshark 应用简介 ……………………………………………………………(41)
  2.4.1 Wireshark 主界面介绍 ………………………………………………(41)
  2.4.2 Wireshark 抓包工作步骤 ……………………………………………(43)
 2.5 网络故障测试实验 ………………………………………………………………(44)
  实验 2-1 常用网络命令的使用 …………………………………………………(44)
  实验 2-2 Wireshark 抓网络数据包实验 ………………………………………(50)

第 3 章 网络规划与设计 ……………………………………………………………(57)
 3.1 VLAN 基础 ………………………………………………………………………(57)
  3.1.1 VLAN 概念 ……………………………………………………………(57)
  3.1.2 VLAN 帧的格式 ………………………………………………………(58)
 3.2 网络 IP 连通接口类型 …………………………………………………………(58)
  3.2.1 常见的交换机接口类型 ………………………………………………(58)
  3.2.2 三层交换机间的 IP 连通路由模式 …………………………………(60)
 3.3 VLAN 的规划设计 ………………………………………………………………(62)
  3.2.1 VLAN 的规划基础 ……………………………………………………(62)
  3.2.2 VLAN 的设计 …………………………………………………………(64)
 3.3 局域网的网络架构设计 …………………………………………………………(65)
  3.3.1 基于网络分层设计 ……………………………………………………(65)
  3.3.2 扁平化的两层结构 ……………………………………………………(66)
  3.3.3 "233 架构"模型分析 …………………………………………………(67)
 3.4 网络规划与设计实施案例分析 …………………………………………………(68)
  3.4.1 网络规划与设计 ………………………………………………………(68)
  3.4.2 网络实施 ………………………………………………………………(70)

第 4 章 交换机的基本操作 …………………………………………………………(74)
 4.1 交换机基本知识 …………………………………………………………………(74)
  4.1.1 交换机的分类 …………………………………………………………(74)
  4.1.2 交换机选型参数 ………………………………………………………(74)
  4.1.3 交换机的常见接口(光口和电口) ……………………………………(74)
  4.1.4 交换机连接方式 ………………………………………………………(75)
 4.2 802.1d 生成树协议(STP) ………………………………………………………(78)
  4.2.1 STP 的简介 ……………………………………………………………(78)
  4.2.2 第二层高可用性实现 …………………………………………………(79)
  4.2.3 锐捷链路汇聚 …………………………………………………………(80)

4.2.4 华为生成树协议模式 ……………………………………………………(80)
4.3 交换机基本配置 ………………………………………………………………(85)
　　4.3.1 锐捷交换机的基本配置 …………………………………………………(85)
　　4.3.2 华为交换机的基本配置 …………………………………………………(91)
4.4 交换机实验 ……………………………………………………………………(95)
　　实验 4-1 配置锐捷交换机支持 Telnet ……………………………………(95)
　　实验 4-2 锐捷交换机的命令模式及基本配置 ……………………………(97)
　　实验 4-3 华为以太网接口和链路配置 ……………………………………(98)
　　实验 4-4 锐捷交换机配置 STP ……………………………………………(101)
　　实验 4-5 华为交换机配置 STP ……………………………………………(103)
　　实验 4-6 华为交换机配置 RSTP 功能 ……………………………………(113)
　　实验 4-7 锐捷交换机配置快速生成树协议 RSTP …………………………(117)

第 5 章 交换机的高级操作………………………………………………………(119)
5.1 锐捷交换机 VLAN 配置 ………………………………………………………(119)
　　5.1.1 VLAN 配置命令 …………………………………………………………(119)
　　5.1.2 一个 VLAN 配置案例 …………………………………………………(121)
5.2 华为交换机 VLAN 配置 ………………………………………………………(122)
　　5.2.1 华为交换机端口类型 …………………………………………………(122)
　　5.2.2 华为交换机 VLAN 配置命令 …………………………………………(123)
5.3 VLAN 部署应用案例 …………………………………………………………(125)
　　5.3.1 案例介绍 ………………………………………………………………(125)
　　5.3.2 案例拓扑图 ……………………………………………………………(126)
　　5.3.3 案例配置 ………………………………………………………………(126)
5.4 访问控制列表 …………………………………………………………………(130)
　　5.4.1 访问控制列表 ACL 简介 ………………………………………………(130)
　　5.4.2 ACL 的分类 ……………………………………………………………(131)
　　5.4.3 锐捷访问控制列表配置 ………………………………………………(131)
　　5.4.4 华为访问控制列表配置 ………………………………………………(134)
5.5 交换机高级实验 ………………………………………………………………(136)
　　实验 5-1 使用单台锐捷交换机进行 VLAN 划分 …………………………(136)
　　实验 5-2 跨锐捷交换机的 VLAN 划分 ……………………………………(138)
　　实验 5-3 华为交换机 VLAN 配置 …………………………………………(141)
　　实验 5-4 锐捷交换机扩展访问控制列表配置 ……………………………(145)
　　实验 5-5 锐捷交换机使用 MACACL 进行访问控制 ………………………(148)
　　实验 5-6 华为交换机 VLAN 间通过 VLANIF 接口通信 …………………(149)

第 6 章 路由器技术………………………………………………………………(152)
6.1 路由器简介 ……………………………………………………………………(152)
　　6.1.1 路由器功能 ……………………………………………………………(152)

6.1.2　路由表 …………………………………………………………………………（153）
　　6.1.3　路由器的分类 ……………………………………………………………………（153）
6.2　路由协议简介 …………………………………………………………………………（154）
　　6.2.1　静态路由 …………………………………………………………………………（154）
　　6.2.2　RIP ………………………………………………………………………………（155）
　　6.2.3　OSPF ……………………………………………………………………………（158）
　　6.2.4　各种路由协议比较与选择 ………………………………………………………（161）
6.3　路由器的配置 …………………………………………………………………………（162）
　　6.3.1　路由器的配置基础知识 …………………………………………………………（162）
　　6.3.2　锐捷路由器的基本配置 …………………………………………………………（163）
　　6.3.3　华为路由器配置 …………………………………………………………………（165）
　　6.3.4　路由器配置案例 …………………………………………………………………（168）
6.4　NAT 技术 ……………………………………………………………………………（170）
　　6.4.1　NAT 简介 …………………………………………………………………………（170）
　　6.4.2　NAT 分类 …………………………………………………………………………（171）
　　6.4.3　锐捷 NAT 配置 …………………………………………………………………（173）
　　6.4.4　华为 NAT 配置 …………………………………………………………………（173）
6.5　路由器的基本实验 ……………………………………………………………………（176）
　　实验 6-1　锐捷路由器的基本配置 ……………………………………………………（176）
　　实验 6-2　华为路由基础配置 …………………………………………………………（178）
　　实验 6-3　锐捷路由器静态路由、缺省路由的配置 …………………………………（182）
　　实验 6-4　华为路由器配置静态路由和缺省路由 ……………………………………（186）
　　实验 6-5　锐捷路由器 VLAN 配置-单臂路由 ………………………………………（193）
　　实验 6-6　华为路由器 VLAN 间路由（单臂路由）……………………………………（194）
　　实验 6-7　锐捷路由器 RIP 路由协议配置 ……………………………………………（197）
　　实验 6-8　华为路由器配置 RIPv1 和 RIPv2 …………………………………………（199）
　　实验 6-9　华为路由器 RIPv2 路由汇总和认证 ………………………………………（206）
　　实验 6-10　锐捷路由器单区域 OSPF 广播多路访问配置 …………………………（215）
　　实验 6-11　华为路由器 OSPF 单区域配置 …………………………………………（217）
　　实验 6-12　锐捷路由器静态 NAT 的配置 ……………………………………………（227）
　　实验 6-13　华为路由器 NAT 的配置 …………………………………………………（230）
　　实验 6-14　华为交换机路由器配置 ACL 过滤企业数据 ……………………………（234）

第 7 章　防火墙技术 ……………………………………………………………………（238）
7.1　防火墙简介 ……………………………………………………………………………（238）
　　7.1.1　防火墙概念 ………………………………………………………………………（238）
　　7.1.2　防火墙的基本功能 ………………………………………………………………（239）
　　7.1.3　防火墙的构成 ……………………………………………………………………（239）
7.2　防火墙技术分类 ………………………………………………………………………（240）

7.2.1　防火墙的基本类型 …………………………………………………………（240）
　　7.2.2　应用代理型防火墙 …………………………………………………………（242）
　　7.2.3　包过滤防火墙 ………………………………………………………………（242）
　　7.2.4　状态检测防火墙 ……………………………………………………………（244）
　　7.2.5　四类防火墙的对比 …………………………………………………………（244）
7.3　锐捷网络防火墙使用 ………………………………………………………………（244）
7.4　华为防火墙配置 ……………………………………………………………………（245）
　　7.4.1　华为防火墙配置方式 ………………………………………………………（245）
　　7.4.2　华为防火墙配置步骤 ………………………………………………………（248）
7.5　防火墙 NAT 的配置以及使用 ……………………………………………………（250）
7.6　虚拟专用网（VPN）技术 …………………………………………………………（251）
　　7.6.1　VPN 简介 ……………………………………………………………………（251）
　　7.6.2　IPSec VPN …………………………………………………………………（253）
7.7　防火墙实验 …………………………………………………………………………（261）
　　实验 7-1　锐捷防火墙 Web 基本实验 …………………………………………（261）
　　实验 7-2　使用锐捷防火墙 Web 实现安全的访问控制 ………………………（264）
　　实验 7-3　华为防火墙基本配置实验 ……………………………………………（268）
　　实验 7-4　华为防火墙配置 Site-to-Site IPSec VPN …………………………（272）
　　实验 7-5　华为防火墙配置采用 Manual 方式协商的 IPSec 隧道举例 ………（279）
　　实验 7-6　使用锐捷防火墙实现安全 NAT 功能 ………………………………（283）
　　实验 7-7　华为防火墙配置域间 NAT 和内部服务器举例 ……………………（288）
　　实验 7-8　华为防火墙安全区域及安全策略配置 ………………………………（291）

第 8 章　综合实训 ……………………………………………………………………（302）
8.1　园区网组网实例（大中型企业级网络）…………………………………………（302）
　　8.1.1　案例介绍 ……………………………………………………………………（302）
　　8.1.2　方案设计 ……………………………………………………………………（302）
　　8.1.3　实验要求 ……………………………………………………………………（303）
8.2　校园网组网实例 ……………………………………………………………………（305）
　　8.2.1　实例环境 ……………………………………………………………………（305）
　　8.2.2　方案设计 ……………………………………………………………………（306）
　　8.2.3　实验要求 ……………………………………………………………………（310）
8.3　网吧的组建 …………………………………………………………………………（312）
　　8.3.1　案例环境 ……………………………………………………………………（312）
　　8.3.2　方案设计 ……………………………………………………………………（312）
　　8.3.3　实验要求 ……………………………………………………………………（314）

第 9 章　实验室网络设备介绍及应用 ……………………………………………（316）
9.1　锐捷网络产品介绍 …………………………………………………………………（316）
　　9.1.1　锐捷网络实验室主要网络设备类型及介绍 ………………………………（316）

  9.1.2 网络实验室使用方式 …………………………………………………… (317)
 9.2 华为网络产品介绍 ……………………………………………………………… (319)
  9.2.1 华为网络仿真工具平台 eNSP …………………………………………… (319)
  9.2.2 华为网络实验室主要网络设备类型及介绍 ……………………………… (320)

附录 ……………………………………………………………………………………… (324)
 附录1 缩略语 ………………………………………………………………………… (324)
 附录2 常用思科(锐捷)网络命令参考 ……………………………………………… (326)
 附录3 华为网络命令参考 …………………………………………………………… (330)
 附录4 思科与华为常用命令对照表 ………………………………………………… (332)

参考文献 ………………………………………………………………………………… (334)

第1章 综合布线

本章学习目标：掌握局域网传输介质的分类，认识线缆及工具，包括光缆、双绞线、做线工具、水晶头、信息模块、双绞线配线架。了解综合布线系统组成及技术要求，综合布线系统包括工作区子系统、水平子系统、干线子系统、建筑群子系统、管理子系统、设备间子系统。了解综合布线系统内的连接类型。熟悉综合布线实验。

1.1 局域网传输介质简介

网络传输介质按照有线和无线可以分为有线传输介质和无线传输方式。有线传输介质包括双绞线、同轴电缆、光缆等。无线传输方式包括无线电波、微波、红外线、激光、蓝牙。衡量传输介质性能优劣的主要技术指标有传输距离、传输带宽、衰减、抗干扰能力等。下面简单介绍几类常见的网络传输介质，以及网络布线中常见的几个设备。

1.1.1 光缆

光纤是利用光波来进行数据传输的介质，其特点是速度快、距离远（由几百米至几十千米）、带宽大（通常是100M或1000M），而且不受电场影响，不导电，不会被雷击，一般用于楼栋外的线路连接。双绞线和同轴电缆传输数据时使用的是电信号，而光纤传输数据时使用的是光信号。光纤以光脉冲的形式来传输信号，其材料以玻璃或有机玻璃为主，由纤维芯、填充物、包层和保护套等组成，如图 1-1-1 所示。光纤的中心为一由玻璃或透明塑料制成的光导纤维，周围包裹保护材料，根据需要还可以多根光纤放在同一根光缆里。

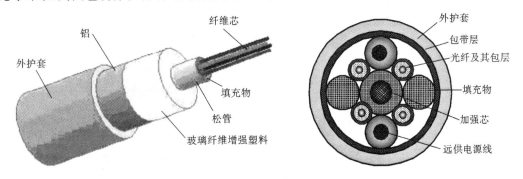

图 1-1-1 光纤的组成

1. 光纤的类型及传输距离

光纤的传输标准主要为百兆、千兆、万兆甚至更高。光纤传输有长波和短波之分，长波的光信号波长在 1310～1550 nm，因具有衰减低、带宽大等优点，适用于长距离、大容量的光纤传输。短波的光信号波长在 600～900 nm，适用于短距离、小容量的光纤传输。根据光纤传输光信号模式的不同,光纤又可分为单模光纤和多模光纤。

单模光纤的典型纤芯直径范围为8～10 μm,单模光纤只能传输一种模式的光,光束能够以单一的模式(无反射)沿纤芯轴心方向传播。单模光纤的模式色散很小,具有极大的带宽,特别适用于大容量、长距离的光纤传输。图1-1-2所示的光纤(黄色)为单模光纤。

多模光纤纤芯的几何尺寸远大于光波波长,一般为50 μm、62.5 μm。光信号是以多个模式进行传播的;多模光纤允许不同模式的光在一根光纤上传输,由于模间色散较大而导致信号脉冲展宽严重,多模光纤仅用于较小容量、短距离的光纤传输,图1-1-3所示的光纤(红色)为多模光纤。通常,我们可以通过光纤的颜色直观分辨单模光纤与多模光纤。

图1-1-2 单模光纤

图1-1-3 多模光纤

2. 光纤的接口类型

光缆接入机房后,最后端接到光纤盘上,光纤的接口形式相对较多。另外,在交换机与光纤之间有一个光电转换设备,称为光纤连接器。光纤连接器的种类很多,常用的连接器包括ST、FC、SC、LC和MT-RJ连接器等,主要根据散件的形状来区分。图1-1-4列出了几种常见光纤的接口类型。

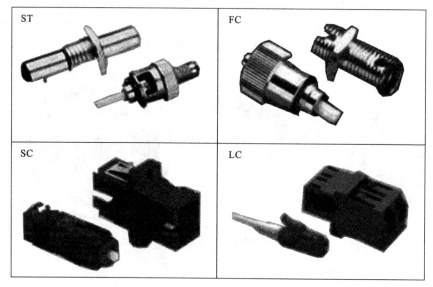

图1-1-4 几种常见光纤的接口类型

(1) FC型光纤连接器(圆形螺口)。

FC型(平面对接型)光纤连接器是圆形带螺纹接口的(见图1-1-5)。这种连接器插入损耗小，重复性、互换性和环境可靠性都能满足光纤通信系统的要求，是目前国内广泛使用的类型。FC型光纤连接器结构采用插头—转接器—插头的螺旋耦合方式。螺纹连接，旋转锁紧。两插针套管互相对接，对接套管端面抛磨成平面，外套一个弹性对中套筒，使其压紧并且精确对中定位。FC型单模光纤连接器一般分螺旋耦合型和卡口耦合型两种，通常用于光纤配线架上。

 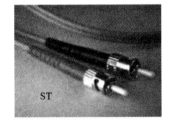 

图 1-1-5　FC 接口　　　　图 1-1-6　ST 接口　　　　图 1-1-7　SC 接口

（2）ST 型光纤连接器（圆形卡口）。

ST 型光纤连接器是一种圆形带卡口的连接器，俗称的卡口采用带键的卡口式紧锁机构，确保每次连接均能准确对中。插针直径为 $\phi 2.5 \text{ mm}$，其材料可为陶瓷或金属。ST 接口是弹簧带键卡口结构，卡口旋转锁紧，如图 1-1-6 所示。黄色的光纤为单模光纤，红色的光纤为多模光纤，主要用于光纤配线架上。

（3）SC 型光纤连接器（大方口）。

SC 型光纤连接器采用新型的直插式耦合装置，只需轴向插拔，不用旋转，可自锁和开启，装卸方便。它体积小，不需旋转空间，便能满足高密封装的要求。它的外壳是矩形的，采用模塑工艺，用增强的 PBT 的内注模玻璃制造。插针套管是氧化锆整体型，将其端面研磨成凸球面。插针体尾入口是锥形的，以便光纤插入套管内。SC 接口外观为方形，采用轴向插拔矩形外壳结构，卡口锁紧，如图 1-1-7 所示。该接口广泛应用于光纤收发器接口、交换机和路由器光模块接口。

（4）LC 接口（小方口）。

LC 接口是一种小型的方形接口，体积小，精度高，安装方式类似于 SC 接口，直接插拔接口，安装方便快捷，如图 1-1-8 所示。

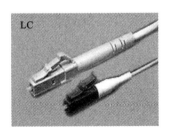 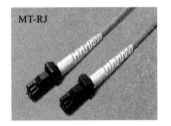

图 1-1-8　LC 接口　　　　图 1-1-9　MT-RJ 接口

（5）MT-RJ。

MT-RJ 连接接口为方形，主要用于下一代高密度的光纤收发器，如图 1-1-9 所示。

(6)耦合器。

根据两端的接口类型,可以选择使用 ST-ST、SC-ST 或 SC-SC 的光纤跳线,但当光纤是直接从光纤盒引出来,且光纤接口与光电转换设备上的光纤接口类型不匹配时,就需要使用耦合器进行光纤接口的转换。通常,我们使用耦合器做两件事情:一是进行光纤接口的转换;二是用于判断光纤设备的状况。耦合器是用于光纤的设备,根据光纤接口的不同,耦合器可以分为 SC 耦合器和 ST 耦合器两种,分别如图 1-1-10 和图 1-1-11 所示。

图 1-1-10 SC 耦合器　　　　　　　　图 1-1-11 ST 耦合器

3. 千兆光纤传输标准

光纤支持的传输速率包括 10 Mb/s、100 Mb/s、1 Gb/s、10 Gb/s,甚至更高。IEEE 802.3z 分别定义了三种千兆光纤传输标准:1000Base-LX、1000Base-SX、1000Base-CX。千兆光纤中的 S 代表 SHORT(短波),只可接多模光纤;千兆光纤中的 L 代表 LONG(长波),传输标准如表 1-1-1 所示。

表 1-1-1 千兆光纤传输标准

光纤协议	光纤标准	光纤尺寸	传输波长	传输距离
1000Base-SX	多模	62.5/125 μm	850 nm	220 m
		50/125 μm		500 m
1000Base-LX	多模	62.5/125 μm	1310 nm	550 m
	单模	50/125 μm		
		9/125 μm	1310 nm	10 km
1000Base-LH	单模	9/125μm	1310 nm	70 km 以上
1000Base-ZX	单模	9/125 μm	1550 nm	70~100 km

IEEE 802.3ae 是 10GE 的标准,目前支持 9 μm 单模、50 μm 多模和 62.5 μm 多模三种光纤,万兆光纤传输标准如表 1-1-2 所示。

单模光纤的传输速率可达 10 Gb/s,传输距离可达 80 km。万兆光纤传输标准包括 10GBase-LX4、10GBase-SR、10GBase-LR、10GBase-ER、10GBase-SW、10GBase-LW 和 10GBase-EW 等。

表 1-1-2 万兆光纤传输标准

光纤协议	光纤标准	光纤尺寸	传输波长	传输距离
10GBase-LX4	多模	50/125 μm	1310 nm	300 m
	单模	9/125 μm		10 km
10GBase-SR	多模	62.5/125 μm	850 nm	33 m
		50/125 μm		65 m,新型 2000 MHz/km 多模光纤上最长距离为 300 m
10GBase-LR	单模	9/125 μm	1310 nm	10 km
10GBase-ER	单模	9/125 μm	1550 nm	40 km
10GBase-SW	多模	62.5/125 μm	850 nm	33 m
		50/125 μm		65 m,新型 2000 MHz/km 多模光纤上最长距离为 300 m
10GBase-LW	单模	9/125 μm	1310 nm	10 km
10GBase-EW	单模	9/125 μm	1550 nm	40 km
10GBase-SX	多模	50 μm		150 m

4. 光纤布线系统

光纤布线系统是连接所有单体建筑及建筑群的内部及外部数据、监控图像、显示信号及多媒体信号的传输通道。光纤布线系统必须符合各种国际标准和规定。光纤设备包括主干光纤、光纤跳线和光电转换设备。

(1) 交换机光纤模块。

思科以前常用的交换机光纤模块主要有 GBIC-SX(多模模块)、GBIC-LX(单模模块),如图 1-1-12 所示。现在交换机常用的缩小的模块,主要有 Mini-GBIC-SX(多模模块)、Mini-GBIC-LX(单模模块),如图 1-1-13 所示。

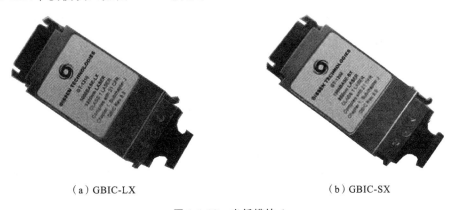

(a) GBIC-LX   (b) GBIC-SX

图 1-1-12 光纤模块 1

(2) 光纤配线架。

光纤配线架的作用是在管理子系统中将光缆进行连接,通常在主配线间和各分配线间

(a) Mini-GBIC-SX　　　　　　　　(b) Mini-GBIC-LX

图 1-1-13　光纤模块 2

使用。配线架端一般有 12 口或 24 口（即 24 芯或 48 芯）；自带明显标签；支持 50/125 μm 万兆多模和零水峰单模光缆。

5. 光纤检测

(1) 检查光纤跳线。

使用耦合器可以对光纤设备的状况进行判断，具体如下。

与检查光电转换设备一样，在保证光电转换设备可良好工作的前提下，将光纤环起来，就可以检查这对光纤跳线的好坏，是否可以使用。我们可以用一条光纤接在光电转换设备的两个接口上，也可以用耦合器将两条光纤对接起来（这里提到的两种做法都可以称为将光纤环起来，或称为做一个环）来检查光纤跳线，通过观察光电转换设备是否有信号来判断主干光纤的好坏。

(2) 光纤检测工具。

常用的简易光纤检测工具主要有红光笔和光功率计。

红光笔用法为：在连接光纤的一端后，可以从另一端看到红光。红光笔的功率较大，在测试时切勿在另一端连接设备，以防损坏感光器件。

光功率计可以测量接收到的光功率。部分光功率计能够发送特定功率的光。光功率计进行测量时，要先调整需要测试的光波长。具体能工作的范围与特定的光模块有关，可以查找相关的光模块参数。打环测试只能对广域链路进行定性的测试，提供链路的运营商有专门的设备，可以在线路环回的情况下，发送并同时接收流量，测试链路的误码率。

1.1.2　双绞线

1. 双绞线的特点及使用范围

双绞线是目前在局域网中最常用到的一种传输介质。由于双绞线易受雷击，且具有导电的性质，因此只能使用在一栋大楼内。同时，双绞线易受到电气影响，因此在布线的时候要与弱电隔开一定的距离。目前组建局域网所用的双绞线是一种由 4 对线（即 8 根线）组成的，一般来说，双绞线电缆中的 8 根线是成对使用的，两两按特定的角度缠绕在一起，由此称之为双绞线。绞合的目的是为了减少对相邻线的电磁干扰。按照国际标准，一根双绞线的长度不能超过 100 m，否则，会因为衰减过大而导致网络不可用。图 1-1-14 是

图 1-1-14 双绞线

做好的双绞线图。

2. 双绞线的分类

目前,在局域网中常用到的双绞线是非屏蔽双绞线(UTP),它又分为:三类、四类、五类、超五类、六类和七类线。双绞线的类型可以通过线缆上标注的信息查得,如 CAT 5E 表示超五类线、CAT 5 表示五类线。目前技术最成熟、使用最广泛的是超五类的双绞线,且大量安装在主干网上。在 100 m 距离内,超五类双绞线可以达到 100M 的传输速率,而在短距离内(不超过 5 m),可以达到 1000M 的传输速率。超五类线具有衰减小,串扰少,并且具有更高的衰减与串扰的比值和信噪比,更小的时延误差,性能得到很大提高,主要用于千兆以太网。六类线:该类电缆的传输频率为 1 MHz~250 MHz,提供 2 倍于超五类线的带宽。六类线要求的布线距离为:永久链路的长度不能超过 90 m,信道长度不能超过 100 m。双绞线分为屏蔽双绞线(STP)和非屏蔽双绞线(UTP)。屏蔽双绞线在双绞线与外层绝缘封套之间有一个金属屏蔽层。屏蔽层可减少辐射,防止信息被窃听,也可阻止外部电磁干扰的进入,使屏蔽双绞线比同类的非屏蔽双绞线具有更高的传输速率。图 1-1-15(a)是非屏蔽双绞线图,图 1-1-15(b)是屏蔽双绞线图。

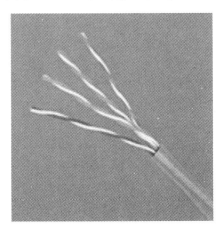
(a)非屏蔽双绞线

(b)屏蔽双绞线

图 1-1-15 双绞线

1.1.3 做线工具

1. 压线钳

压线钳是制作水晶头的工具。图1-1-16(a)所示的压线钳带一个剥线的小工具,它既可以制作网络水晶头(RJ-45),又可以制作电话接头(RJ-11)。图1-1-16(b)所示的压线钳只能制作网络水晶头,但该工具比较耐用。压线钳包括两个部分:一是用于剪断线缆的刀,在将双绞线的线序整理好后,需要用到它将多余的线剪掉,另外,也可以用来剥双绞线的外皮;二是用于压制水晶头的卡口,它有一个锯齿状的活动头,与水晶头上的8个金属切片一一吻合。压制水晶头时,卡口上的锯齿将水晶头上的金属切片压入线缆,与铜丝接触。在这个"压"的过程中,要注意用力均匀,力度适中,以免因用力过小而导致金属切片接触不到铜丝,或因用力过大而导致金属切片被压坏。

(a) 压线钳1

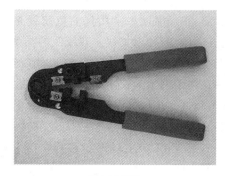
(b) 压线钳2

图 1-1-16 压线钳

2. 测线仪

(1) 测线仪简介。

在布线完毕后,如果在连接网络时需要确认线路的状态,需要进行测试,保证线路正常。测线仪可以通过连接线路两端来查看线路的完好性。另外还有高档测线仪,可以通过连接网线的一端测试网线的长度,通过长度判断线路的情况。测线仪是测试双绞线线序及连通性的工具,图1-1-17所示的是常见的双绞线测线仪。测线仪分为两个部分:一部分称为主机,可以按顺序主动发出信号;另一部分称为副机,只能被动接收主机发出的信号。主机可以单独使用,以检测线缆对端是否接有设备,并对设备进行简单的判断,具体操作过程如下。

将线缆一端的水晶头插入主机上的接口,打开电源开关,主机开始发出信号。

① 若8个信号灯全部或部分闪亮,则说明线缆对端已接上带电的网络设备;若8个信号灯全部按顺序闪亮,则对端设备可能是交换机。

② 若8个信号灯都不闪亮,则说明对端未接入设备,或对端设备未上电,或对端设备已上电,但接口损坏,这时就需要使用副机寻找或测试线缆的另一端。

(2) 检查线缆的连通性及线序的正确性。

在做完水晶头,或检查已使用的线缆是否出了问题,都需要使用测线仪对水晶头和线缆

（a）测线仪1　　　　　　　　　　　（b）测线仪2

图 1-1-17　测线仪

进行测试，具体操作过程如下。

将线缆两端的水晶头分别接在测线仪主机、副机的接口上，打开电源开关，观察主机副机上信号灯的情况。

① 若两个水晶头都是按照 T568-A 或 T568-B 的标准制作的，则主机、副机上信号灯的闪亮方式应一致。

② 当主机的信号灯按顺序闪亮时，副机上信号灯的闪亮次序毫无规律可言，则意味着两个水晶头有　个或两个未按国际标准制作，这时应将两个水晶头重新按照 T568-A 或 T568-B 的标准制作。

1.1.4　水晶头

双绞线使用的是 RJ-45 水晶头。水晶头是一种能沿固定方向插入并自动防止脱落的塑料接头，专业术语为 RJ-45 连接器。双绞线基本都是采用 RJ-45 的连接器。水晶头适用于设备间或水平子系统的现场端接，外壳材料采用高密度聚乙烯。每条双绞线两头通过安装水晶头与网卡和交换机相连。水晶头里有 8 条线道，用于固定双绞线里面的 8 根线，如图 1-1-18 所示。每个线道都有一个金属切片，制作水晶头就是将 8 根线按顺序插入线道，然后将这些切片压下去。水晶头可以分为以下几类。

RJ-11 水晶头的 RJ-11 接口和 RJ-45 接口很相似，但只有 4 根引脚（RJ-45 为 8 根）。日常应用中，RJ-11 水晶头常见于电话线。

图 1-1-18　水晶头

制作双绞线的方法如下。

图 1-1-19 是水晶头的线序图。双绞线内部总共有 8 芯 4 对，分别为：白橙、橙、白绿、蓝、白蓝、绿、白棕、棕。双绞线的这 8 根线的引脚定义如表 1-1-3 和表 1-1-4 所示。双绞线有 T568-A 和 T568-B 两种线序标准。

 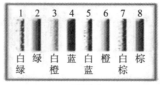 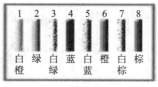

图 1-1-19　水晶头线序图

表 1-1-3　双绞线的引脚定义（EAI-TIA-568B 标准）

线路线号	1	2	3	4	5	6	7	8
线路色标	白橙	橙	白绿	蓝	白蓝	绿	白棕	棕
引脚定义	Tx+	Tx−	Rx+			Rx−		

表 1-1-4　双绞线的引脚定义（EAI-TIA-568A 标准）

线路线号	1	2	3	4	5	6	7	8
线路色标	白绿	绿	白橙	蓝	白蓝	橙	白褐	褐
引脚定义	Tx+	Tx−	Rx+			Rx−		

从上面的标准可以看出，双绞线目前在计算机局域网真正使用的是 1 线（引脚定义为 Tx+，用于发送数据，正极）、2 线（引脚定义为 Tx−，用于发送数据，负极）、3 线（引脚定义为 Rx+，用于接收数据，正极）和 6 线（引脚定义为 Rx−，用于接收数据，负极）。另外，每条双绞线电缆的两端安装的接头在网络中称为 RJ-45 连接器，俗称水晶头。由于五类双绞线最大的网络长度为 100 m，如果要加大网络的范围，可在两段双绞线线缆间安装交换机。

在局域网中，双绞线主要是用来连接计算机网卡到交换机或通过交换机之间级联口的级联，有时也可直接用于两个网卡之间的连接或不通过交换机的级联口而进行交换机之间的级联，但它们的接线方式有所不同。

将双绞线的两端分别都依次按白橙、橙、白绿、蓝、白蓝、绿、白棕、棕的顺序（T568-B 标准）压入 RJ-45 连接头内，这种做法制作的线称为直通线，主要用于交换机与路由器、交换机与 PC 或服务器连接。图 1-1-20 所示的是常规双绞线接法。

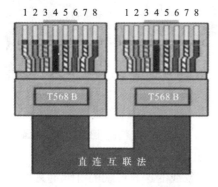 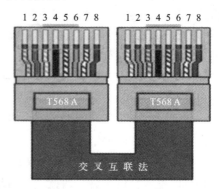

图 1-1-20　常规双绞线接法　　　　图 1-1-21　交叉双绞线接法

如果是直接用于两个网卡之间的连接或者是不通过交换机的级联口而使两个交换机进行级联,要使用交叉双绞线。交叉双绞线制作方式如图 1-1-21 所示,即必须对双绞线的线对进行交叉,将一端的 Tx+ 接到另一端的 Rx+,一端的 Tx- 与另一端的 Rx- 相连。交叉双绞线接线方法与直通线的接线方法相同,只是把一头按 T568-B 标准,另一个 RJ-45 头按 T568-A 的接线顺序制作 RJ-45 头即可。

1.1.5　信息模块

信息模块是指与网线或电话线连接的前后端插接件,通常与面板或配线架搭配使用。产品可以分为 90°和 180°两种:90°是指接线柱与 8 芯针水平成 90°;180°是指 IDC 接线柱与 8 芯针水平成 180°。信息模块也可分为屏蔽和非屏蔽两种。信息模块将双绞线固定在墙上,起到美观、大方、整洁的作用。信息模块由面板和接口模块组成,面板只是起到装饰的作用,信息面板要求采用系列 86 型英式面板,面板颜色为白色。接口模块的每个端接槽都有 T568-A 和 T568-B 接线标准的颜色编码,通过这些编码可以确定双绞线电缆每根线芯的确切位置。

信息模块有打线模块(又称冲压型模块)和免打线模块(又称扣锁端接帽模块)两种。打线模块需要打线工具将每个电缆线对的线芯端接在信息模块上,扣锁端接帽模块使用一个塑料端接帽把每根导线端接在模块上,也有一些类型的模块既可用打线工具又可用塑料端接帽压接线芯。另一种是新型的,既不用手工打线,也不用任何模块打线工具,只需把相应双绞线卡入相应位置,然后用手轻轻一压即可,使用起来非常方便、快捷。还有六类屏蔽和非屏蔽信息插座,能够满足高速数据及语音信号的传输。打线模块如图 1-1-22 所示。电缆连接按 T568-B 标准执行。在两种信息模块中都会用色标标注 8 个卡线槽或者插入孔所插入芯线颜色。传统信息模块的卡线槽如图 1-1-23 所示。在信息模块制作中,还需要使用到信息模块打线工具,如图 1-1-24 所示。

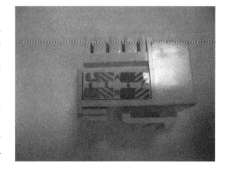

图 1-1-22　打线模块

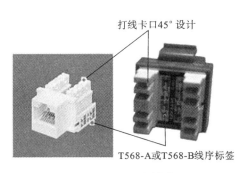

图 1-1-23　信息模块

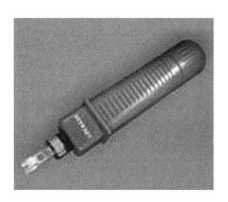

图 1-1-24　信息模块打线工具

1.1.6 双绞线配线架

网线插头在连接交换机端口之前,先要插到配线架的端口上,然后把网线一束束地捆好,每根线上标明是哪个房间的。然后把配线架上的端口与交换机的对应端口通过专用的网线连接(称为跳线),这样做便于以后调整线路。当要调整线路时,只需改动楼层交换机与配线架之间的一小段跳线,避免打开整捆网线束。

配线架通常安装在机柜或墙上。通过安装附件,配线架可以全线满足 UTP、STP、同轴电缆、光纤、音视频的需要。信息点端接在 19 英寸标准 RJ-45 插口配线架内,提高管理性能。无论在信息点终端或在配线架处都有明显的标记和编号,并且以不同颜色的模块用于不同子系统和区域的线缆端接。

在网络工程中常用的配线架有双绞线配线架和光纤配线架。根据使用地点、用途的不同,又分为总配线架和中间配线架两大类。双绞线配线架的型号有很多,每个厂商都有自己的产品系列,并且对应三类、五类、超五类、六类和七类线缆分别有不同的规格和型号。ISO/IEC 11801:2002 配线架适用于跳线连接的配线装置器,它使布线系统的移动和改变更加便利。图 1-1-25(a)是超五类双绞线配线架正面图,图 1-1-25(b)是配线架反面接线图。

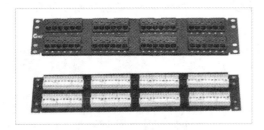

(a) 配线架正面图　　　　　　　　　(b) 配线架反面接线图

图 1-1-25　配线架

六类非屏蔽铜缆智能配线架符合标准 ANSI/TIA/EIA-568-B. 2-10 Category 6;支持 1GBase-T 千兆传输 100 m;9 针端口设计,通过 9 针智能跳线可以与其他铜缆智能配线架扫描通信,向下兼容标准 8 针跳线。

1.2　综合布线系统组成及技术要求

综合布线系统是美国贝尔实验室经过多年研究率先推出的,它是基于星型网络拓扑结构的模块系统。采用高品质的标准材料,以双绞线和光纤作为传输介质,采用组合压接方式,进行统一规划设计,组成一套完整而开放的布线系统。结构化布线系统也称为综合布线系统,是一套标准的继承化分布式布线系统。结构化布线系统就是用标准化、简洁化、结构化的方式对建筑物中的各种系统(网络、电话、电源、照明、电视、监控等)所需要的各种传输线路进行统一的编制、布置和连接,形成完整、统一、高效兼容的建筑物布线系统。综合布线是一种模块化的、灵活性极高的建筑物内或建筑群之间的信息传输通道,它在墙壁上或地面上设置有标准插座,这些插座又通过各种适配器与计算机、通信设备及楼宇自动化设备相连接。结构化布线系统应能支持语音、图形、图像、数据多媒体、安全监控、传感等各种信息的传输,支持高速网络的应用。

1.2.1 布线系统设计目标

综合布线系统的特点主要表现在它具有良好的兼容性、开放性、灵活性、可靠性、先进性、经济性和易扩充性、实用性、模块化、扩展性、经济性。综合布线系统一般由6个子系统组成,即工作区子系统、水平子系统、管理子系统、干线子系统(垂直子系统)、设备间子系统、建筑群子系统。在国际综合布线标准以及早期的国标中,配线子系统也称为水平子系统,干线子系统也称为垂直子系统。图1-2-1是综合布线系统示意图。

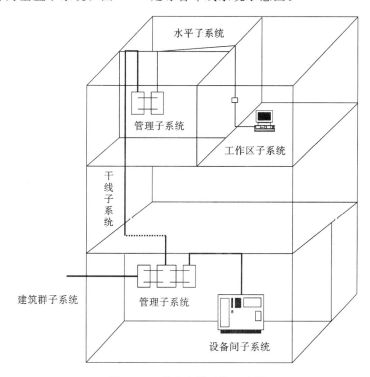

图 1-2-1 综合布线系统示意图

1.2.2 工作区子系统

工作区子系统(Work Area Subsystem)又称为服务区子系统。工作区子系统一般对应于一个房间或一个办公室的空间范围。工作区子系统主要描述从信息插座模块(TO)/连接器连接到工作区中用户终端设备之间的布线标准。工作区子系统包括信息插座、信息模块、面板、安装底盒、网卡和连接所需的跳线等。信息插座包括铜缆数据、语音信息插座及光纤信息插座,信息插座采用符合国际标准的RJ-45模块化插座,既可连接语音,又可连接数据。数据跳线由各种原厂光纤跳线、六类铜缆跳线(屏蔽和非屏蔽)、电话语音跳线组成。工作区跳线长度均按3 m进行配置。终端设备可以是电话、微机和数据终端,也可以是仪器、仪表、传感器的探测器。

工作区子系统设计要点如下。

（1）工作区内线槽要布置得合理、美观。每个工作区至少要配置一个插座盒。对于难以再增加插座盒的工作区，至少要安装两个分离的插座盒。信息插座是终端（工作站）与水平子系统连接的接口。

（2）信息插座均采用86盒安装，一般情况下，信息插座的安装位置在距地面高度为30～50 cm的墙面上，电源插座和信息插座的水平间距为30 cm。信息插座与计算机设备的距离保持在5 m。信息点数量应根据工作区的实际功能及需求确定，并预留适当数量的冗余。

1.2.3 水平子系统

水平子系统（Horizontal Subsystem）也称为配线子系统，它是指从工作区的信息插座开始到管理子系统的配线架，水平子系统的作用是连接干线子系统和用户工作区，将干线子系统线路延伸到用户工作区的信息插座上，但不是到终端用户。水平布线是将电缆线从管理子系统的配线间接到每一楼层的工作区的信息输入/输出（I/O）插座上。水平子系统由工作区用的信息插座、电信间配线设备（FD）的配线电缆和光缆、楼层配线设备和跳线等组成，如图1-2-2所示。在水平子系统中，推荐采用双绞线及光纤，如超五类或六类非屏蔽双绞线，室内采用单模或多模光纤。

图1-2-2　综合布线系统示意图水平子系统示意图

水平子系统设计要点如下。

（1）水平子系统的传输介质一般采用双绞线，长度一般不超过90 m。

（2）水平线缆从各楼相应的配线间走线出来，然后沿走廊贴墙PVC线槽和在房间墙面上的PVC线槽走线到各房间暗盒处。用线必须走线槽或在天花板吊顶内布线，尽量不走地面线槽。确定线路走向一般要由用户、设计人员、施工人员到现场根据建筑物的物理位置和施工的难易程度来确定。总的来说，综合布线系统在建筑物内部布线通常有三种方式：走墙壁、走屋顶、走地板。走线有两种选择：明线和暗线。当布线房间或走道比较狭窄且层高较低时，宜选择明线，用PVC线槽走墙壁。

1.2.4 干线子系统

干线子系统（Backbone Subsystem）也称为垂直子系统，它提供整个建筑物综合布线系统干线电缆的路由，是楼层之间垂直干线电缆的统称。它主要连接综合布线系统设备机房与管理子系统楼栋分线箱。干线子系统描述通信间、设备间和入口设施之间如何实现互联的标准。干线把各个配线间的信号传送到设备间，直至传送到最终端口，再通往外部网络。

由设备间主配线架至电信间各个分配线的双绞线、干线电缆和光缆、安装在设备间的建筑物配线设备(BD)及设备缆线和跳线组成。干线子系统一般采用的传输介质是光纤,根据传输距离和传输需求可以采用多模光纤或单模光纤,将各个楼层配线间连接到楼层汇聚间。

干线子系统设计要点如下。

(1)传输介质一般采用光纤,以提高传输速率。光纤在拐弯处要满足 30 cm 的曲率半径,以防受损。光纤在室内布线时要走线槽。光纤需要拐弯时,其曲率半径不能小于 30 cm。干线光纤的安装要考虑防破坏、防雷电的设施。

(2)双绞线铺设时线要平直,走线槽,不要扭曲。双绞线的两端点要标号。

1.2.5 建筑群子系统

建筑群子系统(Campus Subsystem)也称为楼宇管理子系统。建筑群子系统是将一个建筑物中的电缆延伸到建筑群的另外一些建筑物中的通信设备和装置,是实现建筑之间的相互连接,提供楼群之间通信所需的传输介质和各种设备。这里的各种设备除了包括有线设备外,还包括其他无线的通信设备。

建筑群子系统由连接各建筑物之间的综合布线电缆、光缆、建筑群配线设备(CD)、设备缆线和跳线等组成。建筑群子系统一般采用的传输介质是室外单模光纤。在设计中包括户外光纤、光纤转接盒及光纤跳线。建筑群子系统通常采用地下管道、直埋沟内和架空电缆布线 3 种铺设方式。采用地下管道铺设方式时,安装时至少应预留 1~2 个备用管孔,以供扩充之用。采用直埋沟内铺设方式时,如果在同一沟内埋入了其他监控电缆,应设立明显的共用标志。直埋布线法优于架空布线法。

1.2.6 管理子系统

管理子系统(Administration Subsystem)由交连、互联和输入/输出(I/O)设备等组成。管理子系统即综合布线系统 IDE 楼层配线架(或称楼层分线箱),是各楼层的布线分支管理机构,连接主干电缆、光缆及水平电缆的配线。管理子系统包括配线间及相应配线设备,由机柜、电源、双绞线配线架、光纤配线架、相关跳线和一些必要的网络设备(如交换机等)组成,它是连接干线子系统和水平子系统的设备,实现配线管理。设置在每层配线设备的房间内,通过卡接或插接式跳线,交叉连接可以将连接在配线架一端的通信线路与连接在另一端配线架上的线路相连。涉密系统(六类屏蔽系统)和非涉密系统(六类非屏蔽系统)在各楼层东西两端各弱电间设置分配线间。

管理子系统设计要点如下。

(1)楼层分线箱必须保证系统连接可靠、维护便利。楼层分线箱连接用户 UTP 水平电缆采用 RJ-45 端口式配线架。所有配线架、端接线箱所需连接跳线必须是模块式,无需专用工具进行修改、管理和系统维护。

(2)配线架是管理子系统中最重要的组件。配线间采用 24 口配线架端接水平数据双绞线,双绞线配线架的作用是在管理子系统中将双绞线进行交叉连接,用在主配线间和各分配线间。光缆端接配备 12/24 口光纤盒、光纤跳线、光纤尾纤、光纤耦合器等。

(3)机柜底部用支架固定,机柜配置电源插座,供网络设备使用。

(4)管理子系统要考虑有足够的空间放置设备。

1.2.7 设备间子系统

设备间子系统(Equipment Room Subsystem)又称设备子系统,所有楼层的信息资料都由电缆或光缆传送至此,因此设备间子系统是综合布线系统中最主要的管理区域。设备间子系统是综合布线系统的总配线机构,是整个系统的核心。设备间是在每幢建筑物的适当地点进行网络管理和信息交换的场地。设备间子系统应由综合布线系统的建筑物进线设备、电缆、连接器、电话、数据、数字程控交换机、计算机网络设备、服务器、楼宇自控设备主机、计算机等各种主机设备及其保安配线设备等组成。

现在,许多大楼在综合布线时,在每一楼层都设立一个管理间,用来管理该层的信息点。较大型的综合布线中,可以将计算机网络设备、数字程控交换机、楼宇自控设备主机分别设置机房。设备间内的设备主要包括以下两种。

(1) 楼层交换机。每一层楼在设备间有一个楼层交换机,它通过水平子系统与一层楼各个房间的插座相连。

(2) 中心交换机。它用于连接各个楼的局域网。各个楼的局域网之间的通信要经过中心交换机。它的性能要比楼层交换机的好。

另外,设备间还有一些辅助设备,用于配电、固定交换机、束缚网线之用,这些辅助设备包括以下两种。

(1) 机柜。交换机逐层摆列在机柜里,每个交换机固定在机柜的侧壁上。各楼层设备间分别设置布线机柜,所有配线架、交换机均集中于布线机柜内。

(2) 配线架。在设备间子系统中,信息点的线缆是通过数据接线面板进行管理的,而语音点的线缆是通过110交连硬件进行管理的。

设备间子系统设计要点如下。

(1) 设备间子系统应该具有足够的空间放置设备。设备间要有良好的工作环境(满足一定的温度和湿度要求)。设备间应设在位于干线综合体的中间位置。

(2) 设备间应尽可能靠近建筑物电缆引入区和网络接口。室内无尘土,通风良好。要安装符合机房规范的消防系统。供电电压要有 380 V/220 V。要防止水害,防止易燃易爆物的接近和电磁场的干扰等。

1.2.8 综合布线系统内的连接类型

综合布线系统内有以下 6 种连接类型。

(1) 房间插座到楼层配线间配线架的连接。该连接使用双绞线。

(2) 楼层配线间到设备间配线架的连接,由干线子系统(垂直子系统)网线连接。

(3) 配线架到楼层交换机的跳接。双绞线在连接信息插座和配线架端口之前,要在两端标识房间号。连接到配线架时,要记录所在的端口号,并记录哪个房间使用了哪个端口。跳线一般是比较软的、带颜色的双绞线,而且 RJ-45 的插头比水平子系统使用的 UTP 双绞线的插头长一些,一般带护套。

(4) 楼层交换机之间的级联(同级设备之间的连接)。楼层交换机垂直排列在机柜里,它们之间通过 Uplink 端口与其他交换机级联,做法:用跳线的一头连接一个楼层交换机的 Uplink 端口,用跳线的另一头连接另一个楼层交换机的普通端口。

(5) 楼层交换机到中心交换机的级联。并非每个楼层交换机都要与中心交换机连接,常用的做法是楼层交换机先级联在一起,形成一个楼内扩展式局域网,然后通过某台楼层交换机的 Uplink 端口连接到中心交换机的普通端口。

(6) 可能存在的中心交换机到其他网络的外部设备的连接。例如,与广域网接入设备连接。当中心交换机要进行更远距离的通信时,就需要使用广域网接入设备。中心交换机与广域网接入设备的连接,做法是把中心交换机的广域网端口与广域网接入设备上的端口连接。

1.3 综合布线实验

实验 1-1 双绞线跳线的制作与测试

【实验目的】

通过该项实验,能够正确选购和识别双绞线,掌握压线钳的使用方法,掌握双绞线跳线(直通线、交叉线)的制作和测试的基本方法,熟悉 T568-A 和 T568-B 两种线序标准。使用压线钳分别制作一根标准网线和一根交叉网线。

【实验步骤】

(1) 剥线。用压线钳的剪线刀口将线头剪齐,将双绞线端头伸入剥线刀口,使线头触及前挡板,然后适度握紧压线钳同时慢慢旋转双绞线,让刀口划开双绞线的保护胶皮(外皮),取出端头从而剥下保护胶皮,如图 1-3-1 所示。注意:握压线钳的力度不能过大,否则会剪断芯线;剥线的长度为 2~3 cm,不宜太长或太短。剥去外皮后的 4 对线,如图 1-3-2 所示。

图 1-3-1 剥外皮

图 1-3-2 剥去外皮后的 4 对线

(2) 排线。将双绞线反向缠绕开,解开双绞线的线对,将双绞线展开,如图 1-3-3 所示。小心剥开每一线对(开绞),并将线芯按 T568-B 线序标准排好线,如图 1-3-4 所示。最后,将线芯拉直压平、挤紧理顺。

(3) 剪线。将线芯紧紧靠在一起,裸露出的双绞线线芯用压线钳、剪刀、斜口钳等工具整齐剪切,只剩下约 1.5 cm 的长度,整理完毕后再用剪线刀口将前端修齐,如图 1-3-5 所示。

图 1-3-3　展开线

图 1-3-4　排序

图 1-3-5　剪线

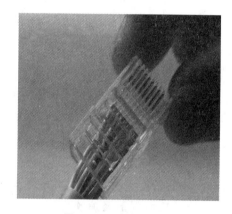

图 1-3-6　放入水晶头

图 1-3-7　检查水晶头

(4) 插线。一只手捏住水晶头,并用食指抵住,水晶头的方向是金属引脚朝上、弹片朝下。另一只手捏住双绞线,稍稍用力将排好的线平行插入水晶头内的线槽中,并一直插到 8 个凹槽顶端为止,如图 1-3-6 所示。把可插线的一端朝向自己,不能插线的一端朝外,双绞线的外皮一定也要进入水晶头卡紧,以减少信号的干扰。

(5) 检查。检查水晶头正面,查看线序是否正确;检查水晶头顶部,查看 8 根线芯是否都顶到顶部,如图 1-3-7 所示。

(6) 压线。确认无误后,使用压线钳将水晶头压紧,用力握紧压线钳,将突出在外面的针脚全部压入水晶头内,水晶头连接完成,如图 1-3-8(a) 和 (b) 所示。

(7) 制作另一侧跳线。重复上述方法制作双绞线的另一侧水晶头,完成直通网络跳线的制作。另一侧用 T568-A 标准安装水晶头,则完成一根交叉网线的制作,如图 1-3-9 所示。

（a）压线正面1　　　　　　　　　（b）压线侧面1

图 1-3-8　压线 1

（8）测试。制作好水晶头，使用测线仪检查各线的连接情况，如图 1-3-10 所示。

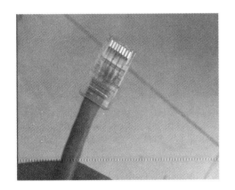 

图 1-3-9　制作另一侧跳线　　　　　图 1-3-10　测线

实验 1-2　双绞线与信息模块的连接

【实验目的】

通过该项实验，能够掌握双绞线与信息插座的连接方法，掌握双绞线与配线架的连接方法。

【实验步骤】

制作接口模块是很简单的，操作步骤如下。

（1）把线的外皮剥去 2～3 cm，如图 1-3-11 所示。

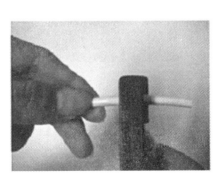

图 1-3-11　剥线

（2）用剪刀把撕剥绳剪掉，如图 1-3-12 所示。

（3）按照模块上的 T568-B 线序标准分好线对，并放入相应的位置，如图 1-3-13 所示。

（4）按图 1-3-14 所示的过程接好线缆（以制作 T568-B 的接口为例）。

（5）当线对都放入相应的位置后，检查各线对是否放置正确。

图 1-3-12 剪掉撕剥绳

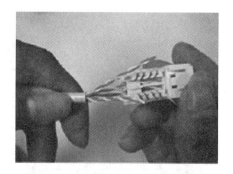
图 1-3-13 分好线对,放入相应的位置

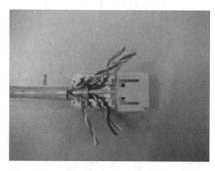

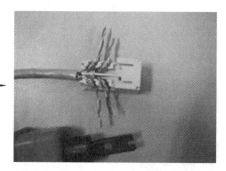

图 1-3-14 接好线缆

(6) 用准备好的压线钳(刀要与模块垂直,刀口向外)逐条压入,使用压线钳在多余的线缆处压一个小口,如图 1-3-15(a)和(b)所示。再轻轻将多余的线缆拔掉,如图 1-3-16 所示。

(a)压线侧面2

(b)压线正面2

图 1-3-15 压线 2

(7) 再检查一次线序。
(8) 无误后给模块安装保护盖,接口模块制作完成,如图 1-3-17 所示。
(9) 一个模块安装完毕,如图 1-3-18 所示。
图 1-3-19 为免打线信息模块图,免打线信息模块端接步骤如下。
(1) 将双绞线塑料外皮剥去 2~3 cm。
(2) 按信息模块扣锁端接帽上标定的 B 标(或 A 标)线序打开双绞线。
(3) 理平、理直线缆,剪齐线缆,如图 1-3-20 所示。
(4) 线缆按标示线序卡入模块卡槽,注意卡线的位置,如图 1-3-21 所示。

图 1-3-16　拔掉多余的线

图 1-3-17　合上保护盖

图 1-3-18　模块安装完毕

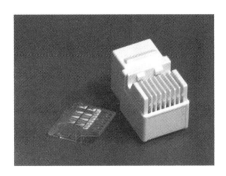

图 1-3-19　免打线信息模块

图 1-3-20　剪齐线缆

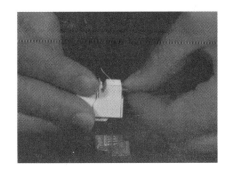

图 1-3-21　线序卡入模块卡槽

(5) 将防尘罩对准模块卡线面的两个扣点,然后用力压下,如图 1-3-22 所示。

(6) 模块端接完成,如图 1-3-23 所示。

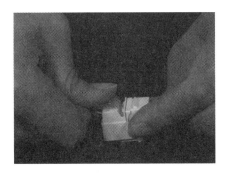

图 1-3-22　安装防尘罩

图 1-3-23　模块端接完成

第 2 章　网络测试和故障检测

本章学习目标：掌握网络的基本知识和交换机路由器基础知识，包括计算机网络分层结构、变长子网掩码、划分子网。了解网络故障的检查方法及网络故障原因分析。对常用的网络故障测试命令，如 ipconfig、ping、tracert、pathping、netstat、arp、nslookup、Nbtstat、route 命令，掌握它们的基本用法。了解 Wireshark 抓包工具的界面和基本用法。熟悉网络故障测试实验，包括常用网络命令的使用和 Wireshark 抓网络数据包实验。

2.1　网络基础知识

2.1.1　计算机网络分层结构

计算机网络采用分层结构，OSI 的七层协议体系结构既复杂又不实用，但其概念清晰，理论完善。在现实中得到广泛应用的是 TCP/IP 体系结构，它包含了应用层、传输层、网络层和网络接口层，通常在学习计算机网络时，我们会把网络接口层分为数据链路层和物理层。下面以五层结构对各层功能及常用协议进行说明，如表 2-1-1 所示。

表 2-1-1　五层参考模型的各层说明

应用层	任务：提供系统与用户的接口，通过应用进程间的交互实现网络应用 功能：文件传输、访问和管理、电子邮件服务 协议：DNS、HTTP、FTP、SMTP、POP3
传输层	负责主机之间进程的通信，提供通用的数据传输服务 功能：提供可靠的传输服务，以及提供流量控制、差错控制、服务质量等管理服务 协议：TCP、UDP
网络层	任务：将传输层传下来的报文封装成分组；选择合适的路由，分组转发 功能：为传输层提供服务、分组转发、路由选择 协议：ARP、IP、ICMP、IGMP 硬件设备：路由器
数据链路层	任务：将网络层传下来的 IP 数据报组装成帧 功能：封装成帧、透明传输、差错检测 协议：PPP、CSMA/CD 硬件设备：适配器、二层交换机、集线器
物理层	任务：实现比特流的透明传输 功能：为数据端设备提供传输数据通路、传输数据 硬件设备：双绞线、光纤、同轴电缆、调制解调器

应用程序数据在各层之间的传递过程如图 2-1-1 所示。

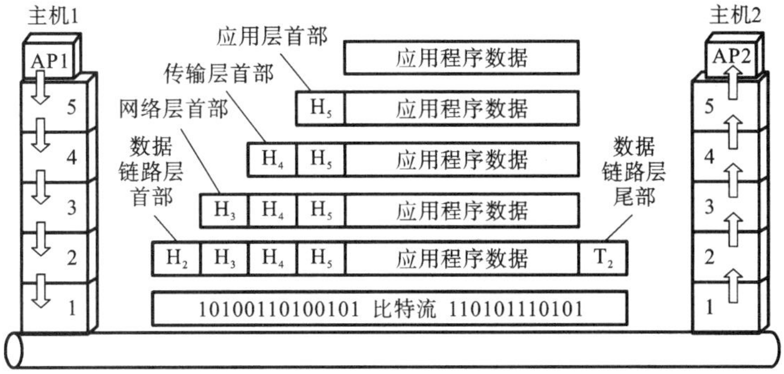

图 2-1-1 数据在各层之间的传递过程

主机 1 的应用进程 AP₁ 将数据传递给主机 2 的应用进程 AP₂,应用程序数据由应用层加上相应的控制信息(应用层首部)传递给第 4 层传输层;传输层加上本层控制信息(传输层首部),再传递给第 3 层网络层;网络层加上本层控制信息(网络层首部),再往下传递给数据链路层,数据链路层将控制信息分为首部和尾部,将数据封装成帧,传递给物理层;物理层以比特流的形式传送出去。到达主机 2 后,从主机 2 的第一层物理层向上交付,到达数据链路层,数据链路层将该层控制信息(数据链路层首部)剥离,交付给上一层网络层,依次逐层上交,直到传递到主机 2 的应用进程为止。

在实验中,我们可以通过命令观察数据的传递路由等信息,也可通过 Wireshark 软件抓取数据包来进行分析,逐层查看首部信息来理解这一数据传递过程。

2.1.2 交换机和路由器基础知识

1. 冲突域和广播域

MAC(Media Access Control)地址用来定义网络设备的位置。MAC 地址长度为 48 比特,一般用 12 位十六进制数来表示。MAC 地址的 0 到 23 位是厂商向 IEEE 等机构申请用来标识厂商的代码,24 到 47 位由厂商自行分派,是各个厂商制造的所有网卡的一个唯一编号。

以太网链路聚合(Link Aggregation)是将多条物理链路捆绑在一起成为一条逻辑链路,从而增加链路带宽的技术。链路聚合主要有三个优势:增加带宽、提高可靠性和分担负载。

GVRP 基于 GARP 机制,主要用于维护设备动态 VLAN 属性。通过 GVRP 协议,一台设备上的 VLAN 信息会迅速传播到整个交换网。GVRP 实现动态分发、注册和传播 VLAN 属性,从而达到减少网络管理员的手工配置量及保证 VLAN 配置正确的目的。

2. 无类别域间路由 CIDR

无类别域间路由 CIDR(Classless Inter Domain Routing)由 RFC1817 定义。CIDR 突破了传统 IP 地址的分类边界,将路由表中的若干条路由汇聚为一条路由,减少了路由表的规模,提高了路由器的可扩展性。CIDR 增强了网络的可扩展性;忽略 A、B、C 类网络规则,定义相同前缀的网络为一个块；允许不再使用标准的 A、B、C 三类 IP 地址,网络位和主机位的区分将完全依靠子网掩码;支持路由聚合,能够将路由表中的许多路由条目合并。

3. 反掩码

反掩码(见表 2-1-2)和子网掩码格式相似,但取值含义不同,0 表示对应的 IP 地址位需要比较,1 表示对应的 IP 地址位忽略比较,反掩码和 IP 地址结合使用,可以描述一个地址范围。

表 2-1-2 反掩码

第1位	第2位	第3位	第4位	说　明
0	0	0	255	只比较前 24 位
0	0	3	255	只比较前 22 位
0	255	255	255	只比较前 8 位

4. 回环地址

回环接口是逻辑接口而非物理接口。系统管理员完成网络规划之后,为了方便管理,会为每一台路由器创建一个 Loopback 接口,并在该接口上单独指定一个 IP 地址作为管理地址,管理员会使用该地址对路由器远程登录,该地址实际上起到了类似设备名称一类的功能。

127.0.0.1 通常被称为本地回环地址(Loop back address),不属于任何一个有类别地址类。它代表设备的本地虚拟接口,所以默认被看作是永远不会宕掉的接口。在 Windows 操作系统中也有相似的定义,一般都会用来检查本地网络协议、基本数据接口等是否正常。

2.1.3　划分子网

1. 可变长子网掩码(VLSM)

组网时,经常会遇到网络号不足的情况,解决方法是几个规模较小的网络可以共用一个网络号。采用可变长子网掩码缓解了使用缺省子网掩码导致的地址浪费问题,同时也为企业网络提供了更为有效的编址方案。如果企业网络中希望通过规划多个网段来隔离物理网络上的主机,使用缺省子网掩码就会存在一定的局限性。缺省子网掩码可以进一步划分,成为可变长子网掩码,对节点数比较多的子网采用较短的子网掩码,子网掩码较短的地址可表示的逻辑网络/子网数较少,而子网上可分配的地址较多;节点数比较少的子网采用较长的子网掩码,可表示的逻辑网络/子网数较多,而子网上可分配的地址较少。通过改变子网掩码,可以将网络划分为多个子网。网络中划分多个网段后,每个网段中的实际主机数量可能有限,导致很多地址未被使用。网络允许划分成更小的网络,称为子网(Subnet),子网号是主机号的前几位。为了提高 IP 地址的使用效率,可将一个网络划分为子网,采用借位的方式,从主机位最高位开始借位变为新的子网位,所剩余的部分则仍为主机位。这使得 IP 地址的结构(见图 2-1-2)分为三部分:网络位、子网位和主机位。

引入子网概念后,网络位加上子网位才能全局唯一标识一个网络。把所有的网络位用 1 来标识,主机位用 0 来标识,就得到了子网掩码。

```
11000000  10101000  0000001 XXXYYYY
          ↑         ↑       ↑  ↑
          网络号     子网号   主机号
```

图 2-1-2　IP 地址的结构

如一个 IP 地址为 C 类地址，缺省子网掩码为 24 位。现借用一个主机位作为网络位，借用的主机位变成子网位。一个子网位有两个取值 0 和 1，因此可划分两个子网。该比特位设置为 0，则子网号为 0；该比特位设置为 1，则子网号为 128。将剩余的主机位都设置为 0，即可得到划分后的子网地址；将剩余的主机位都设置为 1，即可得到子网的广播地址。每个子网中支持的主机数为 2^7-2（减去子网地址和广播地址），即 126 个主机地址。

如 192.168.10.32/28，它的掩码是 255.255.255.240，最后一个字节是 11110000，也就是只剩 4 位为主机位，前 28 位为网络位。由于 192.*.*.* 属于 C 类地址，24 位掩码，也就是说多用了 4 位作为网络位。使用这样的子网掩码可得到 2^x-2（x 代表多占的掩码位）个子网，这里减掉的两个是主机位全 0 和全 1 的地址。可以容纳最多 2^4-2 台主机，这样本来一个 C 类子网被划分成为 16 个可用的小子网。

划分子网时，随着子网地址借用主机位数的变化，子网掩码、子网的数目、每个子网中可用的主机数都会不同。随着子网地址借用主机位数的增多，子网的数目会增加，而每个子网中可用的主机数则会逐渐减少。可以使用的最少子网位数是 2，因为不能在子网号中使用全 1 或全 0。而掩码位的最大数目则是原来的主机位数减 2，即必须为主机地址至少留下 2 位，因为主机地址也不能为全 0 或全 1。例如，子网掩码为 255.255.255.224，前缀表示/27。

如果网络中使用的路由选择协议支持 VLSM，就可以使用真正的分级寻址设计方法。在 TCP/IP 中，可以在核心层使用 8 位子网掩码，在分布层使用 16 位子网掩码，而在接入层使用 24 位子网掩码。在分级设计中认真分配地址可以实现路由选择表中路由的有效汇总。当使用分级地址设计来实现 IP 地址分配时，可以实现网络的可缩放性和稳定性要求。使用该模型的网络可以增长到容纳数千个节点，且具有非常高的稳定性。

2. 划分子网的步骤

划分子网的步骤如下。

(1) 确定要划分的子网数目以及每个子网的主机数目。

(2) 求出子网数目对应二进制数的位数 N 及主机数目对应二进制数的位数 m。计算可用的网络地址，确定每个子网的主机地址范围。

(3) 对于该 IP 地址的原子网掩码，将其主机地址部分的前 x 位置 1（其余全置 0），即得出该 IP 地址划分子网后的子网掩码。

(4) 确定标识每一个子网的网络地址。

(5) 确定每一个子网上所使用的主机地址的范围。

在选择子网掩码时，主要考虑的是需要支持多少个子网。如果掩码支持的子网数大于所需的子网数，则将减少潜在的主机数量。IP 地址规划中，子网划分可以借助 IP Subnetter 等工具等。例如 192.168.10 这段地址，划分成 8 个子网后的子网 IP 地址范围、网络地址、广播地址如表 2-1-3 所示。

表 2-1-3 划分成 8 个子网后的子网 IP 地址范围、网络地址、广播地址

子网 IP 地址范围	网 络 地 址	广 播 地 址
192.168.10.1~192.168.10.30	192.168.10.0	192.168.10.31
192.168.10.33~192.168.10.62	192.168.10.32	192.168.10.63
192.168.10.65~192.168.10.94	192.168.10.64	192.168.10.95
192.168.10.97~192.168.10.126	192.168.10.96	192.168.10.127
192.168.10.129~192.168.10.158	192.168.10.128	192.168.10.159
192.168.10.161~192.168.10.190	192.168.10.160	192.168.10.191
192.168.10.193~192.168.10.222	192.168.10.192	192.168.10.223
192.168.10.225~192.168.10.254	192.168.10.224	192.168.10.255

2.2 网络故障

2.2.1 网络故障的检查方法

网络故障诊断从故障现象出发,以网络诊断工具为手段获取诊断信息,确定网络故障点,查找问题的根源,排除故障,恢复网络正常运行。

1. 分层检查方法

分层检查方法很简单:当 OSI 模型的所有低层结构工作正常时,它的高层结构才能正常工作。在确信所有低层结构都正常运行之前,解决高层结构问题完全是浪费时间。

从低层开始排查,适用于物理网络不够成熟稳定的情况,如组建新的网络、重新调整网络线缆、增加新的网络设备;从高层开始排查,适用于物理网络相对成熟稳定的情况,如硬件设备没有变动的情况。

诊断网络故障的过程应该从物理层开始向上进行检查。具体按物理层→数据链路层→网络层→传输层→应用层的次序分析问题。首先检查物理层,然后检查数据链路层,以此类推,设法确定通信失败的故障点,直到系统通信正常为止。

2. 分段检查方法

分段检查包括对用户端、接入设备、主干交换设备、中继设备等之间的链路连通及相应端口的状态进行检查。具体按数据终端设备→网络接入设备→网络主干设备→网络中继设备→网络主干设备→网络接入设备→数据终端设备的次序分析问题。

如果确定故障就发生在某一条连接上,用线缆仪对该连接中涉及的所有网线和跳线进行测试,确认网线的连通性。

如果确定故障发生在某一个连接上,则应测试、确认并更换有问题的网卡。若网卡正常,则用线缆测试仪对该连接中涉及的所有网线和跳线进行测试,确认网线的连通性。如果网线不正常,则重新制作网线接头或更换网线;如果网线正常,则检查交换机相应端口的指示灯是否正常或更换一个端口再试。

3. 网络诊断工具

工欲善其事,必先利其器。在故障检测时合理利用一些工具,有助于快速准确地判断故障原因。常用的故障检测工具有软件工具和硬件工具两类。网络测试的硬件工具可分为两大类:一类用作测试传输介质(网线);一类用作测试网络协议、数据流量。常用的是线缆测试仪,图 2-2-1 是常见的网线测试工具图。

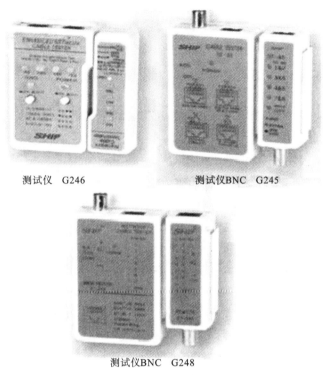

测试仪　G246　　　　　测试仪BNC　G245

测试仪BNC　G248

图 2-2-1　网线测试工具

2.2.2　网络故障原因分析

当出现一种网络应用故障时,首先确认故障原因。网络故障的原因是多方面的,一般分为物理故障和逻辑故障。物理故障又称硬件故障,包括线路、线缆、连接器件、端口、网卡、交换机或路由器的模块出现故障。根据故障出现的位置,网络故障可分为主机故障、网卡故障、网线和信息模块故障、交换机故障、路由器故障。

连通性故障的原因:网卡硬件故障;网卡驱动程序未安装正确;网卡未安装,或未正确安装,或与其他设备有冲突;网络协议未安装或未正确设置;网线、跳线或信息插座故障;交换机电源未打开,交换机硬件故障或交换机端口硬件故障;交换机设置有误,如 VLAN 设置不正确;路由器硬件故障或配置有误;网络供电系统故障;UPS 故障。解决网络故障的过程,一般都是先定位故障的位置,然后再对具体设备的故障进行分析解决。

1. 主机故障

主机故障包括:协议没有安装;网络服务没有配置好;病毒入侵;安全漏洞。

(1) 协议配置不正确。

TCP/IP 协议涉及的基本配置参数有 4 个，即 IP 地址、子网掩码、DNS 和默认网关，任何一个设置错误，都可能导致故障发生。使用 ipconfig/all 命令查看本地计算机是否安装 TCP/IP 协议，以及是否设置好 IP 地址、子网掩码和默认网关、DNS 域名解析服务。

(2)"名字"或"IP 地址重复"。

若某台计算机屏幕显示"名字"或"IP 地址重复"，即在同一网络或 VLAN 中有两个或两个以上的计算机使用同一计算机名字或 IP 地址，则在"网络"属性的"标识"中重新为该计算机命名或分配 IP 地址，使其在网络中具备唯一性。

2．网卡故障

查看网卡是否有信号，指示灯是否正常。指示灯不亮或常亮不闪烁，都表明有故障存在。在控制面板的"系统"中查看网卡是否已经安装或是否正常。网卡物理硬件损坏，可替换一个新网卡。

3．网线和信息模块故障

网线接头接触不良；网线物理损坏造成连接中断；检查水晶头的线序，网线接头的制作没有按照标准；信息模块制作没有按照标准；链路的开路、短路、超长等。电气性能故障，诸如近端串扰、衰减、回波损耗等，这些故障可以用测线仪检测出来。

在确认网卡、网络协议、网线和信息模块都是正常的前提下，可初步认定是交换机发生了故障。为了进一步确认，可换一台计算机继续测试。

4．交换机故障

如果确定交换机发生了故障，应首先检查交换面板上的各指示灯闪烁是否正常。如果所有指示灯都频繁闪烁或一直亮着，可能是由于网卡损坏而发生了广播风暴，关闭再重新打开电源后看能否恢复正常。指示灯红灯闪烁的端口，可能是网卡有问题，找到红灯闪烁的端口，将网线从该端口中拔出。指示灯面板一片漆黑，一个灯也不亮，可能是电源有问题，如果电源没有问题，则说明交换机硬件出了故障，更换交换机。交换机死机可通过重启交换机的方法来判断故障原因，也可以用替换法检测交换机故障。

交换机的所有端口指示灯亮着，但不闪烁，这种状态说明网络中有可能存在环路。环路产生的原因是有人将网线的两头都插在交换机上。故障解决方法是取消交换机端口的直连线。交换机级联故障和交换机电源故障可以用更换端口或者更换交换机的方法来检测。

5．路由器故障

网络层提供建立、保持和释放网络层连接的手段，包括路由选择、流量控制、传输确认、中断、差错及故障恢复等。排除网络层故障的基本方法：沿着从源到目标的路径，查看路由器路由表，同时检查路由器接口的 IP 地址。如果路由没有在路由表中出现，应该通过检查来确定是否已经输入适当的静态路由、默认路由或者动态路由。然后手工配置一些丢失的路由，或者排除一些动态路由选择过程的故障，包括 RIP 或者 IGRP 路由协议出现的故障。例如，对于 IGRP 路由选择信息只在同一自治系统号（ASN）的系统之间交换数据，查看路由器配置的自治系统号的匹配情况。

路由器端口故障排除包括：串口故障排除；以太网接口故障排除；异步通信口故障排除。

确定路由器端口物理连接是否完好的最佳方法是使用 show interface 命令,检查每个端口的状态,解释屏幕输出信息,查看端口状态、协议建立状态。

6. 故障种类汇总

1) 主要的故障种类汇总

表 2-2-1 是故障种类汇总表,与交换机、路由器相关的主要故障种类有以下几种。

(1) VLAN 内的主机不能和其他 VLAN 通信。

(2) 主机上错误的网关、IP 地址和子网掩码设置。

(3) 主机所连接的端口被划分到了错误的 VLAN。

(4) 交换机上的 Trunk 端口设置错误。例如,缺省 VLAN 设置不匹配、允许的 VLAN 列表不正确等。

(5) 路由器子接口或三层交换机 SVI 端口的 IP 地址和子网掩码设置错误。

(6) 路由器或者三层交换机可能需要添加到达其他子网的路由。

表 2-2-1 故障种类汇总

故障种类	原因
设备本身的问题	网线的问题:网线接头制作不良;网线接头部位或中间线路部位有断线
	网卡的问题:网卡质量不良或有故障;网卡和主板 PCI 插槽没有插牢从而导致接触不良;网卡和网线的接口存在问题
	交换机的问题:交换机质量不良;交换机供电不良;交换机和网线接触不良
设备之间的问题	网卡和网卡之间发生中断请求和 I/O 地址冲突
	网卡和显卡之间发生中断请求和 I/O 地址冲突
	网卡和声卡之间发生中断请求和 I/O 地址冲突
驱动程序方面的问题	驱动程序和操作系统不兼容
	驱动程序之间的资源冲突
	驱动程序和主板 BIOS 程序不兼容
	驱动程序没有安装好,引起设备不能够正常工作
网络协议方面的问题	没有安装相关的网络协议
	网络协议和网卡绑定不当
	网络协议的具体设置不当
相关网络服务方面的问题	没有安装 Microsoft 文件和打印共享服务
其他问题	这些问题和用户的设置无关,但和用户的某些操作有关。例如,大量用户访问网络会造成网络拥挤甚至阻塞,用户使用某些网络密集型程序造成的网络阻塞

2) VLAN 错误排查方法

图 2-2-2 是 VLAN 错误排查步骤图,从低层(物理层)逐步向上排查,如端口和线缆无故障,则

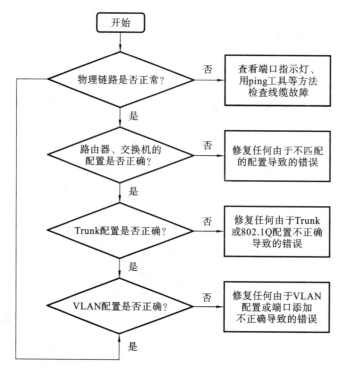

图 2-2-2　VLAN 错误排查步骤

(1) 检查主机的网络设置是否匹配和正确；

(2) 通过 show vlan 命令，确定 VLAN 内的端口划分是否正确；

(3) 通过 show interface trunk 命令，检查 Trunk 链路两端的 Trunk 设置是否匹配且正确；

(4) 通过 show interface 命令，确定是否设置了正确的 IP 地址和子网掩码；

(5) 通过 show ip route 命令，确定各个子网都能够正确出现在路由表中；

(6) 通过 show interface subinterface 命令，检查路由器的子接口是否正确封装了 802.1Q，并指定到了正确的 VLAN；

(7) 通过 show interface 命令，检查主机和交换机端口的速度和双工设置是否匹配。

2.3　常用的网络故障测试命令

常用的网络故障测试命令有 ipconfig、ping、tracert、arp、netstat 和 nslookup 等。下面简单说明它们的基本用法。

2.3.1　ipconfig

使用 ipconfig 命令用于查看机器的 IP 地址、子网掩码、网关、DNS 及网卡的物理地址（MAC address）。ipconfig 命令采用 Windows 窗口的形式来显示 IP 协议的具体配置信息。如果 ipconfig 命令后面不跟任何参数直接运行，将会在窗口中显示网络适配器的物理地址、主机的 IP 地址、子网掩码以及默认网关等。还可以通过此命令查看主机的相关信息,如主机名、DNS 服务器、节点类型等。使用 ipconfig 命令可以让我们很方便地查看用户的参数设置是否正确。

命令格式:ipconfig [-" "][?][all][release][renew][flushdns][displaydns][registerdns][showclassid][setclassid]

在命令提示符下键入 ipconfig/?,可获得 ipconfig 的使用帮助,可以看到其后带有八个可选参数。ipconfig 的配置参数如表 2-3-1 所示。

表 2-3-1 ipconfig 常用的配置参数

参数	参数说明
/all	显示本机 TCP/IP 配置的详细信息
/release	释放指定适配器的 IPv4 地址
/renew	更新指定适配器的 IPv4 地址
/flushdns	清除 DNS 解析程序缓存
/registerdns	刷新所有 DHCP 租用,DNS 客户端手工向服务器进行注册
/displaydn	显示本地 DNS 内容
/showclassid	显示网络适配器的 DHCP 类别信息
/setclassid	设置网络适配器的 DHCP 类别

在这些参数中,键入 ipconfig/all 可获得 IP 配置的所有属性,显示的是所有网卡的 IP 地址、子网掩码、网关、DNS 和 MAC 地址,信息比较详细,如图 2-3-1 所示。

而直接输入 ipconfig,不带任何参数选项,那么它为每个已经配置了的接口显示 IP 地址、子网掩码和缺省网关值,如图 2-3-2 所示。使用 ipconfig 命令可以让我们很方便地查看用户的参数设置是否正确。

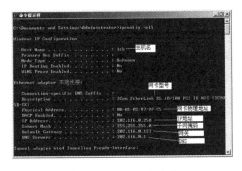

图 2-3-1 ipconfig/all

图 2-3-2 ipconfig

2.3.2 ping

ping 是检测网络连通性的常用工具,同时也能够收集其他相关信息。ping 命令用于检查网络是否连通,同时,它也可以测试网络的带宽及网络设备的承受能力。由于该命令的包长小,所以在网上传递的速度非常快,可以快速检测您要去的站点是否可达。用户可以在

ping 命令中指定不同参数,如 ICMP 报文长度、发送的 ICMP 报文个数、等待回复响应的超时时间等,设备根据配置的参数来构造并发送 ICMP 报文,进行 ping 测试。

ping 可对每一个包的发送和接收报告往返时间,并报告无响应包的百分比,由此可以确定网络是否正确连接,以及网络连接的状况(丢包率)。若 ping 命令运行出现故障,则该命令也会指明到何处查询问题。

1. PC 环境下使用 ping 命令

命令格式:ping [-t] [-a] [-n count] [-l size] [-f] [-i TTL] [-v TOS][-r count] [-s count] [[-j host-list] | [-k host-list]] [-w timeout] [-R] [-S srcaddr] [-c compartment] [-p] target_name

在"命令提示符"窗口下输入 ping /?,可以看到其后带有十六个可选参数,而在这些参数中,我们经常用到的是-t、-l、-n 这三个参数。它们的功能如表 2-3-2 所示。

表 2-3-2   PC 环境下 ping 常用的配置参数

参数	参 数 说 明
ip	使用 IP 协议
-a	将地址解析为主机名
-n count	设定 ping 的次数。要发送的回显请求数,默认值为 4
-f	在数据包中设置"不分段"标志(仅适用于 IPv4)
-s count	指定 count 跃点数的时间戳
-r count	记录计数跃点的路由(仅适用于 IPv4),指定记录路由。如果指定记录路由,那么在 IP 报文传送过程中,在 IP 包到达路由器后,经过的每一个路由器都把它的 IP 地址放入选项字段中。当数据报到达目的端时,所经过的 IP 地址都应该复制到 ICMP 回显应答中,并且返回途中所经过的路由器地址也要被加入到回应的 IP 报文中。当 ping 程序收到回显应答时,它就可以显示出经过的路由器的 IP 地址。count 可以指定最少 1 台,最多 9 台计算机
-t	使 ping 命令一直执行,直至按下 Ctrl+C 键为止。缺省值是 2000 ms
-l size	设定发送包(发送缓冲区)的大小,默认值为 32B,最大值是 65 527B
-n count	设定 ping 的次数。要发送的回显请求数,默认值为 4
-w timeout	等待每次回复的超时时间(毫秒)

若所 ping 的目标 IP 地址有回应,则应出现类似"replay from IP bytes=32 time<=10ms TTL=255"的字符串,如图 2-3-3 所示。

在这个字符串中,bytes 表示发送数据包的大小;time 为响应时间,局域网内一般小于 10 ms,TTL 所得出的数值与操作系统有关。ping 命令的输出信息中包括目的地址、ICMP 报文长度、序号、TTL 值,以及往返时间。序号是包含在 Echo 回复消息(Type=0)中的可变参数字段,TTL 和往返时间包含在消息的 IP 头中。默认情况下,ping 将发送四次数据包,每个数据包的大小为 32 b。TTL(time to live)是 IP 报文首部的生存时间字段,它指定了数据包的生存时间,设置了数据包可以经过的最多路由器数。TTL 字段由发送报文的源

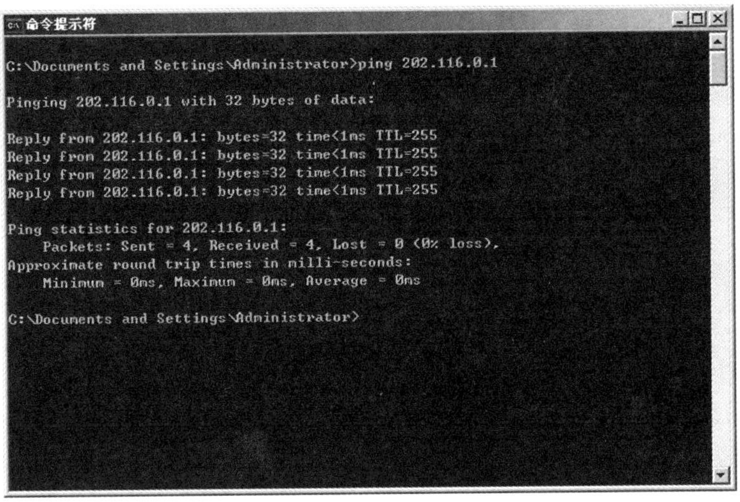

图 2-3-3　ping 通目标 IP 地址

主机设置,每经过一个路由器,TTL 字段的值都会减 1,当该字段的值为 0 时,数据包就被丢弃,并发送 ICMP 超时报文通知源主机。

C:\Documents and Settings\Administrator＞ping -a 159.254.188.86

　　Pinging lily [159.254.188.86] with 32 bytes of data：

通过运行 ping -a 159.254.188.86 可以知道 IP 地址为 159.254.188.86 的计算机名是 lily。

```
STRING< 1-255>    IP address or hostname of a remote system
```
……

2. 华为交换机下使用 ping 命令

华为交换机 ping 命令参数如下：

ping [ip] [-a *source-ip-address* | -c *count* | -d | { -f | ignore-mtu } | -h *ttl-value* | -i *interface-type interface-number* | -si *source-interface-type source-interface-number* | -m *time* | -n | -name | -p *pattern* | -q | -r | -s *packetsize* | -system-time | -t *timeout* | -tos *tos-value* | -v | -vpn-instance *vpn-instance-name*] * host [ip-forwarding]

其主要参数意义同在计算机使用 ping 命令,但以下参数不同,如表 2-3-3 所示。

表 2-3-3　华为交换机 Ping 命令常用的配置参数

参　数	参　数　说　明
ip	使用 IP 协议
-a source-ip-address	指定发送 ICMP ECHO-REQUEST 报文的源 IP 地址。如果不指定源 IP 地址,将采用出接口的 IP 地址作为 ICMP ECHO-REQUEST 报文发送的源地址
-c count	指定发送 ICMP ECHO-REQUEST 报文次数。缺省情况下发送 5 个 ICMP ECHO-REQUEST 报文
-name	显示目的地址的主机名

续表

参　数	参　数　说　明
-vpn-instance vpn-instance-name	VPN 实例名
-s	设置 ping 报文的大小,以字节为单位,缺省值为 56

交换机应用场景 ping 命令分析:

(1) 检查本机协议栈。执行 ping＜环回地址＞,可以检查本机 TCP/IP 协议栈是否正常。

(2) 在 IP 网络中检测目的主机是否可达。执行 ping ＜目的 IP 地址＞,向对端发送 ICMP ECHO-REQUEST 报文,如果能够收到对端应答(reply),则可以判定对端路由可达。

(3) 在三层 VPN 网络中检测对端是否可达。在三层 VPN 网络中,由于各设备间可能没有彼此的路由信息,无法直接使用 ping ＜目的 IP 地址＞命令进行检测,只能通过 VPN 到达对端。执行 ping -vpn-instance *vpn-instance-name* ＜目的 IP 地址＞命令,在指定 VPN 实例名的情况下,可以实现向对端发送 ICMP ECHO-REQUEST 报文,如果能够收到对端应答(reply),则可以判定对端可达。

(4) 网络环境较差时,通过 ping -c 20 -t 5000 202.168.12.32 命令可以检测本端到对端 202.168.12.32 设备间的网络质量。通过分析显示结果中的丢包率和平均时延,可以评估网络质量。对于可靠性较差的网络,建议发包次数(-c)和超时时间(-t)取较大值,这样可以更加准确地得到检测信息。

(5) 检测路径。执行 ping -r ＜目的 IP 地址＞命令,可以得到本端到对端的路径节点信息。

(6) 检测路径 MTU。执行 ping -f -s 3500 202.168.12.32,可以设置 ICMP 报文不分片和 ICMP 报文大小,从而实现在多次探测后得到路径的 MTU 值。

例如,在 R2 路由器上使用 ping 命令测试去往 R1 路由器的连通性,设置源地址为 10.0.145.4,包大小为 700 B,发 10 个包。

```
[R2]ping -a 10.0.145.4 -s 700 -c 10 10.0.34.3
PING 10.0.34.3: 700 data bytes, press CTRL_C to break
Reply from 10.0.34.3: bytes= 700 Sequence= 1 ttl= 253 time= 1279 ms
Request time out
Reply from 10.0.34.3: bytes= 700 Sequence= 3 ttl= 253 time= 1587 ms
Reply from 10.0.34.3: bytes= 700 Sequence= 4 ttl= 253 time= 1827 ms
Request time out
Reply from 10.0.34.3: bytes= 700 Sequence= 6 ttl= 253 time= 1717 ms
Request time out
Request time out
Request time out
Request time out
--- 10.0.34.3 ping statistics ---
10 packet(s) transmitted
```

```
4 packet(s) received
60.00% packet loss
round-trip min/avg/max = 1279/1602/1827 ms
```

2.3.3 tracert

tracert 命令用来检验数据包是通过什么路径到达目的地的，显示数据包到达目标主机所经过的路径，显示数据包经过的中继节点清单和到达时间，以及在哪个路由器上停止转发，从而对网络中断的故障进行定位。命令功能同 ping 命令，但它所获得的信息要比 ping 命令详细得多，它把数据包所走的全部路径、节点的 IP 地址以及花费的时间都显示出来。该命令比较适用于大型网络，主要用于检查网络连接是否可达，以及分析网络什么地方发生了故障。

1. PC 环境下使用 tracert 命令

命令格式：tracert [-d] [-h *maximum_hops*] [-j *host_list*] [-w *timeout*] IP 地址|主机名

在"命令提示符"窗口下输入 tracert /?，可以看到这个命令有八个参数，在这些参数中，我们经常用到的是-d、-h、-j、-w 这四个参数，它们的功能如表 2-3-4 所示。

表 2-3-4　PC 环境下 tracert 常用的配置参数

参　　数	参　数　说　明
-d	表示不需要解析 IP 地址相对应的域名，这样可以加快程序运行的速度
-h maximum_hops	搜索目标的最大跃点数
-j host_list	与主机列表一起的松散源路由(仅适用于 IPv4)
-w timeout	等待每个回复的超时时间(以毫秒为单位)

Windows 下程序运行界面如图 2-3-4 所示。

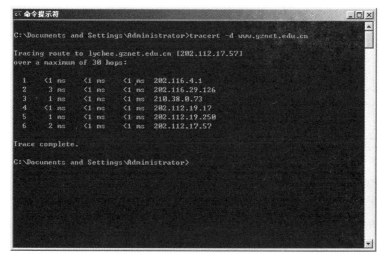

图 2-3-4　tracert 命令

图 2-3-4 所示的为跟踪数据包到达 www.gznet.edu.cn 这个网站的途径。从图中可以看出，一共经过了 5 台路由器，其中第 1、2 跳是校内的路由器地址，第 3～5 跳是校园网内的 IP 地址。当网络不通时，则会在出问题的路由器处显示"*"和"Request time out"的信息。

小提示：

tracert 最多只能跟踪 30 个路由器，当大于 30 时，程序自动停止。

当 ping 一个较远的主机出现错误时，用 tracert 命令可以方便地查出数据包是在哪里出错的。如果信息包连一个路由器也不能穿越，则有可能是计算机的网关设置错了，那么可以用 ipconfig 命令来查看。

2. 华为交换机下使用 tracert 命令

华为交换机 tracert 命令参数如下：

tracert [-a *source-ip-address* | -f *first-ttl* | -m *max-ttl* | -name | -p *port* | -q *nqueries* | -v | -vpn-instance *vpn-instance-name* [pipe] | -w *timeout*] * host

tracert 主要参数意义如表 2-3-5 所示。

表 2-3-5 华为交换机 tracert 命令常用的配置参数

参　数	参　数　说　明
-a source-ip-address	指定探测报文的源地址
-f first-ttl	指定初始 TTL，缺省值是 1
-m max-ttl	指定最大 TTL，缺省值是 30
-name	使能显示每一跳的主机名
-p port	指定目的主机的 UDP 端口号，缺省值是 33434
-q nqueries	指定每次发送的探测数据包个数，缺省值是 3
-v	显示 ICMP Time Exceeded 报文带回的 MPLS 标签信息，缺省情况下不显示 MPLS 标签信息
-vpn-instance vpn-instance-name	本次 tracert 目的地址的 VPN 属性，即关联的 VPN 实例名称
pipe	指定 VPN 实例的 TTL 模式为 pipe 模式，缺省值是 uniform 模式
-w timeout	指定等待响应报文的超时时间

交换机应用场景 tracert 命令分析：

(1) 执行 tracert host 命令，可以检测源端到目的主机间的节点信息。

(2) 执行 tracert -vpn-instance vpn-instance-name host 命令，可以检测在三层 VPN 网络中源端到目的主机间的节点信息。在三层 VPN 网络中，由于各设备间可能没有彼此的路由信息，无法直接使用 tracert host 命令进行检测，只能通过 VPN 到达对端。执行 tracert -vpn-instance vpn-instance-name host 命令，在指定 VPN 实例名的情况下，可以检测源端到目的主机间的节点信息。

(3) 网络环境较差时,执行 tracert -q *nqueries* -w *timeout* host 命令可以检测源端到目的主机间的节点信息。对于可靠性较差的网络,建议发包次数(-q)和超时时间(-w)取较大值,这样可以更加准确地得到检测信息。

(4) 执行 tracert -f *first-ttl* -m *max-ttl* host 命令,通过指定起始 TTL(*first-ttl*)和最大 TTL(*max-ttl*)实现对某一段路径节点的检测。

tracert 基于报文头中的 TTL 值来逐跳跟踪报文的转发路径。为了跟踪到达某特定目的地址的路径,源端首先将报文的 TTL 值设置为 1。该报文到达第一个节点后,TTL 超时,于是该节点向源端发送 TTL 超时消息,消息中携带时间戳。然后源端将报文的 TTL 值设置为 2,报文到达第二个节点后超时,该节点同样返回 TTL 超时消息,以此类推,直到报文到达目的地。这样,源端根据返回的报文中的信息可以跟踪到报文经过的每一个节点,并根据时间戳信息计算往返时间。tracert 是检测网络丢包及时延的有效手段,同时可以帮助管理员发现网络中的路由环路。图 2-3-5 是一个有两个路由分支的华为网络拓扑图,我们在 RTA 路由器上使用 tracert 命令,追踪主机 B。

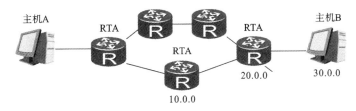

图 2-3-5 两个路由分支的华为网络拓扑图

源端收到 ICMP 端口不可达报文后,判断出 UDP 报文已经到达目的端,则停止 tracert 程序,从而得到数据报文从源端到目的端所经历的路径(10.0.0.2;20.0.0.2;30.0.0.2)。tracert 是检测网络丢包及时延的有效手段,同时可以帮助管理员发现网络中的路由环路。

```
< RTA> tracert 30.0.0.2
Tracert to 30.0.0.2(30.0.0.2), max hops:30, packet length:40, press CTRL_C
to break
1 10.0.0.2 130 ms   50 ms   40 ms
2 20.0.0.2 80 ms    60 ms   80 ms
3 30.0.0.2 80 ms    60 ms   70 ms
```

2.3.4 pathping

命令格式:pathping [-g *host-list*] [-h *maximum_hops*] [-i *address*] [-n] [-p *period*] [-q *num_queries*] [-w *timeout*] [-4] [-6] target_name

功能:提供有关在源和目标之间的中间跃点处网络滞后和网络丢失的信息。pathping 在一段时间内将多个回响请求报文发送到源和目标之间的各个路由器,然后根据各个路由器返回的数据包计算结果。因为 pathping 显示在任何特定路由器或链接处的数据包的丢失程度,所以用户可据此确定存在网络问题的路由器或子网。pathping 通过识别路径上的路由器来执行与 tracert 命令相同的功能。然后,该命令在一段指定的时间内定期将 ping

命令发送到所有的路由器,并根据每个路由器的返回数值生成统计结果。如果不指定参数,pathping 则显示帮助。注意:pathping 的参数是区分大小写的。pathping 的参数如表 2-3-6 所示。

表 2-3-6　pathping 的参数表

参　　数	参 数 说 明
-g host-list	与主机列表一起的松散源路由
-h maximum_hops	搜索目标的最大跃点数
-i address	使用指定的源地址
-n	不将地址解析成主机名
-p period	两次 ping 之间等待的时间(以毫秒为单位)
-q num_queries	每个跃点的查询数
-w timeout	每次回复等待的超时时间(以毫秒为单位)
-4	强制使用 IPv4
-6	强制使用 IPv6

2.3.5　netstat

该命令可以显示有关统计信息和当前 TCP/IP 网络连接的情况,用户或网络管理人员可以得到非常详细的统计结果。当网络中没有安装特殊的网管软件,但要详细地了解网络的整个使用状况时,netstat 命令是非常有用的。netstat 用于显示与 IP、TCP、UDP 和 ICMP 协议相关的统计数据,一般用于检验本机各端口的网络连接情况。

命令格式:netstat [-a] [-e] [-n] [-s] [-p *proto*] [-r] [interval]

netstat 的参数如表 2-3-7 所示。

表 2-3-7　netstat 的参数表

参数	参 数 说 明
-a	显示所有与该主机建立连接的端口信息
-n	以数字格式显示地址和端口信息,显示所有已建立的有效连接
-s	本选项能够按照各个协议分别显示其统计数据
-e	显示以太网的统计信息,该参数一般与 s 参数共同使用。它列出的项目包括传送的数据报的总字节数、错误数、删除数、数据报的数量和广播的数量。这个选项可以用来统计一些基本的网络流量。如果想要统计当前局域网中的详细信息,可通过输入 netstat -e -s 来查看
-r	显示关于路由表的信息,除了显示有效路由外,还显示当前有效的连接
-p proto	显示 proto 指定的协议的连接;proto 可以是下列任何一个：TCP、UDP、TCPv6 或 UDPv6
interval	重新显示选定的统计信息,每次显示之间暂停的间隔秒数。按 Ctrl+C 停止重新显示统计信息

2.3.6 arp

arp 命令用于确定对应 IP 地址的网卡物理地址。arp 命令可以查看本地计算机或另一台计算机的 ARP 高速缓存中的当前内容。此外，使用 arp 命令，也可以用人工方式输入静态的网卡物理/IP 地址对，有助于减少网络上的信息量。arp 命令可以显示和设置 Internet 到以太网的地址转换表内容。这个表一般由 ARP 来维护。当仅使用一个主机名作为参数时，arp 命令显示这个主机的当前 ARP 表条目内容。如果这个主机不在当前 ARP 表中，则 ARP 会显示一条说明信息。

命令格式：arp [-a] [-d host][-s host address] [-f file]

arp 的主要参数如表 2-3-8 所示。

表 2-3-8 arp 的参数介绍

参 数	参 数 说 明
-f file	读一个给定名字的文件，根据文件中的主机名创建 ARP 表的条目
-a	列出当前 ARP 表中的所有条目。如果我们有多个网卡，那么使用 arp -a 加上接口的 IP 地址，就可以只显示与该接口相关的 IP 地址和物理地址。默认情况下使用 ARP，显示每个 ARP 表的项
-d host	从 ARP 表中删除某个主机的对应条目；inet_addr 可以是通配符 *，以删除所有主机
-s host address	添加主机并且将 Internet 地址 inet_addr 与物理地址 eth_addr 相关联。该项是永久的

示例：

```
> arp -s 157.55.85.212    00-aa-00-62-c6-09        //添加静态项
> arp -a                                           //显示 ARP 表
```

2.3.7 nslookup

nslookup 是一个监测网络中 DNS 服务器是否能正确实现域名解析的命令行工具。nslookup 命令用来测试主机名解析情况。在网络中经常要用到域名和主机名，通常域名和主机名之间需要经过计算机的正确解析后才能进行通信联系，域名才能够真正使用。假如不能正确解析域名，计算机间将无法正常通信。

nslookup 有多个选择功能，在命令行输入"nslookup <主机名>"并执行，即可显示出目标服务器的主机名和对应的 IP 地址，称为正向解析。若失败了，可能是执行 nslookup 命令的计算机的 DNS 设置错了，也有可能是所查询的 DNS 服务器停止或工作异常。还有一种情况，虽然返回了应答，但一旦和该服务器通信就失败，这多数是目标服务器停止工作，但也有可能 DNS 服务器保存了错误的信息。在 DNS 服务器出现问题时，有时可能只能进行正向解析，无法进行逆向解析。此时，只需执行 nslookup 命令，看是否输出目标主机名即可。这个命令可以指定查询的类型，查到 DNS 记录的生存时间，还可以指定使用哪个 DNS 服务器进行解释。nslookup 最简单的用法就是查询域名对应的 IP 地址，包括 A 记录和

CNAME 记录,如果查到的是 CNAME 记录,则返回别名记录的设置情况。

命令格式:nslookup [-子命令...] [{要查找的计算机 | -服务器}]

使用方法:在 Dos 命令行下输入 nslookup,回车,此时标识符变为>,然后键入指定网站的域名,再回车就可以显示该域名相对应的 IP 地址。例如,

```
nslookup [-opt ...]                //使用默认服务器的交互模式
nslookup [-opt ...] - server       //使用 "server" 的交互模式
nslookup [-opt ...] host           //仅查找使用默认服务器的 "host"
nslookup [-opt ...] host server    //仅查找使用 "server" 的 "host"
```

2.3.7 Nbtstat

Nbtstat 命令用于显示协议统计和查看当前基于 NETBIOS 的 TCP/IP 连接状态,通过该命令可以获得远程或本地机器的组名和机器名。虽然用户使用 ipconfig/winipcfg 工具可以准确地得到主机的网卡地址,但对于一个已建成的比较大型的局域网,要去每台机器上进行这样的操作就显得过于费事了。网管人员通过在自己上网的主机上使用 Dos 命令 Nbtstat,可以获取另一台上网主机的网卡地址。

命令格式:nbtstat [[-a *RemoteName*] [-A *IP address*] [-c] [-n] [-r] [-R] [-RR] [-s] [-S] [*interval*]]

Nbtstat 的主要参数如表 2-3-9 所示。

表 2-3-9 nbtstat 的参数表

参 数	参 数 说 明
-a	列出指定名称的远程计算机的名称表
-A	列出指定 IP 地址的远程计算机的名称表
-c	列出远程(计算机)名称及其 IP 地址的 NBT 缓存
-n	列出本地 NetBIOS 名称
-r	列出通过广播和经由 WINS 解析的名称
-R	清除和重新加载远程缓存名称表
-S	列出具有目标 IP 地址的会话表
-s	列出将目标 IP 地址转换成计算机 NETBIOS 名称的会话表
-RR	将名称释放包发送到 WINS,然后启动刷新
RemoteName	远程主机计算机名
IP address	用点分隔的十进制表示的 IP 地址
interval	重新显示选定的统计、每次显示之间暂停的间隔秒数。按 Ctrl+C 停止重新显示统计

2.3.8 route

命令格式: route [-f] [-p] [-4|-6] command [*destination*] [MASK *netmask*] [*gate-*

way] [METRIC $metric$] [IF $interface$]

route 的主要参数如表 2-3-10 所示。

功能：用于目标的所有符号名都可以在网络数据库文件 NETWORKS 中进行查找。用于网关的符号名称都可以在主机名称数据库文件 HOSTS 中进行查找。如果命令为 PRINT 或 DELETE，则目标或网关可以为通配符（通配符指定为星号"*"），否则可能会忽略网关参数。如果 Dest 包含一个 * 或 ?，则会将其视为 Shell 模式，并且只打印匹配目标路由。"*"匹配任意字符串，而"?"匹配任意一个字符。示例：157.*.1、157.*、127.*、*224*。只有在 PRINT 命令中才允许模式匹配。

表 2-3-10 route 的参数表

参数	参 数 说 明
-f	清除所有网关项的路由表。如果与某个命令结合使用，在运行该命令前，应清除路由表
-p	与 ADD 命令结合使用时，将路由设置为在系统引导期间保持不变。默认情况下，重新启动系统时，不保存路由。忽略所有其他命令，这始终会影响相应的永久路由
-4	强制使用 IPv4
-6	强制使用 IPv6
command	PRINT：打印路由；ADD：添加路由；DELETE：删除路由；CHANGE：修改现有路由
destination	指定主机
MASK	指定下一个参数为"netmask"值
netmask	指定此路由项的子网掩码值。如果未指定，其默认值为 255.255.255.255
gateway	指定网关
interface	指定路由的接口号码
METRIC	指定跃点数，如目标的成本

示例：> route ADD 157.0.0.0 MASK 155.0.0.0 157.55.80.1 IF 1

路由添加失败：指定的掩码参数无效。

(Destination & Mask) ! = Destination。

2.4 Wireshark 应用简介

通过 Wireshark 捕获报文并生成抓包结果。您可以在抓包结果中查看到 IP 网络的协议的工作过程，以及报文中所基于 OSI 参考模型各层的详细内容。

2.4.1 Wireshark 主界面介绍

启动 Wireshark，显示主界面如图 2-4-1 所示。

1. 菜单栏

文件：打开、保存抓获的数据包，导出 HTTP 对象；

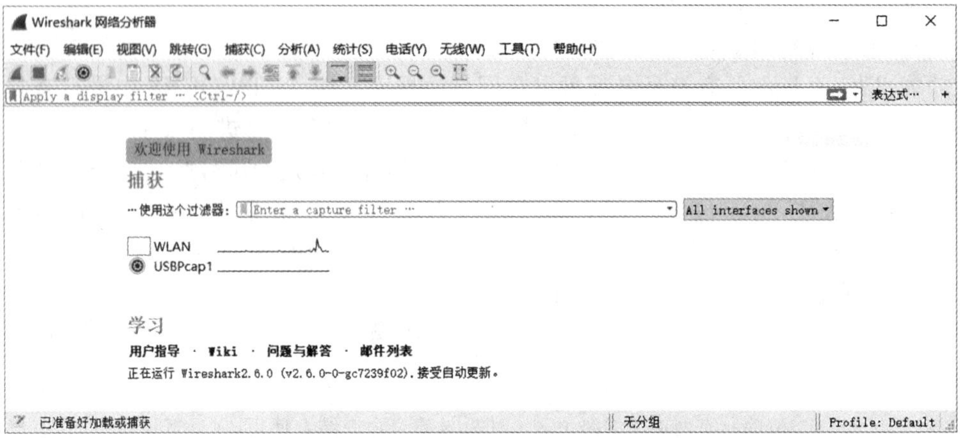

图 2-4-1　Wireshark 启动主界面

编辑：搜索包、标记包及设置时间属性等；
视图：查看/隐藏工具栏和面板、编辑 Time 列、重设颜色；
跳转：各分组之间跳转；
捕获：捕获数据包，对捕获数据包设置过滤条件；
分析：创建显示过滤器、宏，查看启用协议，保存关注解码；
统计：构建图表并打开各种协议统计窗口；
电话：执行所有语言功能；
无线：蓝牙等无线通信抓包设置；
工具：根据包内容构建防火墙规则、访问 Lua 脚本工具；
帮助：学习 Wireshark 全球存储和个人配置文件。

2. 工具栏

Wirkshark 工具栏如图 2-4-2 所示。常用的抓包功能使用工具栏按钮都可以完成，当鼠标移至工具按钮上时，会出现该按钮的功能说明，使用非常方便。

图 2-4-2　工具栏

3. Wireshark 面板

Wireshark 面板如图 2-4-3 所示，分 3 个部分：数据包列表栏、每个数据包明细栏、数据包内容栏（十六进制的数据格式）。

在数据包列表栏中以列表形式显示出捕获的所有数据包，单击列标题，可使抓获的数据包按该列顺序排序。双击数据包项目可看到数据包明细栏中关于该数据包的详细内容；在数据包内容栏中可以看到相应字段的字节信息。报文内容明细对于理解协议报文格式十分重要，同时也显示了基于 OSI 参考模型的各层协议的详细信息。

第 2 章 网络测试和故障检测

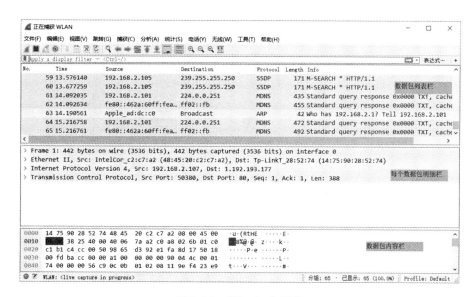

图 2-4-3 Wireshark 面板

2.4.2 Wireshark 抓包工作步骤

Wireshark 抓包工作步骤如下：

(1) 单击菜单中的"捕获"→"选项"选项,弹出如图 2-4-4 所示的"捕获接口"对话框,观察对话框中所有的网卡信息,并选择获取哪个接口。或者单击土界面上的"捕获"命令,也会弹出该窗口。

单击"捕获接口"界面上的"管理接口"按钮,会弹出"管理接口"对话框(见图 2-4-5),可添加或删除接口。"选项"选项卡中可以设置捕获数据时,自动滚动显示捕获的数据包;"自动停止捕获"选项框可以设置自动停止条件,如基于包数、数据捕获的数量或运行时间。

图 2-4-4 "捕获接口"对话框

图 2-4-5 "管理接口"对话框

(2) 单击"开始"按钮,即开始抓包。开始抓包后,界面上会一直动态地显示抓取到的包。

(3) Wireshark 过滤器设置。

Wireshark 程序包含许多针对所捕获报文的管理功能。其中一个比较常用的功能是过滤功能,可用来显示某种特定报文或协议的抓包结果,如图 2-4-6 所示。在工具栏下面的文本框里输入过滤条件就可以使用该功能,或者单击"表达式"按钮,可以设置更复杂的过滤条件,如图 2-4-7 所示。最简单的过滤方法是在文本框中先输入协议名称(小写字母),再按回车键。

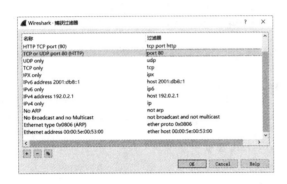

图 2-4-6 捕获过滤器

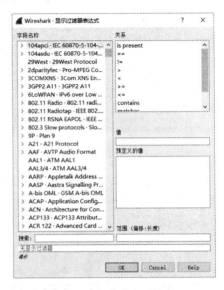

图 2-4-7 显示过滤器表达式

设置抓包条件:单击 filter 文本框旁边的"表达式"按钮,设置过滤条件,选择只抓取符合某些协议或指定 IP 地址等条件的数据包。例如,设置"ip.addr == 192.168.1.107":捕获到达/来自 IP 地址为 192.168.1.107 主机的数据。

2.5 网络故障测试实验

实验 2-1 常用网络命令的使用

【实验目的】

掌握常用网络命令的基本用法;学会使用常用网络命令解决遇到的基本问题。掌握 ping 命令的基本使用方式和带参数的高级使用方式,理解 ping 命令数据包交互过程,了解以下参数命令的功能:-t;-a;-n;-l;-i;-r。

【实验设备】

PC 1 台、Windows 操作系统、Wireshark 软件。

【基本内容】

(1) 查阅本机物理地址和 IP 地址;

(2) 使用 ping 工具进行连通性测试;

(3) 使用常见的并具有代表性的几个命令对网络连通性、网络环境等进行分析和测试。

【实验步骤】

依次测试 ping 命令、ipconfig 命令、tracert 命令、pathping 命令、netstat 命令、arp 命令、hostname 命令、nslookup 命令、route 命令。

(1) ipconfig 命令。

利用 ipconfig 命令可以查看和修改网络中的 TCP/IP 协议的有关配置,相关设置包括 IP 地址、网关、子网掩码等。

查阅本机物理地址和 IP 地址步骤:单击"开始"→"运行",在打开框中键入"cmd",进入 Dos 页面显示,如提示符"C:\WINDOWS\system32\cmd.exe",或者提示符"C:\Documents and Settings\Administrator>"等(不同机器可能会有所不同)。

① 输入 ipconfig 并回车查看结果,并分析。

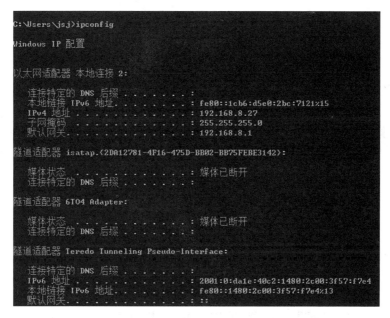

图 2-5-1　ipconfig 命令查看本机 IP 的配置

分析结果:本机 IP 的配置,显示计算机的本地连接的 IP 地址(192.168.8.17)、子网掩码(255.255.255.0)、默认网关(192.168.8.1)等数据。

② 输入 ipconfig/all 并回车查看分析结果。要求:对该命令带参数 all 返回的信息进行逐个理解,如图 2-5-2 所示。

分析结果:显示主机的具体 TCP/IP 配置信息,本地连接的数目及其中连接具体信息,以及隧道适配器的具体状态。

③ 输入 ipconfig/displaydns 并回车查看分析结果。

分析结果:查看本地 DNS 的缓存内容,如图 2-5-3 所示。

(2) 使用 ping 工具进行连通性测试。

ping 是 Windows 和 Linux 都自带的一个扫描工具,用于校验与远程计算机或本机的连接。ping 是网络中使用最频繁的小工具,主要用于测定网络的连通性。ping 使用 ICMP 协议简单地发送一个网络包并请求应答,接收请求的目的主机则使用 ICMP 发回同其接收的数据一样的数据,于是 ping 便可对每一个包的发送和接收报告往返时间,并报告无响应包的百分比,这在确定网络是否正确连接,以及网络连接的状况(包丢失率)十分有用。ping 是 Windows 集成的 TCP/IP 应用程序之一,可在"开始"→"运行"中直接执行。

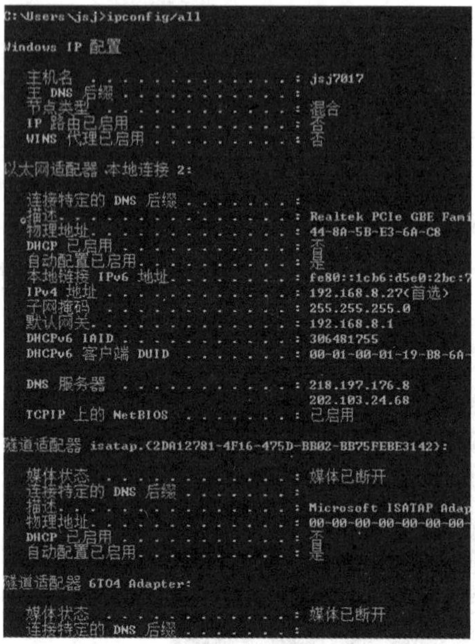

图 2-5-2 ipconfig/all 命令 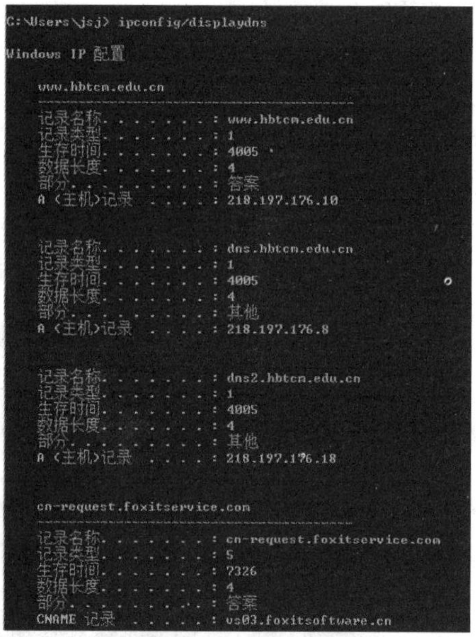　　　　图 2-5-3 ipconfig/displaydns 查看本地 DNS 缓存内容

第一步：ping -t；
第二步：ping -i 64；
第三步：ping -f；
第四步：ping -l。

① 输入 ping www.hbtcm.edu.cn 并回车查看分析结果，如图 2-5-4 所示。

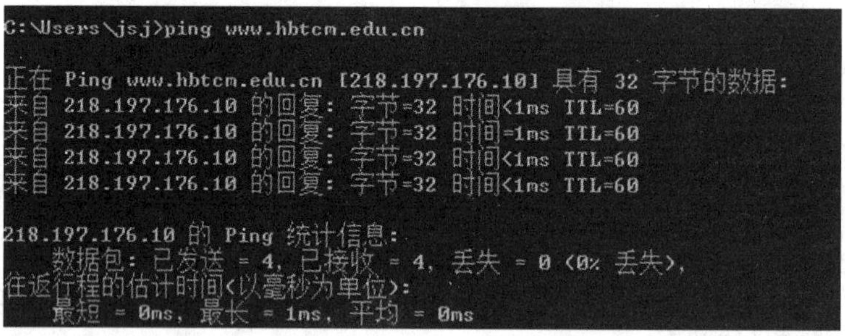

图 2-5-4　ping 命令 1

分析结果：向目的网络 www.hbtcm.edu.cn 的 IP 地址 218.197.176.10 发送 4 个具有 32 字节的数据包，费时均小于 1 ms，TTL＝60，对方返回 4 个同样大小的数据包来确定两台网络机器连接相通。

② 输入 ping 218.197.176.10 并回车查看分析结果，如图 2-5-5 所示。

分析结果：向目的 IP 地址 218.197.176.10 发送 4 个具有 32 字节的数据包，费时均小于 1 ms，TTL＝60，对方返回 4 个同样大小的数据包来确定两台网络机器连接相通。

（3）tracert 命令的使用。

① 输入 tracert www.hbtcm.edu.cn 并回车查看分析结果，如图 2-5-6 所示。

图 2-5-5　ping 命令 2　　　　　　　图 2-5-6　tracert 命令

分析结果：tracert 的主要作用是对路由进行跟踪，本地到目标地址 www.hbtcm.edu.cn 当中经过 30 个跳跃点，最终到达目的地址的路由(218.197.176.10)。

② 输入 tracert -d www.hbtcm.edu.cn 并回车查看分析结果。

出现结果与 tracert www.hbtcm.edu.cn 命令结果几乎一样，区别仅在于 tracert -d 不解析各路由器的名称，只返回路由器的 IP 地址。

(4) pathping 命令的使用。

① 输入 pathping 192.168.0.1 并回车查看分析结果，如图 2-5-7 所示。

分析结果：pathping 是指提供有关在本地和目标(192.168.0.1)之间的中间跳跃点处网络滞后和网络丢失的信息。

③ 输入 pathping -n www.hbtcm.edu.cn 并回车查看分析结果，如图 2-5-8 所示。

图 2-5-7　pathping 命令 1　　　　　图 2-5-8　pathping 命令 2

(5) netstat 命令的使用。

① 输入 netstat 并回车查看分析结果，如图 2-5-9 所示。

分析结果：Netstat 是控制台命令，是一个监控 TCP/IP 网络的非常有用的工具，它可以显示路由表、实际的网络连接以及每一个网络接口设备的状态信息。

图 2-5-9　netstat 命令 1

② 输入 netstat -b 并回车查看分析结果，如图 2-5-10 所示。

分析结果：显示包含于创建每个连接或监听端口的可执行组件。

③ 输入 netstat -a 并回车查看分析结果，如图 2-5-11 所示。

图 2-5-11 netstat 命令 3

图 2-5-10 netstat 命令 2

图 2-5-12 netstat 命令 4

分析结果：显示所有有效连接的信息列表，包括已建立的连接、正在监听的连接请求。

④ 输入 netstat -e 并回车查看分析结果，如图 2-5-12 所示。

分析结果：显示以太网统计信息，列出了传送的数据报总字节数、错误数、删除数、数据报数量和广播数量，既包括了发送数据报数量，也包括了接收数据报数量，由此可分析出基本的网络流量。

（6）arp 命令的使用。

① 输入 arp -a 并回车查看分析结果，如图 2-5-13 所示。

分析结果：显示所有接口的当前 ARP 缓存表。

② 输入 arp -s 169.254.112.34 00-cd-0d-33-00-34 并回车，输入 arp -a 并回车查看分析结果，如图 2-5-14 所示。

图 2-5-13 arp 命令 1

图 2-5-14 arp 命令 2

分析结果：向 ARP 缓存添加可将 IP 地址（169.254.112.34）解析成物理地址（00-cd-0d-33-00-34）的静态项。

④ 输入 arp -d 169.254.112.34 并回车，输入 arp -a 并回车查看分析结果，如图 2-5-15 所示。

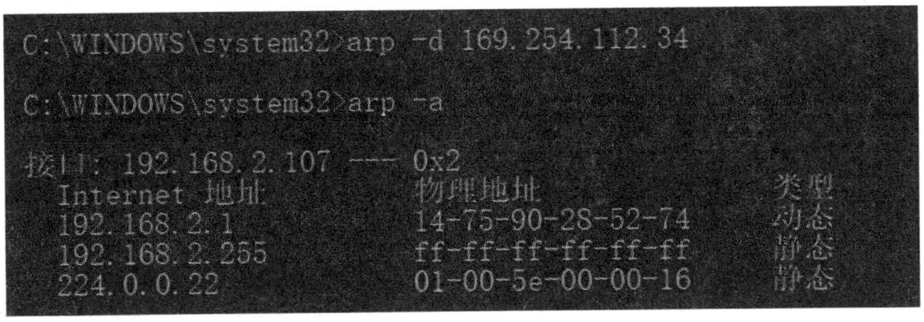

```
C:\WINDOWS\system32>arp -d 169.254.112.34

C:\WINDOWS\system32>arp -a

接口: 192.168.2.107 --- 0x2
  Internet 地址         物理地址              类型
  192.168.2.1           14-75-90-28-52-74     动态
  192.168.2.255         ff-ff-ff-ff-ff-ff     静态
  224.0.0.22            01-00-5e-00-00-16     静态
```

图 2-5-15　arp **命令** 3

分析结果：删除指定的 IP 地址（169.254.112.34）后，显示所有接口的当前 ARP 缓存表。

（7）nslookup 命令的使用。

① 输入 nslookup www.hbtcm.edu.cn 并回车查看分析结果，如图 2-5-16 所示。

运行该命令后会进入 nslookup 模式，按 Ctrl+C 可退出该命令。窗口中会显示出服务器对应的 IP 地址，若不能显示域名服务器名称，可能是 DNS 服务器没有正常工作，但若能正常解析域名，则可能是反向区域内没有 DNS 服务器的 PTR 记录。

分析结果：nslookup www.hbtcm.edu.cn 是获取 www.hbtcm.edu.cn 的 IP 地址。

② 输入 nslookup www.baidu.com 并回车查看分析结果。

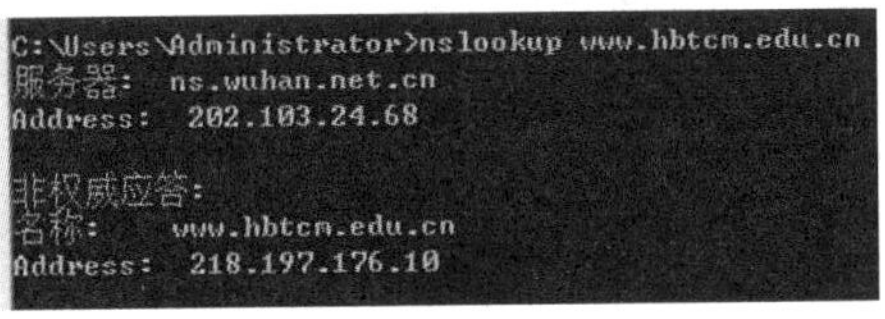

```
C:\Users\Administrator>nslookup www.hbtcm.edu.cn
服务器:  ns.wuhan.net.cn
Address:  202.103.24.68

非权威应答:
名称:    www.hbtcm.edu.cn
Address:  218.197.176.10
```

图 2-5-16　nslookup **命令** 1

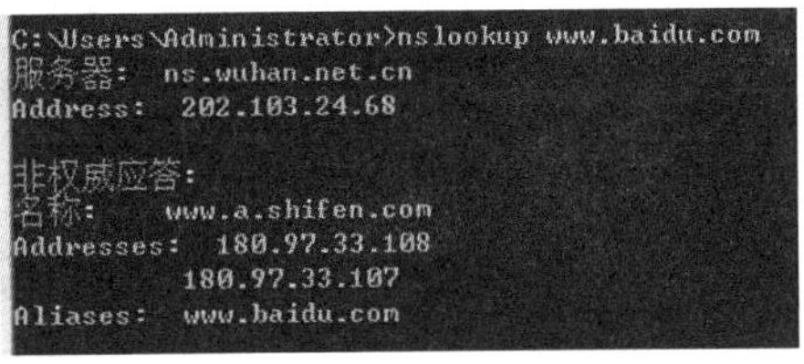

```
C:\Users\Administrator>nslookup www.baidu.com
服务器:  ns.wuhan.net.cn
Address:  202.103.24.68

非权威应答:
名称:    www.a.shifen.com
Addresses:  180.97.33.108
          180.97.33.107
Aliases:  www.baidu.com
```

图 2-5-17　nslookup **命令** 2

分析结果：nslookup www.baidu.com 是获取 www.baidu.com 的 IP 地址。

（8）route 命令的使用。

① 输入 route print 回车查看分析结果，如图 2-5-18、图 2-5-19 所示。

分析结果：route print 是查看路由表的命令，结果中显示的是路由表中的当前项目。

分析结果：route print 是查看路由表命令。

② 输入 route print 125 * 并回车查看分析结果，如图 2-5-20 所示。

分析结果：route print 125 * 命令显示到达目的地的（125 *）通过的接口，并打印以 125 地址开头的路由表信息。

【实验心得】

通过本次实验使学生基本了解、掌握一些常用网络命令的使用，在实验过程中按照书中示例进行修改后再运行命令并分析所得结果。对照课本分析，最终理解、掌握这些常用网络命令，从而能在实践中灵活运用这些命令来观察网络状态，从而排查网络故障。

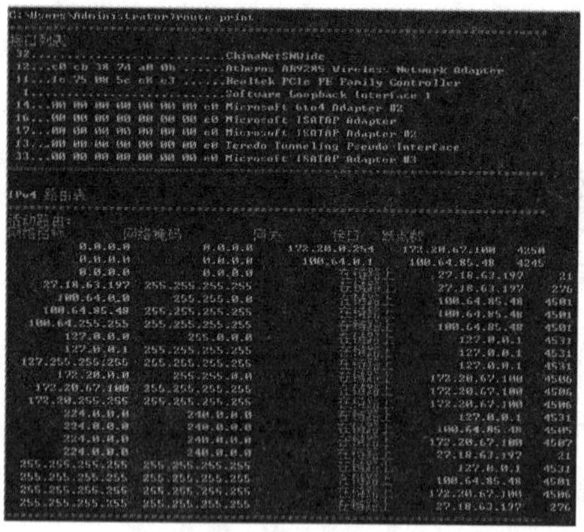

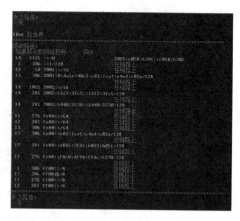

图 2-5-18 route 命令 1　　　　　　　图 2-5-19 route 命令 2

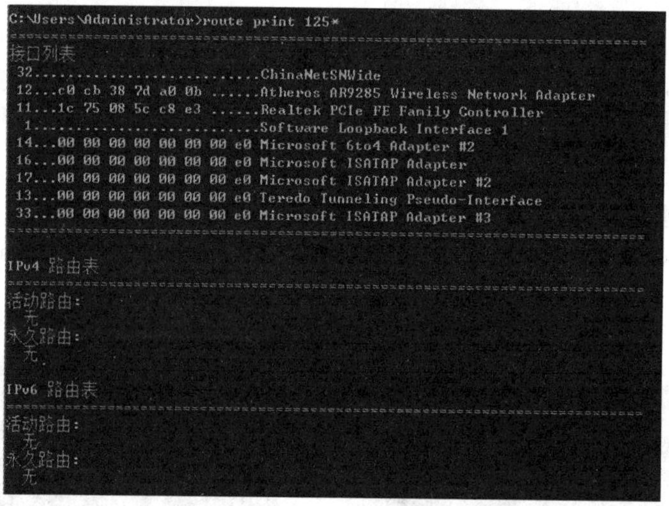

图 2-5-20 route 命令 3

实验 2-2　Wireshark 抓网络数据包实验

【实验目的】

（1）能熟练应用 Wireshark 软件。

（2）能利于捕获的数据包分析网络中的问题。

【实验设备】

（1）局域网计算机若干，计算机能接入 FTP 服务器和 Internet。

（2）安装了 Windows 操作系统的计算机。

（3）安装了 ENSP 软件及其辅助环境。

（4）安装了 Wireshark 抓包软件。

【实验步骤】

在计算机上利用 Wireshark 软件执行抓包操作，对捕获的数据包进行分析。

(1) 在 ENSP 环境下抓取数据包。

启动 ENSP,建立一个由一台交换机和两台计算机组成的网络拓扑,如图 2-5-21 所示。

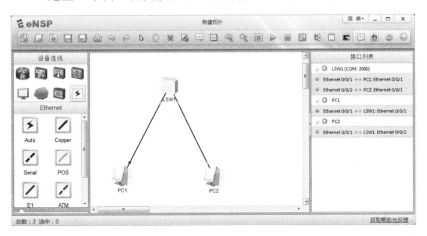

图 2-5-21　ENSP 拓扑图

配置好两台计算机的 IP 地址,PC1 配置为 192.168.1.10;PC2 配置为 192.168.1.20。启动所有设备。

在交换机上单击右键,弹出的菜单中选择"数据抓包",选择端口"GE 0/0/1",如图 2-5-22所示。Wireshark 会自动打开。

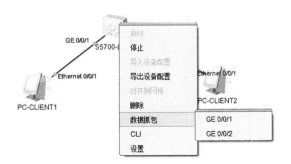

图 2-5-22　数据抓包菜单

打开 PC1 的界面,在命令窗口运行 ping 192.168.1.20 命令。观察捕获的数据包,如图 2-5-23 所示。

两台计算机一开始通信,会通过 ARP 协议学习 IP 地址与 MAC 地址的对应关系。由 ping 命令发起了 4 次 ICMP 的请求与应答。

第一条 ARP 数据包是广播请求接收方的 MAC 地址。双击该条目,弹出如图 2-5-24 所示的窗口。

第二条是对 MAC 地址请求的应答,双击该条目,弹出如图 2-5-25 所示的窗口。

第三条是 ICMP 请求报文,双击该条目,弹出如图 2-5-26 所示的窗口。

展开该数据包中 ICMP 项目,如图 2-5-27 所示。

(2) Wireshark 抓 TCP 数据包。

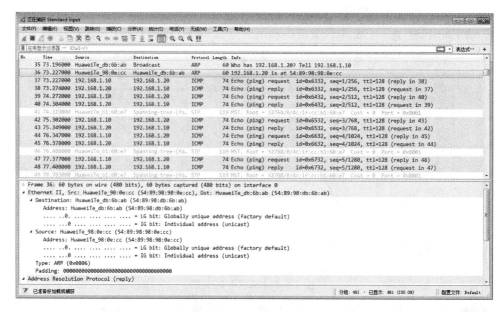

图 2-5-23　捕获的数据包

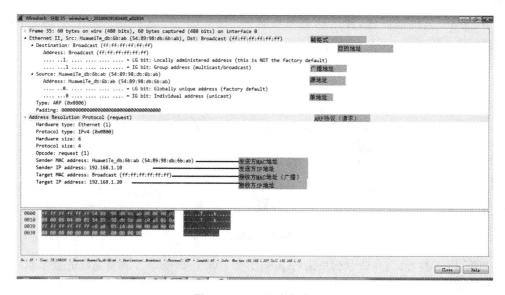

图 2-5-24　ARP 数据包

① 打开 Wireshark 软件,单击"start"启动抓包。

② 打开 IE 浏览器,输入网址 www.hbtcm.edu.cn,访问湖北中医药大学首页,在网页打开后再把浏览器关闭。

③ filter 中设置 TCP 或者设置 IP.addr==218.197.176.15。

显示抓包数据,如图 2-5-28 所示。

建立连接的三次握手的数据包如图 2-5-29～图 2-5-31 所示。

释放连接时抓获的数据包如图 2-5-32～图 2-5-35 所示。

第 2 章　网络测试和故障检测

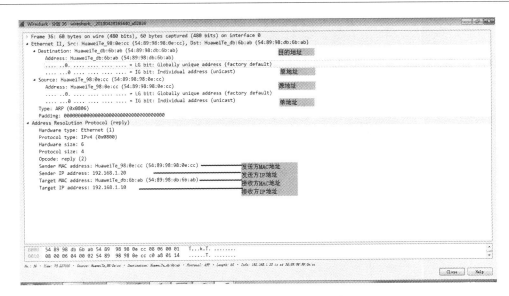

图 2-5-25　MAC 地址请求的应答

图 2-5-26　ICMP 请求报文

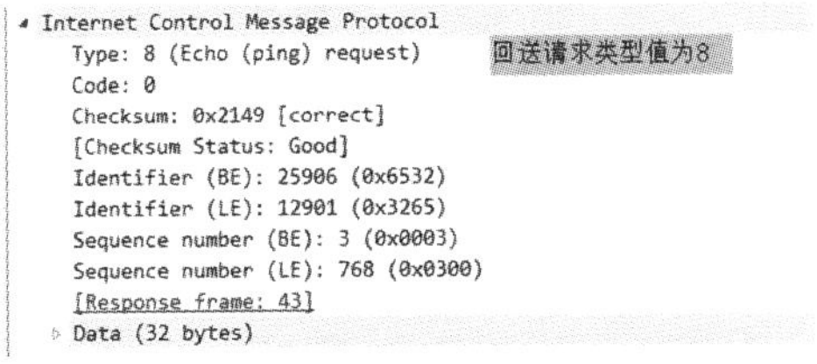

图 2-5-27　ICMP 项目

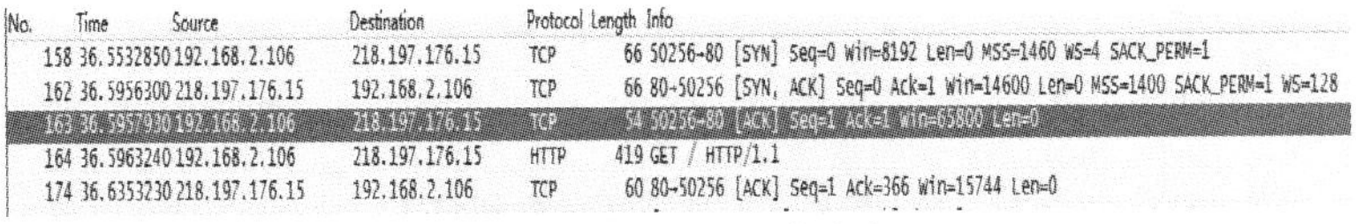

图 2-5-28　显示抓包数据

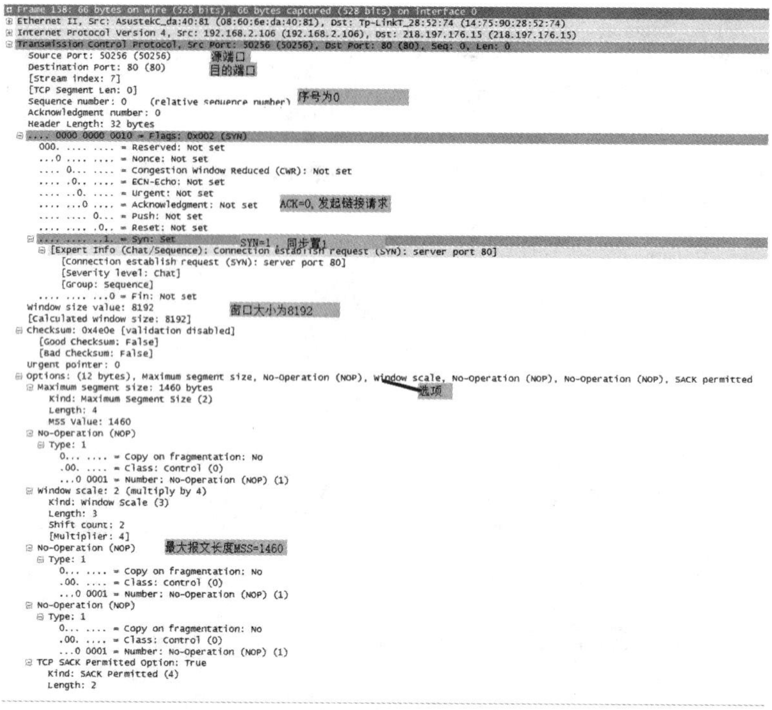

图 2-5-29 发起连接请求 TCP 数据包

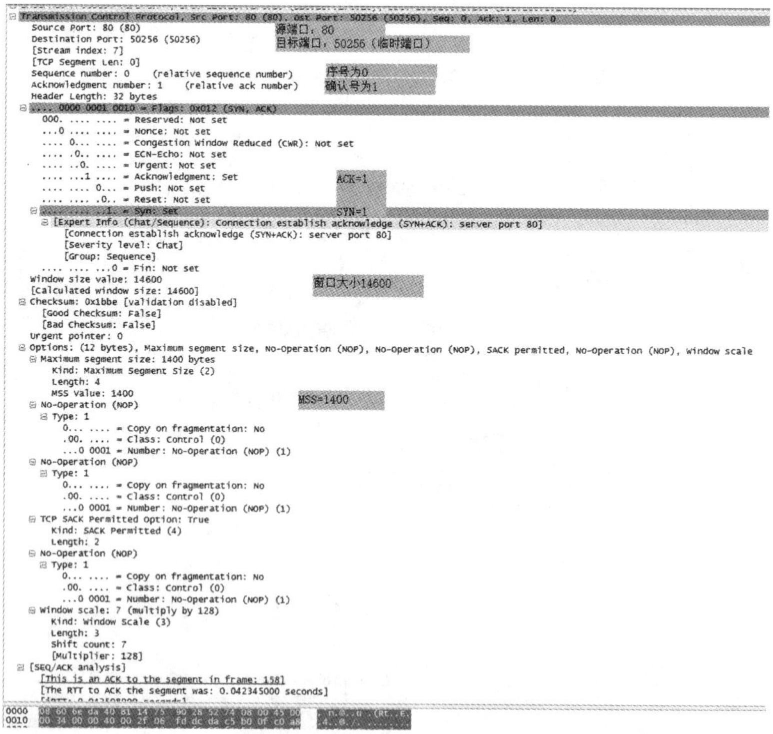

图 2-5-30 三次握手的数据包 1

图 2-5-31 三次握手的数据包 2

图 2-5-32 释放连接时抓获的数据包 1

图 2-5-33 TCP 释放连接数据包 2

```
⊞ Frame 6019: 60 bytes on wire (480 bits), 60 bytes captured (480 bits) on interface 0
⊞ Ethernet II, Src: Tp-LinkT_28:52:74 (14:75:90:28:52:74), Dst: AsustekC_da:40:81 (08:60:6e:da:40:81)
⊞ Internet Protocol Version 4, Src: 218.197.176.15 (218.197.176.15), Dst: 192.168.2.106 (192.168.2.106)
⊟ Transmission Control Protocol, Src Port: 80 (80), Dst Port: 50266 (50266), Seq: 1, Ack: 2, Len: 0
    Source Port: 80 (80)
    Destination Port: 50266 (50266)
    [Stream index: 17]
    [TCP Segment Len: 0]
    Sequence number: 1    (relative sequence number)
    Acknowledgment number: 2    (relative ack number)
    Header Length: 20 bytes
  ⊟ .... 0000 0001 0001 = Flags: 0x011 (FIN, ACK)
    000. .... .... = Reserved: Not set
    ...0 .... .... = Nonce: Not set
    .... 0... .... = Congestion Window Reduced (CWR): Not set
    .... .0.. .... = ECN-Echo: Not set
    .... ..0. .... = Urgent: Not set
    .... ...1 .... = Acknowledgment: Set
    .... .... 0... = Push: Not set
    .... .... .0.. = Reset: Not set
    .... .... ..0. = Syn: Not set
  ⊟ .... .... ...1 = Fin: Set
    ⊞ [Expert Info (Chat/Sequence): Connection finish (FIN)]
        [Connection finish (FIN)]
        [Severity level: Chat]
        [Group: Sequence]
    Window size value: 115
    [Calculated window size: 14720]
    [Window size scaling factor: 128]
  ⊟ Checksum: 0x2e56 [validation disabled]
        [Good Checksum: False]
        [Bad Checksum: False]
    Urgent pointer: 0
  ⊟ [SEQ/ACK analysis]
        [This is an ACK to the segment in frame: 6018]
        [The RTT to ACK the segment was: 0.045566000 seconds]
        [iRTT: 0.039782000 seconds]
```

图 2-5-34 TCP 释放连接数据包 3

```
⊞ Frame 6020: 54 bytes on wire (432 bits), 54 bytes captured (432 bits) on interface 0
⊞ Ethernet II, Src: AsustekC_da:40:81 (08:60:6e:da:40:81), Dst: Tp-LinkT_28:52:74 (14:75:90:28:52:74)
⊞ Internet Protocol Version 4, Src: 192.168.2.106 (192.168.2.106), Dst: 218.197.176.15 (218.197.176.15)
⊟ Transmission Control Protocol, Src Port: 50266 (50266), Dst Port: 80 (80), Seq: 2, Ack: 2, Len: 0
    Source Port: 50266 (50266)
    Destination Port: 80 (80)
    [Stream index: 17]
    [TCP Segment Len: 0]
    Sequence number: 2    (relative sequence number)
    Acknowledgment number: 2    (relative ack number)
    Header Length: 20 bytes
  ⊟ .... 0000 0001 0000 = Flags: 0x010 (ACK)
    000. .... .... = Reserved: Not set
    ...0 .... .... = Nonce: Not set
    .... 0... .... = Congestion Window Reduced (CWR): Not set
    .... .0.. .... = ECN-Echo: Not set
    .... ..0. .... = Urgent: Not set
    .... ...1 .... = Acknowledgment: Set
    .... .... 0... = Push: Not set
    .... .... .0.. = Reset: Not set
    .... .... ..0. = Syn: Not set
    .... .... ...0 = Fin: Not set
    Window size value: 16450
    [Calculated window size: 65800]
    [Window size scaling factor: 4]
  ⊟ Checksum: 0x4e02 [validation disabled]
        [Good Checksum: False]
        [Bad Checksum: False]
    Urgent pointer: 0
  ⊟ [SEQ/ACK analysis]
        [This is an ACK to the segment in frame: 6019]
        [The RTT to ACK the segment was: 0.000136000 seconds]
        [iRTT: 0.039782000 seconds]
```

图 2-5-35 TCP 释放链接数据包 4

第3章 网络规划与设计

本章学习目标：介绍交换机 VLAN 技术，了解并配置 VLAN 协议以及网络 VLAN 规划与部署。掌握网络设计与综合实施技能、交换设备的接口类型、网络模型。本章前面几节重点介绍了网络 IP 连通模式中需要掌握的接口类型和常见的连通路由模式，然后针对实际的应用情况展开更详细的案例分析。

3.1 VLAN 基础

3.1.1 VLAN 概念

VLAN 是虚拟局域网(Virtual Local Area Network)的简称，它是指在一个物理网段内进行逻辑划分，划分成若干个虚拟局域网。虚拟网是以交换式网络为基础，把网络上的用户分为若干个逻辑工作组，每个逻辑工作组就是一个 VLAN。它是在一个物理网络上划分出来的逻辑网络。VLAN 技术主要应用于交换机和路由器中，但主流应用还是在交换机中。但并不是所有交换机都具有此功能，只有 VLAN 协议的第三层以上交换机才具有此功能。VLAN 最大的特性是不受物理位置的限制，可以进行灵活的划分。

VLAN 具备了一个物理网段所具备的特性。相同 VLAN 内的主机可以相互直接通信，不同 VLAN 间的主机之间互相访问必须经路由设备进行转发，广播数据包只可以在本 VLAN 内进行广播，不能传输到其他 VLAN 中。除了没有物理位置的限制外，它和普通局域网是一样的，第二层的单播、广播和多播帧可以在一个 VLAN 内转发、扩散，而不会直接进入其他 VLAN 中。所以，如果一个端口所连接的主机想要和它不在同一个 VLAN 的主机通信，则必须通过一个三层设备进行转发，如路由器或者三层交换机等。一个 VLAN 就是一个广播域，一个 VLAN 就是一个子网。同一个 VLAN 内的主机共享同一个广播域，它们之间可以直接进行二层通信。而 VLAN 间的主机属于不同的广播域，不能直接实现二层互通。这样，广播报文就被限制在各个相应的 VLAN 内，同时也提高了网络安全性。有关 VLAN 的技术标准 IEEE 802.1Q 早在 1999 年 6 月就由 IEEE 委员会正式颁布实施了，VLAN 技术得到广泛的支持，在各种企业网络中得到广泛应用。

VLAN 技术的出现，使得管理员根据实际应用需求，把同一物理局域网内的不同用户逻辑地划分成不同的广播域，每一个 VLAN 都包含一组有着相同需求的计算机工作站，与物理上形成的 LAN 有着相同的属性。由于它是从逻辑上划分，而不是从物理上划分，所以同一个 VLAN 内的各个工作站没有限制在同一个物理范围中，即这些工作站可以在不同物理 LAN 网段。VLAN 是为解决以太网的广播问题和安全性而提出的一种协议，它在以太网帧的基础上增加了 VLAN 头，用 VLAN ID 把用户划分为更小的工作组，限制不同工作组间的用户互访，每个工作组就是一个虚拟局域网。VLAN 技术部署在数据链路层，用于隔离二层流量。VLAN 的划分不受网络端口的实际物理位置的限制。

通过使用 VLAN,可以带来如下的好处：由 VLAN 的特点可知,一个 VLAN 内部的广播和单播流量都不会转发到其他 VLAN 中,从而有助于控制流量,减少设备投资,简化网络管理,增加了网络连接的灵活性。一个 VLAN 内的用户和其他 VLAN 内的用户不能互访,提高了网络的安全性。还可以限制广播范围,并能够形成虚拟工作组,动态管理网络。

3.1.2 VLAN 帧的格式

IEEE 802.1Q 定义了 VLAN 的帧格式,图 3-1-1 所示的是 VLAN 帧格式。VLAN 标签长 4 字节,直接添加在以太网帧头中,IEEE 802.1Q 文档对 VLAN 标签作出了说明。Tag 标记插入在标准以太网 MAC 帧的源地址字段和长度/类型字段之间;PID(TPID——Tag Protocol Identifier)表明这是一个加了 802.1Q 标签的报文;如果不支持 802.1Q 的设备收到这样的帧,会将其丢弃。2 字节的标签控制信息(TCI——Tag Control Information),该标签头中的信息解释如下:Priority,用于指明帧的优先级(802.1P 协议),取值范围为 0~7,值越大优先级越高,一共有 8 种优先级,主要用于当交换机阻塞时,优先发送哪个数据包;CFI(Canonical Format Indicator)用于区分以太网帧、FDD 帧和令牌环网帧,在以太网中,CFI 的值为 0;VLAN ID:用于指明 VLAN 的 ID,每个支持 802.1Q 协议的主机发送出来的数据包都会包含这个字段,以指明自己属于哪一个 VLAN。在交换机中,一般可配置的 VLAN ID 取值范围为 0~4095,但是 0 和 4095 在协议中规定为保留的 VLAN ID,不能给用户使用。

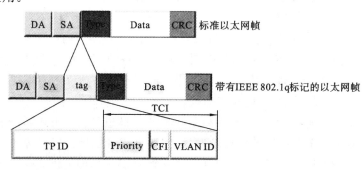

图 3-1-1 VLAN 帧格式

在现有的交换网络环境中,以太网的帧有两种格式：没有加上 VLAN 标记的标准以太网帧(untagged frame)和有 VLAN 标记的以太网帧(tagged frame)。

3.2 网络 IP 连通接口类型

3.2.1 常见的交换机接口类型

交换机的接口类型总体上可以分为两大类,即二层接口(L2 Interface)和三层接口(L3 Interface),其中三层接口仅三层交换机支持。

二层接口包含 Access 端口、Trunk 端口和 L2 Aggregate Port。

三层接口包含SVI接口(Switch virtual interface)、路由口(Routed port)和L3 Aggregate Port,具体的分类情况如图3-2-1所示。每一种2、3层接口类型都具有不同的特点和工作场合,下面就各自的使用特点进行简单介绍。

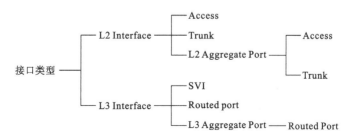

图3-2-1 交换机的接口类型

VLAN链路分为两种类型:Access链路和Trunk链路。对应的端口是Access端口和Trunk端口。一般来说,Access端口用于和最终用户相连,而Trunk端口用于交换机之间的互联。

1. Access端口类型

Access端口用于交换机连接主机,一个Access端口只能属于一个VLAN。通常情况下主机并不需要知道自己属于哪个VLAN,主机的网卡通常也不支持带有VLAN标记的帧,主机要求发送和接收的帧都是没有打上标记的帧。Access端口不能直接接收其他VLAN的信息,也不能直接向其他VLAN发送信息,不同VLAN的信息必须通过三层路由处理才能转发到这个端口上。一个Access端口只能属于一个VLAN,并且是通过手工设置指定VLAN的。

2. Trunk端口类型

Trunk端口可以承载多个不同的VLAN数据,通常用于交换机间的互联,或者用于交换机和路由器之间的互联。数据帧在Trunk端口上传输时,交换机必须用一种方法来识别数据帧是属于哪个VLAN的,该方法是使用一种TAG技术来区分Trunk端口上不同VLAN的数据,在Ethernet中使用的TAG技术通常有两种:IEEE 802.1Q和Cisco的ISL (inter-switch link)。

通常所有在Trunk端口上传输的帧都是带Tag的VLAN帧,通过这些标记(Tag),交换机就可以确定哪些帧是属于哪个VLAN的,对于未被标记的帧,Trunk端口定义了Native VLAN,交换机能够从Trunk端口上的Native VLAN转发这些未被标记的帧。

Trunk端口可以承载所有的VLAN数据,也可以配置为只能传输指定的VLAN数据,负责传输多个VLAN的数据。一个Trunk端口在缺省情况下是属于本交换机所有VLAN的,它能够转发所有VLAN的帧,但是可以通过设置许可VLAN列表(allowed-VLANs)来加以限制。在配置Trunk链路时,一定要确认连接链路两端的Trunk端口属于相同的Native VLAN。

3. SVI接口类型

SVI是和某个VLAN关联的IP接口,每个SVI只能和一个VLAN关联,从使用的角度来看可以分为两种 SVI 类型:一种 SVI 类型是本机的管理接口,管理员通过该管理接口可以管理交换机,二层交换机和三层交换机都支持这种 SVI 的管理接口,且二层交换机仅支持管理接口;另外一种 SVI 类型是一个网关接口,用于三层交换机中跨 VLAN 之间的路由。

4. 路由口类型

在三层交换机上,可以使用单个物理端口作为三层交换的网关接口,这个接口称为 Routed port,Routed port 不具备二层交换的功能。我们可以通过 no switchport 命令将一个 Access 端口或者 Trunk 端口转变为 Routed port,然后给 Routed port 分配 IP 地址来建立路由。

3.2.2 三层交换机间的 IP 连通路由模式

在网络的设计中,有一个很重要的环节就是设计三层交换机间的 IP 连通路由模式。所谓设计 IP 连通路由模式是指网络三层交换机之间 IP 连通接口类型的合理选择和使用,在不同的业务需求和网络架构下,我们可能会对前面提到的各种交换机接口类型进行不同的选择。下面我们将针对各种常见的模式进行介绍。

1. Access SVI 到 Access SVI 模式

相对于"路由口到路由口模式",还有一种与它非常类似的 IP 连通路由模式,就是"Access SVI 到 Access SVI 模式",如图 3-2-2 所示,SW1 和 SW2 是通过图中的 VLAN 100 SVI 接口进行路由连接的,该模式下也具有"路由口到路由口模式"相应的特点,如 VLAN 数据将终结在 Access SVI 边缘、VLAN ID 可以重复使用、需要通过路由协议来实现各自 VLAN 的数据通信、VLAN 中的二层攻击和广播风暴也被控制在 Access SVI 以内。该模式应用下需要注意的几点:

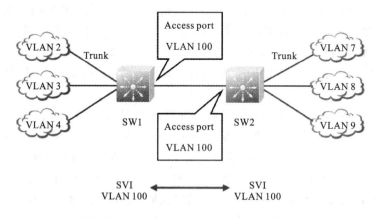

图 3-2-2　Access SVI 到 Access SVI 模式

(1) 正常情况下,SW1 和 SW2 中间 VLAN 100 SVI 接口的广播流量会通过 SW1 或者 SW2 的下连 Trunk 端口广播出去(除非 Trunk 端口上做了 VLAN 100 的修剪),有可能会造成一些线路带宽的浪费和协议数据的无效扩散;

(2) SW1 和 SW2 互联的 SVI 接口的 VLAN ID 不一定非得一致(比如一边是 VLAN

100,一边是 VLAN 101),因为我们采用的是 Access SVI 接口,SW1 和 SW2 互联 VLAN ID 只对本地有效,不会通过中间的链路把 VLAN ID 传递过去。

因此,通过上面的分析,建议用"路由口到路由口模式"作为三层交换机间的 IP 连通路由模式最佳。

2. Trunk SVI 到 Trunk SVI 模式

在网络的前期规划和部署时,有时候会遇到这样的业务或者需求,它们要求所涉及的所有业务服务器或者客户机必须在同一个广播域中,即同一个 VLAN 中,一般下面两种情况是比较典型的应用需求:

(1)由于业务本身的扩展性和系统实现能力所限制,它必须要求业务服务器和客户机在同一个 VLAN 中,否则该业务无法正常工作;

(2)用户对 VLAN 的划分原则有明确要求,但是可能要涉及较大的地理位置,用户希望按照部门来进行 VLAN 划分,每个部门都在一个 VLAN 中,但是发现在两个楼宇中都存在这个部门,因此也会有上述的需求。

针对上面提到的两种情况,我们在部署网络时就可能存在有一种或者多种业务需要在部分或者整个网络范围内进行 VLAN 透传,这种应用的实现就要使用到"Trunk SVI 到 Trunk SVI"的 IP 连通路由模式(见图 3-2-3),这里我们简单对该模式的应用特点进行列举说明。

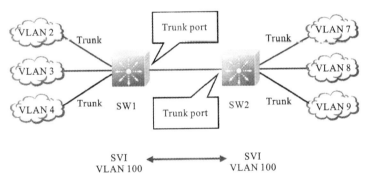

图 3-2-3　Trunk SVI 到 Trunk SVI 模式

(1)在该应用需求下,我们建议不要把所有的 VLAN 三层网关全部启用在一台核心交换机上,而其他三层交换机仅仅作为二层数据转发,因为这样做就偏离了分布式三层网络的设计思想,造成核心交换机的压力过大,一旦网络中发生二层攻击或者广播风暴,它将直接影响整个网络。

(2)在采用了分布式三层网络设计的方案后,我们必须要使用 VLAN 的 SVI 接口来进行三层交换机之间的路由互联,如图中的 VLAN 100 SVI,它是作为 SW1 和 SW2 之间的路由互联接口,此时要求 SW1 和 SW2 中的这个互联 VLAN ID 必须一致,否则就无法进行通信(区别于"Access SVI 到 Access SVI 模式"的互联 VLAN ID),同样 SW1 和 SW2 之间可以采用静态路由或者动态路由进行设计。

(3)缺省情况下,Trunk 端口容许所有的 VLAN 通过,如果我们不在 SW1 和 SW2 之间进行VLAN修剪的话,那么所有的VLAN广播流量将充斥在这条链路上,这样对带宽的浪费和网络的安全性都会带来威胁。因此,我们建议一定要在SW1和SW2之间的链路进行VLAN的修剪,如图中要在SW1的上连Trunk端口上修剪掉VLAN 2/3,在SW2的上连Trunk端口上修剪掉VLAN 7/8,即只容许需要透传的业务VLAN 10和路由互联的VLAN 100通过即可,使得网络更具有健壮性。

3. 混合型连接模式

混合型的连接模式,即"Access SVI到路由口模式",它的使用效果与前面介绍的"路由口到路由口模式"和"Access SVI到Access SVI模式"类似,如图3-2-4所示。除了特殊应用场合,锐捷网络建议一般情况下不要使用"Access SVI到路由口模式"。需要注意,路由口、Access SVI接口是不能和Trunk SVI接口进行连接的。

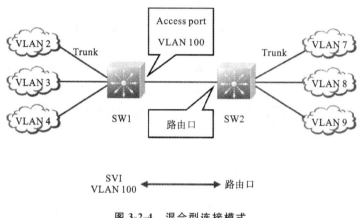

图3-2-4 混合型连接模式

3.3 VLAN的规划设计

3.2.1 VLAN的规划基础

1. VLAN的划分类型

1) VLAN的划分分类

按VLAN在交换机上的实现方法,VLAN的划分常可以分为基于端口、MAC地址、网络层协议、策略和子网这五种方式。

(1) 基于端口划分的VLAN。

根据交换机的端口编号来划分VLAN。这种划分VLAN的方法是根据以太网交换机的交换端口来划分的,它是将VLAN交换机上的物理端口和VLAN交换机内部的PVC(永久虚电路)端口分成若干个组,每个组构成一个虚拟网,相当于一个独立的VLAN交换机。初始情况下,交换机的端口处于VLAN1中。此方法配置简单,但是当主机移动位置时,需要重新配置VLAN。这是最常应用的一种VLAN划分方法,应用也最为广泛、最有效,目前绝大多数VLAN协议的交换机都提供这种VLAN配置方法。

从这种划分方法本身可以看出,这种划分方法的优点是定义 VLAN 成员时非常简单,只要将所有的端口都定义为相应的 VLAN 组即可,适合于任何大小的网络。它的缺点是,如果某用户离开了原来的端口,到了一个新的交换机的某个端口必须重新定义。

(2) 基于 MAC 地址划分 VLAN。

这种划分 VLAN 的方法是根据每个主机的 MAC 地址来划分,即对每个 MAC 地址的主机都要配置它属于哪个组,它实现的机制就是每一块网卡都对应唯一的 MAC 地址,VLAN 交换机跟踪属于 VLAN MAC 的地址。此划分方法需要网络管理员提前配置网络中的主机 MAC 地址和 VLAN ID 的映射关系。如果交换机收到不带标签的数据帧,会查找之前配置的 MAC 地址和 VLAN 映射表,根据数据帧中携带的 MAC 地址来添加相应的 VLAN 标签。

从这种划分的机制可以看出,这种 VLAN 的划分方法的最大优点就是当用户物理位置发生变动时,即从一个交换机换到其他交换机时,VLAN 不用重新配置,因为它是基于用户而不是基于交换机的端口。这种方法的缺点是初始化时,所有的用户都必须进行配置,如果有几百个甚至上千个用户的话,配置是非常烦琐的,所以这种划分方法通常适用于小型局域网。而且这种划分方法也导致了交换机执行效率的降低,因为在每一个交换机的端口都可能存在很多个 VLAN 组的成员,保存了许多用户的 MAC 地址,查询起来相当不容易。另外,对于使用笔记本电脑的用户来说,由于网卡可能经常更换,这样 VLAN 就必须经常配置。

(3) 基于网络层协议划分 VLAN。

基于协议划分的 VLAN 是根据数据帧的协议类型(或协议族类型)、封装格式来分配 VLAN ID。网络管理员需要首先配置协议类型和 VLAN ID 之间的映射关系。

这种方法的优点是用户的物理位置发生改变时,不需要重新配置所属的 VLAN,而且可以根据协议类型来划分 VLAN,这对网络管理者来说很重要。还有,这种方法不需要附加的帧标签来识别 VLAN,这样可以减少网络的通信量。这种方法的缺点是效率低,因为检查每一个数据包的网络层地址是需要消耗处理时间的(相对于前面两种方法),一般的交换机芯片都可以自动检查网络上数据包的以太网帧头,但要让芯片能检查 IP 帧头,需要更高的技术,同时也更费时。当然,这与各个厂商的实现方法有关。

(4) 按策略划分 VLAN。

基于策略组成的 VLAN 使用几个条件的组合来分配 VLAN 标签,这些条件包括 IP 子网、MAC 地址、端口和 IP 地址等。只有当所有条件都匹配时,交换机才为数据帧添加 VLAN 标签。另外,针对每一条策略都是需要手工配置的。

(5) 基于子网划分 VLAN。

交换机在收到不带标签的数据帧时,根据报文携带的 IP 地址给数据帧添加 VLAN 标签。

网络管理人员可根据自己的管理模式和本单位的需求来决定选择哪种类型的 VLAN。

2. VLAN 的规划原则

VLAN 设计包括确定 VLAN 的划分依据、具体的 VLAN 划分方法及 VLAN 编号的分配等几个方面。

1) 规划 VLAN 的标准

首先明确依据何种条件规划 VLAN, 常见的规划方式一般是基于业务和地域的。

基于业务:一般公司的行政架构基本是按照业务来进行划分的,所以基于业务的 VLAN 划分在真实网络中基本相当于基于公司的行政架构进行 VLAN 划分,这种划分方式也是最常见的。

基于地域:按照网络的延伸范围来划分 VLAN,如按照楼宇、楼层和房间来划分 VLAN。

在确定 VLAN 的具体划分方法上,VLAN 在技术上可以通过不同的方式进行划分。当然用得最多最广泛的是基于端口划分。这种方法简单直接,便于实施及管理。另外也可以基于 MAC 地址、IP 地址、协议类型进行 VLAN 划分,这些方法可以用在有某些特殊需求的场景。

在教育行业,特别是高校,由于规模较大,有多个分校分散在城市的不同地方,所以一般可以按照地理位置来划分 VLAN;而对于规模不大的单位,可按应用来划分 VLAN,如服务器、办公室、机房、教室。在上述几种规划中,我们建议一定要将网络设备作为一个单独的 VLAN 进行规划,以实现对网络设备安全、有效的管理。一般在网络中我们推荐采用按地理位置并结合应用规划 VLAN。

2) VLAN 设置的原则

(1) 不要使用太多的 secondary 地址段,路由设备比较忌讳在一个接口上捆绑太多的 secondary 地址段,因为那样会极大地降低路由设备运行的效率。

(2) 将 VLAN 号和端口相对应,如 3/8 端口对应的 VLAN 号设为 138,在维护时就比较容易,不用查配置表就可以处理了。

(3) VLAN 和端口需要配置描述信息。在 VLAN 和端口上配置相应的用户信息,这样无论是谁都可以方便地处理。

3.2.2 VLAN 的设计

1. VLAN 编号的分配

1) VLAN 编号的分配

VLAN 编号可配置的范围是 1~4094,注意每个端口需要一个 PVID,缺省取值为 1,建议 VLAN1 作为保留 VLAN。其余编号分配的时候,在技术上并没有特别的规范,主要的考虑来自于管理和运维的方便性。分配时最好结合实际情况,例如,如果是按照地域进行分配,那么单位在一幢楼内的 VLAN 最好分配连续的编号。常规来说,VLAN ID 只要是在有效的范围(1~4094)内,都是可以随意分配和选取的,但为了提高 VLAN ID 的可读性,一般采用 VLAN ID 和网段关联的方式进行分配。

如用户有如下的内网地址:192.168.10.X/24、192.168.20.X/24、192.168.30.X/24、192.168.40.X/24,则可以采用:VLAN 10 对应网段 192.168.10.X/24、VLAN 20 对应网段 192.168.20.X/24、VLAN 30 对应网段 192.168.30.X/24、VLAN 40 对应网段 192.168.40.X/24。

3. VLAN 的创建和命名

所谓 Native VLAN，也叫缺省 VLAN，在这个接口上收发的 untag 报文，都被认为是属于这个 VLAN 的。通常，一个 untag 帧经过 Trunk 端口时，会打上 Native VLAN 的 tag；一个 tag 帧经过 Trunk 端口时，如果 tag VLAN 与 Trunk 端口的 Native VLAN 相同，则会剥去 tag 标记。

由于 VLAN1 作为缺省的 Native VLAN，是不可以删除，所以建议在实际应用中不要使用 VLAN1。VLAN 的名字缺省是 VLAN xxxx，其中 xxxx 是用 0 开头的四位 VLAN ID 号。比如，VLAN 0004 就是 VLAN 4 的缺省名字，可以用数字和字符串对 VLAN 进行命名，长度不超过 32 位，一般可采用字符串＋数字的方式加以命名，也可以用网段的名称，以便于识别。

VLAN 设计建议如下：

(1) 建议一个 VLAN 对应一个网段，一个网段分配一个 C 类的 IP 地址；
(2) VLAN ID 与网段对应，以便于识别；
(3) VLAN 的命名与业务/部门/应用等结合；
(4) 注意 VLAN 的修剪，以提高安全性，减少不必要的流量；
(5) Native VLAN 的作用；
(6) 网络设备作为一个单独的 VLAN 进行规划。

3.3 局域网的网络架构设计

3.3.1 基于网络分层设计

网络逻辑架构指的是 IP 数据包在网络内部的转发过程，即数据包从接入层、汇聚层、核心层再到汇聚层这一个网络内部转发过程是经过怎样的一个二层转发和三层转发过程的。

局域网采用分层和模块化的网络逻辑架构设计方法，整个网络层结构可以分为核心层、汇聚层和用户接入层共三个层次，如图产 3-3-1 所示。其中核心层实现高效率的数据交换。汇聚层负责网络安全和 QoS 服务质量策略的实现，分为区域汇聚层、楼宇汇聚层。接入层则负责具体的用户接入以适应所要求的接入端口密度和接入方式。分层设计可以使整个网络自上而下具有很大的弹性，便于维护和实施。

1. 核心层

核心层网络提供了骨干组件或高速交换组件，设计任务的重点通常是冗余能力、可靠性和高速的传输。它的功能主要是实现骨干网络之间的优化传输，负责整个校园网的网内数据交换。因此，网络的控制功能最好尽量少在骨干层上实施。核心层是整个网络所有流量的最终承受者和汇聚

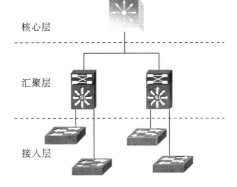

图 3-3-1 基于三层架构的网络分层设计

者,对核心层的设计以及网络设备的要求是性能好、质量高,所以核心层设备占投资的主要部分。

2. 汇聚层

汇聚层的功能主要是连接接入层节点和核心层,汇聚本区域内的数据流量和本区域内的数据交换、转发。必要时,汇聚层还可以作为网络冗余连接使用。除了进行局部数据的交换以外,还要将数据通过高速接口输送到核心层上去,在最大的范围内进行数据的路由和处理,实现通信量的聚合。同时,汇聚层可屏蔽经常处于变化之中的接入层对相对稳定的核心层的影响,从而可以隔离接入层拓扑结构的变化。

汇聚层一般使用三层交换机,三层交换机是具有路由功能的交换机,是路由器和二层交换机的有机集合体,它工作在OSI参考模型的第三层(网络层),具有第三层路由功能,把三层路由功能和二层交换功能相结合,提高路由器的分组转发速度,解决传统路由器形成的传输瓶颈问题。

相对于三层交换机,我们把二层交换机称为传统交换机。在本书中,若不特指三层交换机,交换机指的是传统的二层交换机。

3. 接入层

接入层是最终用户与网络的接口,具有即插即用的特性。在整个网络中接入层的交换机数量最多,选择此层交换机时要注意以下四个方面:一是管理性,易于使用和维护;二是稳定性,能够在比较恶劣的环境下稳定工作;三是吞吐量,能够满足接入用户的流量需要;四是性价比。网络资源的优化设置如网络优先级的设定和带宽交换等也在接入层完成。

接入层一般使用二层交换机,二层交换机是不带第三层路由功能的交换机,工作在OSI参考模型的第二层(数据链路层),依据MAC地址进行数据帧的转发,支持任何网路层以上的高层协议。

在三层拓扑结构中,通信数据被接入层导入网络,然后被汇聚层聚集到高速链路上流向核心层。从核心层流出的通信数据被汇聚层发散到低速链路上,经接入层流向用户。在分层网络中,核心层处理高速数据流,其主要任务是数据的交换;汇聚层负责聚合路由路径,收敛数据流量;接入层负责将流量导入网络,执行网络访问控制等网络边缘服务。

4. 分层结构规划网络拓扑遵守的基本原则

按照分层结构规划网络拓扑时,应遵守以下基本原则:

(1) 网络中因为拓扑结构改变而受影响的区域应被限制到最低程度;

(2) 路由器(及其他网络设备)应传输尽量少的信息。

3.3.2 扁平化的两层结构

扁平化的两层结构将汇聚层和核心层合二为一,网络拓扑结构分为接入层和核心层,应用于较小规模的网络环境中,如图3-3-2所示。例如,一个小型企业办公区域在同一栋楼内,接入层直接与核心层互联。扁平化两层结构在网络组网时成为一种新型的设计理念,大型网络中也有一定应用。

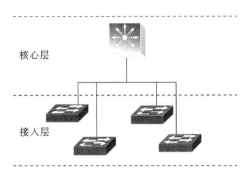

图 3-3-2　扁平化的两层结构的网络分层设计

3.3.3　"233架构"模型分析

在网络中常见的有两种网络逻辑架构,即"233架构"和"232架构",所谓"233架构"指的是数据包经过接入设备、汇聚设备、核心设备再到其他汇聚设备分别是经过二层转发、三层转发和三层转发的一个路由转发过程。"232架构"不是很常用的网络架构,它的数据包分别是经过二层转发、三层转发和二层转发的一个路由转发过程,其目的是为了减少核心层设备的三层转发压力,在具体设计和部署网络时可根据实际的用户需求来选择是否采用。例如,图 3-3-3 是一个典型的"233架构"拓扑图,VLAN 2 访问 VLAN 8 的数据流是经过这样一个过程:RG-S2126G 的二层转发→RG-S6806E-1 的三层路由(192.168.1.2)→(192.168.1.1)RG-S6810E-2 的三层路由(192.168.1.9)→(192.168.1.10)RG-S6806E-3。

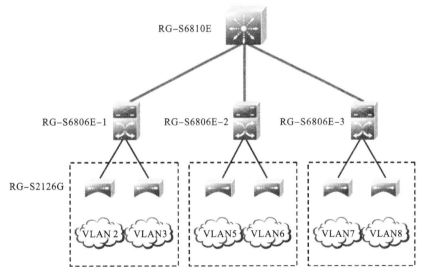

图 3-3-3　"233架构"拓扑图

在最常见的网络设计的"233架构"通用模型中,建议尽量应用"路由口到路由口模式",这样使得网络结构更清晰更明了。在大多数的网络建设中,我们遇到的都是像这样的"233架构"通用模型,这样设计和部署的网络将是一个易管理、易维护、高安全性、高健壮性的网络。"232架构"中需要注意的是核心层与汇聚层之间互联 IP 地址的变化,以及路由指向的变化,即汇聚层设备之间必须进行相关路由的指向(通过静态路由或者动态路由的方式),才能够实现"232 架构"的数据转发特点,否则将会产生一些负面的影响。

在部署网络时可能存在一种或者多种业务需要在部分或者整个网络范围内进行 VLAN 透传,这种应用的实现就要使用到"Trunk SVI 到 Trunk SVI"的 IP 连通路由模式。区别于"233 架构"通用模型,特殊模型的特殊点就在于网络中可能存在一种或者多种业务需要在部分或者整个网络范围内进行 VLAN 透传,这种情况下如果再用前面介绍的"路由口到路由口模式"或者"Access SVI 到 Access SVI 模式"就无法实现用户的业务需求了。在图 3-3-4 的例子中有这样一个业务 VLAN 9,它需要透传整个网络,同时为了保证分布式三层网络的设计思想,我们在核心层与汇聚层之间采用了"Trunk SVI 到 Trunk SVI"的 IP 连通路由模式,并且用 VLAN 100/101/102 作为核心与各级汇聚之间的路由互联 VLAN,通过相应的 VLAN 修减只让业务 VLAN 9 和路由互联 VLAN 100/101/102 通过,用户 VLAN 2/5/7 被终结在汇聚层以下,从而保证骨干网络的安全性和健壮性。该应用模式也是在网络建设中经常遇到的结构,很有设计价值。

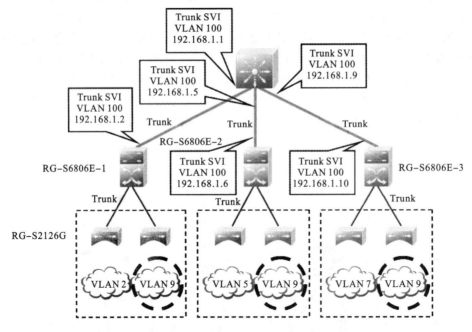

图 3-3-4 "Trunk SVI 到 Trunk SVI"的 IP 连通路由模式

3.4 网络规划与设计实施案例分析

3.4.1 网络规划与设计

主干网使用千兆或万兆以太网技术,根据光纤线路的建设情况,组建千兆或万兆骨干网络,主干网由双冗余的核心交换机和多台千兆双宿主汇聚层交换机构成。核心交换机放置在网络中心(或其他位置),汇聚层交换机放置在各个接入楼宇。各个楼宇的汇聚层交换机分别通过千兆链路与两台中心交换机连接。主干网络是各项应用系统正常运行的根本保证，并利用设备冗余、链路冗余和 STP 网络技术保证骨干网可以不间断地为各项业务服务，延长平均无故障时间，降低故障的恢复时间。

1. 核心主干网设计要求

核心层连接各汇聚设备或接入设备和服务器群设备，提供路由管理、网络服务、网络管理、数据高速交换、快速收敛和扩展性，完成高速转发。核心层是网络的主干部分，主要目的是尽可能快地交换数据。核心层不应该涉及费力的数据包操作或者缓慢的数据交换处理。应该避免在核心层中使用像访问控制列表和数据包过滤之类的功能。核心层的功能是提供快速高效的数据传输，提供高度冗余，易于管理可扩展协议和技术，备选路径，以及负载平衡等功能，如图 3-4-1 所示。

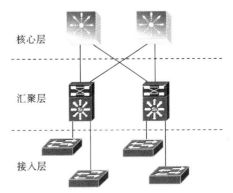

图 3-4-1　核心层采用冗余高端交换机

2. 区域汇聚

汇聚层（Distribution Layer）代表接入层与核心层间的分离以及多种接入站点与核心层间的连接点。汇聚层决定了部门或工作组接入。汇聚层连接接入设备，可作为部分改造区域的智能安全接入设备，提供完善的 ACL 性能，实现对病毒和网络、攻击的安全防御。整个区域划分为几个区域，每个区域设计使用一台核心交换机用作区域汇聚。区域汇聚交换机通过接口上连整个校园网核心交换机。每个区域汇聚交换机通过千兆或万兆链路连接各个楼宇的汇聚交换机，楼宇汇聚交换机通过千兆链路连接接入交换机，汇聚层还要完成访问控制功能，最大限度地阻挡接入层上行的网络攻击和病毒传播，避免网络攻击对带宽的影响，并减少核心层的压力，从而使核心更高效的工作。

汇聚层设计为本区域内的逻辑中心，需要较高的性能和比较丰富的功能。区域汇聚层要设计成为网络最稳定、最可靠的部分，核心交换机的各个端口的规则匹配及 QoS 处理要独立完成，互相之间没有任何影响，其内部应为超高速的转发设计，这样才可保证核心的稳定、可靠。在网络环境中，汇聚层能执行众多功能，其中包括：VLAN 聚合，部门级和工作组接入，VLAN 间的路由，广播域或组播域的定义，介质转换，安全。

3. 接入层

接入层（Access Layer）是客户接入网络的集中点，接入层设备通过使媒体接入服务请求本地化来控制业务。接入层连接各终端设备，作为网络智能安全接入和策略的边缘，接入交换机为用户提供连接服务，也可实现基于 802.1x 的身份认证功能，在网络最末端实现对用户的安全可控。接入层是直接与用户打交道的层，接入层的基本设计目标包括三个：将流量导入网络；提供第二层服务，比如基于广播或 MAC 地址的 VLAN 成员资格和数据流过滤；访问控制。

需要提出的是，VLAN 的划分一般是在接入层实现的，但 VLAN 之间的通信必须借助于汇聚层的三层设备才得以实现。由于接入层是用户接入网络的入口，所以也是黑客入侵的门户。接入层通常用包过滤策略提供基本的安全性,保护局部网免受网络内外的攻击。接入层的主要准则是能够通过低成本、高端口密度的设备提供这些功能。相对于核心层采用的是高端交换机,接入层就是"低端"设备,常称为工作组交换机或接入层交换机。因为网络接入层往往已到用户桌面,所以有人又称为桌面交换机。

上面介绍了一个典型网络的三层划分情况,但需要注意的是,并不是所有网络都具有这三层,并且每一层的具体设备配置情况也不一样。例如,当网络很大时,核心层可由多个冗余的高端交换机组成;当构建超级大型网络时,该网络可以进行更进一步的划分,整个网络分为四级,分别为核心层、骨干层、分布层及接入层,如图 3-4-2 所示。相反地,当网络较小时,核心层可能只包含一个核心交换机,该设备与汇聚层上所有的交换机相连;如果网络更小的话,核心层设备可以直接与接入层设备连接,分层结构中的汇聚层被压缩掉了。显然,这样设计的网络易于配置和管理,但是其扩展性不好,容错能力差。

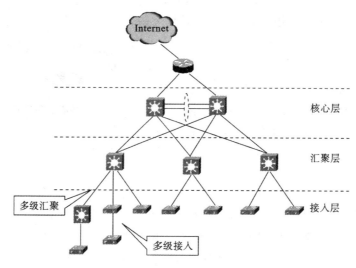

图 3-4-2 多个冗余、多级接入的三层架构

3.4.2 网络实施

1. 实施过程

总的来说,网络工程整个过程可以分为布线、网络设备安装、配置和调试等步骤。

网络安全配置包括服务器安全设置、交换机安全设置、路由器安全设置、VLAN 设置、防火墙设置和网络管理设置。

网络系统测试包括连通性和链路电气测试,以及系统功能和性能测试。

2. 工程项目文档

网络工程项目文档由三种文档组成,即网络结构文档、网络布线文档和网络系统文档。

1) 网络结构文档

网络结构文档由下列内容组成:网络逻辑拓扑结构图、网段关联图、网络设备配置图和 IP 地址分配表。

网络布线文档由下列内容组成:网络布线逻辑图、网络布线工程图(物理图)、测试报告(提供每一节点的接线图、长度、衰减、近端串扰和光纤测试数据)、配线架与信息插座对照表(见表 3-4-1)、配线架与交换器接口对照表、交换器与设备间的连接表、光纤配线表。

表 3-4-1 配线架与信息插座对照表

	1	2	3	4	5	6	7	8	9	10	11	12
1	1001	1002	1003	1004	1005	1006	1007	1008	1009	1010	1011	1012
	13	14	15	16	17	18	19	20	21	22	23	24
	1013	1014	1015	1016	1017	1018	1019	1020	1021	1022	1023	1024

网络系统文档的主要内容有服务器文档、网络设备文档和网络应用软件文档。服务器文档包括服务器硬件文档和服务器软件文档。网络设备是指工作站、服务器、路由器、交换器、网卡等。在做网络设备文档时,必须有设备名称、购买公司、制造公司、购买时间、使用用户、维护期、技术支持电话等。

3. VLAN 及 IP 地址规划设计

IP 地址的规划是组建校园网过程中的一个很重要的环节。IP 地址规划的好坏,直接影响网络的性能、网络的扩展、网络的管理和网络应用的进一步发展。IP 地址的合理分配对网络管理起到重要作用。IP 地址的分配,要与网络拓扑层次结构相适应,既要有效地利用地址空间,又要体现出网络的可扩展性、灵活性和可管理性。具体分配时要遵循唯一性、简单性、连续性、可扩展性、灵活性的原则。

1) 体系化编址

体系化其实就是结构化、组织化,以企业的具体需求和组织结构为原则对整个网络地址进行有条理的规划。规划的一般过程是从大局、整体着眼,然后逐级由大到小分割、划分。最好在网络组建前配置一张 IP 地址分配表,对网络各子网指出相应的网络 ID,对各子网中的主要层次指出主要设备的网络 IP 地址,对一般设备指出所在的网段。各子网之间最好还列出与相邻子网的路由表配置。

2) IP 地址的分配可按部门和区域进行分配

对需要大量 IP 地址以及将来发展还需要增加 IP 地址的部门和区域可分配一个或者多个独立的 C 类地址,对于只需少量 IP 地址的部门和区域,可以让多个部门和区域共用一个 C 类地址。

为了便于管理,还可以将一个 C 类地址子网化,根据具体情况来划分子网。一般来说,子网的数量不宜过多,因为每划分一个子网都要使用一个 C 类 IP 地址。

4. VLAN 及 IP 地址规划设计举例

某单位整个网络使用地址 192.168.1.0~192.168.254.254 作为交换机的管理网段,管理 VLAN 为了和现有的设计一致,分别采用 VLAN 130 对应 IP 地址为 192.168.3.0/24 中的地址,VLAN 140 对应 IP 地址为 192.168.4.0/24 中的地址,以此类推。对于接入设备管理 IP 的第四位从 31 开始,接入到汇集之间的设备管理 IP 的第四位从 11 开始,这样防止以后新添设备 IP 的混乱。表 3-4-2 所示的是交换机管理 VLAN/IP 地址,表 3-4-3 所示的是汇聚设备上应创建的 VLAN。对于汇聚层和核心层之间的 IP 地址，统一使用 192.168.224.0/24 这个网段的 IP 地址，表 3-4-4 所示的是汇聚设备和核心设备间接口的 IP 地址规划。表 3-4-5 所示的是设备 IP 地址规划。

表 3-4-2 交换机管理 VLAN/IP 地址

汇聚编号	汇聚及下面接入设备	VLAN ID	管理 IP 范围
1号	科教楼	VLAN 110	192.168.1.0/24
2号	行政楼	VLAN 120	192.168.2.0/24
3号	学生公寓 5 号楼	VLAN 130	192.168.3.0/24
4号	学生公寓 A 栋	VLAN 140	192.168.4.0/24
5号	实验楼	VLAN 150	192.168.5.0/24
6号	1#教学楼	VLAN 160	192.168.6.0/24

表 3-4-3 汇聚设备上创建的 VLAN 明细

汇集点名称	VLAN ID	网络地址	网关	掩码
科教楼 Catalyst3750	3	222.85.193.0	222.85.193.190	255.255.255.192
	5	222.85.196.0	222.85.196.254	255.255.255.0
	7	222.85.193.192	222.85.193.254	255.255.255.192
	8	222.85.198.32	222.85.198.62	255.255.255.224
	110(管理)	192.168.1.0	192.168.1.1	255.255.255.0
A 校区公寓 A 栋	50	58.69.246.0	58.69.246.126	255.255.255.128
	51	58.69.246.128	58.69.246.254	255.255.255.128
	52	58.69.247.0	58.69.247.126	255.255.255.128
	53	58.69.248.128	58.69.248.254	255.255.255.0
	140(管理)	192.168.4.0	192.168.4.1	255.255.255.0
学生公寓 5 号楼	39	58.69.240.0	58.69.240.126	255.255.255.128
	40	58.69.240.128	58.69.240.254	255.255.255.128
	41	58.69.241.0	58.69.241.254	255.255.255.0
	42	58.69.242.0	58.69.242.126	255.255.255.128
	43	58.69.242.128	58.69.242.254	255.255.255.128
	130(管理)	192.168.3.0	192.168.3.1	255.255.255.0
1#教学楼	8	222.85.198.144	222.85.198.150	255.255.255.248
	13	222.85.201.128	222.85.201.254	255.255.255.128
	160(管理)	192.168.6.0	192.168.6.1	255.255.255.0

表 3-4-4 汇聚设备和核心设备间接口的 IP 地址规划

汇聚设备	汇聚层 IP 地址	核心层 IP 地址
学生公寓 5 号楼	192.168.224.17/30	192.168.224.18/30
	192.168.224.21/30	192.168.224.22/30
学生公寓 A 栋	192.168.224.25/30	192.1682.224.26/30
	192.168.224.29/30	192.168.224.30/30

表 3-4-5 设备 IP 地址规划

设备位置	型号	主机名	管理地址
5 号楼	Star S2126G	S2126-101	192.168.31.11
VLAN 39	Star S1926F+	S1926-10101	192.168.31.31
nat:10.130.1.0/24	Star S1926F+	S1926-10102	192.168.31.32
int:58.69.240.0/25	Star S1926F+	S1926-10103	192.168.31.33
int gateway:58.69.240.126/25	Star S1926F+	S1926-10104	192.168.31.34
	Star S1926F+	S1926-10105	192.168.31.35
	Star S1926F+	S1926-10106	192.168.31.36
	Star S1926F+	S1926-10107	192.168.31.37
	Star S1926F+	S1926-10108	192.168.31.38
	Star S1926F+	S1926-10109	192.168.31.39
	Star S1926F+	S1926-10110	192.168.31.40
	Star S1926F+	S1926-10111	192.168.31.41

第 4 章 交换机的基本操作

本章学习目标：掌握交换机基本知识、生成树协议、RSTP 及交换机配置。主要知识点包括交换机的远程配置方式、交换机的基本配置、交换机的生成树协议模式及配置。实验内容包括配置交换机支持 Telnet、交换机的命令模式及基本配置、交换机配置 STP。

4.1 交换机基本知识

交换机(二层交换机)使用数据链路层发送帧。以太网交换机能通过读取传送数据包的源地址和记录帧进入交换机的端口来学习网络上每个设备的地址。然后，交换机把该信息加到它的转发数据库。连接局域网段的交换机都使用 MAC 地址表，用它来决定数据报需要在哪个段上传送并减少流量。

4.1.1 交换机的分类

由于交换机市场发展迅速，产品繁多，功能上越来越强，交换机也可按企业级、部门级、工作组级、桌面级进行分类。

交换机的端口类型有以下几种：一类用于连接 RJ-45 端口(见图 4-1-1)，这类交换机可以是 8、12、16、24 个端口等；另一类用于连接光纤接口等，都是向上连接的端口。交换机有 10 Mb/s、10/100 Mb/s 自适应、100 Mb/s 快速、千兆位交换机等多种，根据组网的需要，不同档次的交换机被应用到网络中的不同位置。

图 4-1-1　交换机 RJ-45 端口

4.1.2 交换机选型参数

交换机选型参数包括端口容量、支持的网络类型、背板吞吐量、MAC 地址表大小。

4.1.3 交换机的常见接口(光口和电口)

1. SC 型光纤接口

模塑插拔耦合式单模光纤连接器如图 4-1-2 所示。

SC 光纤与 RJ-45 接口看上去很相似，不过 SC 光纤接口显得更扁些，其明显区别还是里面的触片，如果是 8 条细的铜触片，则是 RJ-45 接口，如果是一根铜柱，则是 SC 光纤接口。

其外壳采用模塑工艺，用铸模玻璃纤维塑料制成，为矩形；插头套管(也称插针)由精密陶瓷制成，耦合套筒为金属开缝套管结构，其结构尺寸与 FC 型的相同，端面处理采用 PC 或 APC 型研磨方式；紧固方式采用插拔销闩式，不需旋转。此类连接器价格低廉，插拔操作方便，介入损耗波动小，抗压强度较高，安装密度高。

SC 光纤接口主要用于局域网交换环境，在一些高性能千兆交换机和路由器上提供了这种接口，SC 光纤接口在 100Base-TX 以太网时代就已经得到了应用，因此当时称为 100Base-FX（F 是光纤单词 fiber 的缩写），不过当时由于性能并不比双绞线突出却成本较高，因此没有得到普及，现在业界大力推广千兆网络，SC 光纤接口则重新受到重视。

2. RJ-45 接口

如图 4-1-3 所示，RJ-45 接口可用于连接 RJ-45 接头，适用于由双绞线构建的网络，这种端口是最常见的，一般来说，以太网集线器都会提供这种端口。我们平常所说的多少口集线器，就是指的具有多少个 RJ-45 端口。

图 4-1-2　SC 光纤接口

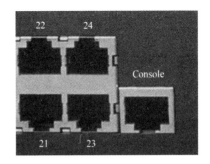
图 4-1-3　RJ-45 接口

4.1.4　交换机连接方式

1. 交换机本地配置

本地配置交换机是使用计算机的串口与交换机的 Console 端口直接连接，实现通过计算机对交换机本地调试和维护。本地配置需要使用专门的 Console 端口进行，远程配置则可通过交换机的普通端口进行。如果是堆叠型的，则可以把几台交换机堆在一起进行配置，这时它们实际上是一个整体，一般只有一台交换机具有网管能力。同时，远程配置方式中不再需要超级终端软件，而是以 Telnet 程序或 Web 浏览器方式实现与被管理交换机的通信。

因为本地配置方式中已为交换机配置好了 IP 地址（具体的配置方法将在后面介绍），所以可以通过 IP 地址与交换机进行通信。

通过交换机 Console 端口进行本地登录是登录交换机最基本的方式，也是配置通过其他方式登录交换机的基础。

1）连接 Console 端口电缆线

使用交换机随机提供的一条专用 Console 端口电缆线，连接计算机的 COM 口到交换机的 Console 端口，如图 4-1-4 所示。Console 口是一种符合 RS-232 串口标准的 RJ-45 接口。目前大多数台式计算机提供的 COM 端口都可以与 Console 端口连接。笔记本电脑一般不提供 COM 端口，需要使用 USB 到 RS-232 的转换接口。

2) 登录设备(Console)

很多终端模拟程序都能发起 Console 连接,例如,可以使用超级终端程序连接到 VRP 操作系统。在 PC 上运行终端仿真程序(如 Windows 9X/Windows 2000/Windows XP 的超级终端等,以下配置以 Windows XP 为例),选择与交换机相连的串口,设置终端通信参数:传输速率 9600 b/s、8 位数据位、1 位停止位、无校验和无流控,即可实现对交换机的访问。首先打开如图 4-1-5 所示的"连接描述"对话框,在其中为该终端连接指定一个连接名称,也可以选择一个连接图标。

图 4-1-4 连接配置

图 4-1-5 新建连接

选择串口,可以在设备管理器中查看当前的串口编号。笔记本安装驱动程序后,主机上会增加一个新的虚拟 COM 接口,终端模拟软件可以通过该虚拟 COM 接口连接到交换机。

设置终端具体参数(此处单击"还原为默认值"即可),如图 4-1-7 所示。

图 4-1-6 连接端口设置　　　　　　　　图 4-1-7 端口通信参数设置

当路由器启动完毕后,按几次回车键,当出现类似＜switch＞的提示符时即可配置。如果设备初次启动,VRP 系统会要求用户设置 Console 登录密码。

在缺少超级终端程序的计算机上,可以使用 putty 或 Secure CRT 程序发起 Console 连接,并连接到 VRP,具体操作步骤如下。

(1) 下载 putty 软件到本地并双击运行该软件。

（2）选择"Session"，将"Connection"设置为"Serial"。

（3）配置通过串口连接设备的参数。putty具体参数配置如图4-1-8所示。

（4）单击"Open"按钮。

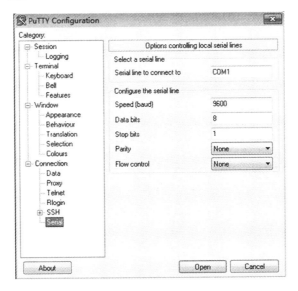

图 4-1-8　具体参数配置

（5）按回车键，按照提示输入缺省管理员账号"admin"和密码"Admin@123"。

（6）修改缺省管理员账号的密码，并进入 CLI 界面。

说明：为提高安全性，密码必须满足最小复杂度要求，即包含英文大写字母（A～Z）、英文小写字母（a～z）、数字（0～9）、特殊字符（如！、@、#、$、%等）中的三种。

（7）以太网交换机上电，终端上显示设备自检信息，自检结束后提示用户按回车键，之后将出现命令行提示符（如＜Quidway＞），如图4-1-9所示。

2. 远程配置交换机

交换机除了可以通过"Console"端口与计算机直接连接外，还可以通过普通端口连接。此时配置交换机就不能用本地配置，而是需要通过 Telnet 或者 Web 浏览器的方式实现交换机配置。具体配置方法如下。

1）Telnet

Telnet 协议是一种远程访问协议，可以通过它登录到交换机进行配置。假设交换机 IP 为 192.168.0.1，通过 Telnet 进行交换机配置的具体步骤如下：

（1）选择"开始"→"运行"命令，输入"Telnet 192.168.0.1"，如图4-1-10所示。

（2）单击"确定"按钮，或按回车键，建立与远程交换机的连接。然后，就可以根据实际需要对该交换机进行相应的配置和管理了。

2）Web

通过 Web 界面，可以对交换机设置，具体步骤如下：

（1）运行 Web 浏览器，在地址栏中输入交换机 IP 地址，按回车键，弹出如图4-1-11所

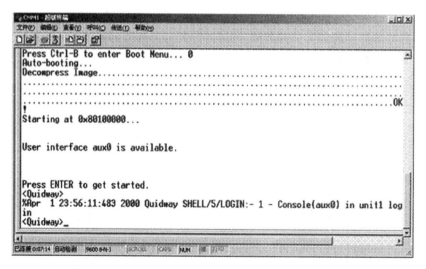

图 4-1-9　以太网交换机配置页面

示的对话框。

(2) 输入正确的用户名和密码。

(3) 连接建立,可进入交换机配置系统。

(4) 根据提示进行交换机设置和参数修改。

图 4-1-10　输入命令

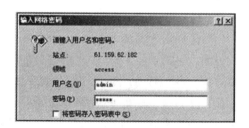

图 4-1-11　输入用户名和密码

4.2　802.1d 生成树协议(STP)

4.2.1　STP 的简介

为了提高网络可靠性,交换网络中通常会使用冗余链路。然而,冗余链路会给交换网络带来环路风险,并导致广播风暴以及 MAC 地址表不稳定等问题,进而会影响到用户的通信质量。生成树协议 STP(Spanning Tree Protocol)可以在提高可靠性的同时又能避免环路带来的各种问题。生成树协议是利用 SPA 算法,在存在交换机环路的网络中生成一个没有环路的属性网络,运用该算法将交换网络的冗余备份链路从逻辑上断开,当主链路出现故障时,能够自动地切换到备份链路,保证数据的正常转发。生成树协议的特点是收敛时间长,从主要链路出现故障到切换至备份链路需要 50 s。

生成树协议的作用是在交换网络中提供冗余备份链路,并且解决交换网络中的环路问题。它通过阻断冗余链路来消除网络中可能存在的环路。当活动路径发生故障时,激活备份链路,及时恢复网络连通性。STP通过构造一棵树来消除交换网络中的环路。

在高可用性方面,第二层要解决两个问题:一个是如何充分发挥网络设备的优势;另一个是防止网络出现广播风暴。所以,在建立第二层的冗余时,所面临的最大挑战是对广播流量的管理。在第二层,人们所关注的不是广播的速率,而是广播要通过哪些路径。

生成树协议版本有 STP、RSTP(快速生成树协议)、MSTP(多生成树协议)。STP 协议虽然能够解决环路问题,但是收敛速度慢,影响了用户通信质量。如果 STP 网络的拓扑结构频繁变化,网络也会频繁失去连通性,从而导致用户通信频繁中断。IEEE 于 2001 年发布的 802.1w 标准定义了快速生成树协议 RSTP(Rapid Spanning-Tree Protocol),RSTP 在 STP 基础上进行了改进,实现了网络拓扑快速收敛。RSTP 使用了 Proposal/Agreement(简称 P/A)机制保证链路及时协商,从而有效避免收敛计时器在生成树收敛前超时。如图 4-2-1 所示,在交换网络中,P/A 过程可以从根桥向下游级联传递。

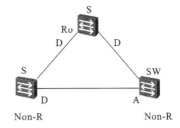

图 4-2-1 STP 消除网络中可能存在的环路

快速生成树在生成树协议的基础上增加了两种端口角色,即替换端口和备份端口,分别作为根端口和指定端口。当根端口或指定端口出现故障时,冗余端口不需要经过 50 s 的收敛时间,可以直接切换到替换端口或备份端口,从而实现 RSTP 协议小于 1 s 的快速收敛。

4.2.2 第二层高可用性实现

对于校园网双核心拓扑结构,在第二层,高可用性可以通过以下方式实现。

(1) 调整生成树的默认参数。

首先是规划网络设计和传统的 STP,在配置生成树时,要根据网络的转发状态分配适当的链路,通过指定根到本地的桥接链路或链路矩阵完成配置。对于一般生成树收敛时间的计算,典型值是 45 s。

(2) 采用新出现的标准。

目前,虚拟局域网(VLAN)的应用比较普遍,但是它也带来挑战。由于多个 802.1Q 的链路汇聚和在每个第二层转发设备中单独的 STP,使得在第二层转发区中存在环路。这就需要仔细地规划网络,而采用新的标准可以带来很多方便。其中 802.1s 多生成树标准允许网络管理人员创建一些更小的生成树,因此可以减小收敛时间。802.1w 快速重收敛标准可以急剧减少网络因加载生成树所需的时间。

(3) 不运行生成树。

主要是指对于广播方面根本不要运行 STP,这需要在管理上做出保证。如果在网络中合理地采用第二层和第三层技术,可以进行这种运行。

在第二层,生成树协议也许是最常用的和冗余相关的协议。在 IEEE 802.1D 中定义的 STP 允许在第二层转发方面有物理循环的存在。在第二层,提高网络的可用性和实现故障恢复与 STP 相关的有以下 3 个因素:

① 设备故障恢复的时间,以及生成树计算所用的时间;
② 从网络中增加或移去设备;
③ 从网络中增加或移去链路。

上述情况会引起网络拓扑结构的改变。一个执行 STP 协议的网络将基于一组默认的计时器进行"汇聚",其中许多计时器可以通过工具调整。对计时器的调整可以产生预期的结果——减少重新收敛的时间。当前高速网络中,就有这样的实例,仅仅因为计算收敛的时间太长,使得这样的计算失去意义。

4.2.3 锐捷链路汇聚

在核心 6509 和 7609 之间就是采用绑定 2 条物理链路,聚合成一条逻辑链路,具体配置如下。

6509 配置:

CORE6509(config)♯interface rang gi3/1 - 2
CORE6509(config)♯channel-group 1 mode on
CORE6509(config)♯interface Port-channel1
CORE6509(config)♯ip address 192.168.252.89 255.255.255.252

7609 配置:

CORE7609(config)♯interface rang gi6/1 - 2
CORE7609(config)♯channel-group 1 mode on
CORE7609(config)♯interface Port-channel1
CORE7609(config)♯ip address 192.168.252.90 255.255.255.252

这样实施后,两个核心之间的链路就成为 2000M,实现了双核心的快速交换。

4.2.4 华为生成树协议模式

1. 华为 STP 协议

华为的每个 STP 网络中,都会存在一个根桥,其他交换机为非根桥。根桥或者根交换机位于整个逻辑树的根部,是 STP 网络的逻辑中心,非根桥是根桥的下游设备。当现有根桥发生故障时,非根桥之间会交换信息并重新选举根桥,交换的这种信息称为 BPDU (Bridge Protocol Data Unit)。BPDU 包含交换机在参加生成树计算时的各种参数信息,后面会有详细介绍。

STP 定义了三种端口角色:指定端口、根端口和预备端口。指定端口是交换机向所连网段转发配置 BPDU 的端口,每个网段有且只能有一个指定端口。一般情况下,根桥的每个端口总是指定端口。根端口是非根交换机去往根桥路径最优的端口。在一个运行 STP 协议的交换机上最多只有一个根端口,但根桥上没有根端口。如果一个端口既不是指定端口也不是根端口,则此端口为预备端口。预备端口将被阻塞。

选举一个根桥原则:每个非根交换机选举一个根端口。每个网段选举一个指定端口,阻塞非根、非指定端口。

STP 中选举根桥的依据是桥 ID,STP 中的每个交换机都会有一个桥 ID(Bridge ID)。

桥 ID 由 16 位的桥优先级(Bridge Priority)和 48 位的 MAC 地址构成。在 STP 网络中,桥优先级是可以配置的,取值范围是 0~65535,默认值为 32768。优先级最高的设备(桥 ID 最小)会被选举为根桥。如果优先级相同,则会比较 MAC 地址,MAC 地址越小则越优先。

交换机启动后就自动开始进行生成树收敛计算。默认情况下,所有交换机启动时都认为自己是根桥,自己的所有端口都为指定端口,这样 BPDU 报文就可以通过所有端口转发。对端交换机收到 BPDU 报文后,会比较 BPDU 中的根桥 ID 和自己的桥 ID。如果收到的 BPDU 报文中的桥 ID 优先级低,则接收交换机会继续通告自己配置的 BPDU 报文给邻居交换机。如果收到的 BPDU 报文中的桥 ID 优先级高,则交换机会修改自己的 BPDU 报文的根桥 ID 字段,宣告新的根桥。

运行 STP 交换机的每个端口都有一个端口 ID,端口 ID 由端口优先级和端口号构成。端口优先级取值范围是 0~240,步长为 16,即取值必须为 16 的整数倍。缺省情况下,端口优先级是 128。端口 ID(port ID)可以用来确定端口角色。

运行 STP 协议的设备上端口状态有 5 种。

Forwarding:转发状态。端口既可以转发用户流量也可以转发 BPDU 报文,只有根端口或指定端口才能进入 Forwarding 状态。

Learning:学习状态。端口可根据收到的用户流量构建 MAC 地址表,但不转发用户流量。增加 Learning 状态是为了防止临时环路。

Listening:侦听状态。端口可以转发 BPDU 报文,但不能转发用户流量。

Blocking:阻塞状态。端口仅仅能接收并处理 BPDU 报文,不能转发 BPDU 报文,也不能转发用户流量。此状态是预备端口的最终状态。

Disabled:禁用状态。端口既不处理和转发 BPDU 报文,也不能转发用户流量。

BPDU 包含桥 ID、路径开销、端口 ID、计时器等参数。

为了计算生成树,交换机之间需要交换相关的信息和参数,这些信息和参数被封装在 BPDU 中。

BPDU 有两种类型:配置 BPDU 和 TCN BPDU。

(1) 配置 BPDU 包含了桥 ID、路径开销和端口 ID 等参数。STP 协议通过在交换机之间传递配置 BPDU 来选举根交换机,以及确定每个交换机端口的角色和状态。在初始化过程中,每个桥都主动发送配置 BPDU。在网络拓扑稳定以后,只有根桥主动发送配置 BPDU,其他交换机在收到上游传来的配置 BPDU 后,才会发送自己的配置 BPDU。

(2) TCN BPDU 是指下游交换机感知到拓扑发生变化时向上游发送的拓扑变化通知。

2. STP 配置

1) 配置生成树协议模式

华为交换机支持三种生成树协议模式。

stp mode { mstp | stp | rstp }命令用来配置交换机的生成树协议模式。缺省情况下,华为 X7 系列交换机工作在 MSTP 模式。在使用 STP 前,STP 模式必须重新配置。

配置交换机优先级基于企业业务对网络的需求,一般建议手动指定网络中配置高、性能好的交换机为根桥。例如,

```
[SWA]stp mode stp
```

可以通过配置桥优先级来指定网络中的根桥,以确保企业网络里面的数据流量使用最优路径转发。

stp priority *priority* 命令用来配置设备优先级值。*priority* 值为整数,取值范围为0~61440,步长为4096。缺省情况下,交换设备的优先级取值是32768。例如,

```
[SWA]stp priority 4096
Apr 15 2013 16:15:33-08:00 SWA DS/4/DATASYNC_CFGCHANGE:OID 1.3.6.1.4.1.2011.
5.25.191.3.1 configurations have been changed.The current change number is 4,
the change loop count is 0, and the maximum number of records is 4095.
```

stp root primary 命令指定生成树里的根桥。

2) 配置路径开销

华为 X7 系列交换机支持三种路径开销标准,以确保和友商设备保持兼容。缺省情况下,路径开销标准为 IEEE 802.1t。

stp pathcost-standard{ *dot1d-1998* | *dot1t* | *legacy* }命令用来配置指定交换机上路径开销值的标准。

每个端口的路径开销也可以手动指定。此 STP 路径开销控制方法需谨慎使用,手动指定端口的路径开销可能会生成次优生成树拓扑。

stp cost *cost* 命令取决于路径开销计算方法:

(1) 使用华为的私有计算方法时,*cost* 取值范围是 1~200000。
(2) 使用 IEEE 802.1d 标准方法时,*cost* 取值范围是 1~65535。
(3) 使用 IEEE 802.1t 标准方法时,*cost* 取值范围是 1~200000000。

例如,配置路径开销:

```
[SWC]stp pathcost-standard ?
  dot1d-1998   IEEE 802.1D-1998
  dot1t        IEEE 802.1T
  legacy       Legacy
[SWC]interface GigabitEthernet0/0/1
[SWC-GigabitEthernet0/0/1]stp cost 2000
```

3) 配置验证

display stp 命令用来检查当前交换机的 STP 配置。命令输出中信息介绍如下。
CIST Bridge 参数标识指定交换机当前桥 ID,包含交换机的优先级和 MAC 地址。
Bridge Times 参数标识 Hello 定时器、Forward Delay 定时器、Max Age 定时器的值。
CIST Root/ERPC 参数标识根桥 ID 以及此交换机到根桥的根路径开销。

例如,配置验证:

```
[SWA]display stp
-------[CIST Global Info][Mode STP]-------
CIST Bridge          :4096 .00-01-02-03-04-BB
Bridge Times         :Hello 2s MaxAge 20s FwDly 15s MaxHop 20
```

```
CIST Root/ERPC        :4096 .00-01-02-03-04-BB / 0
CIST RegRoot/IRPC     :4096 .00-01-02-03-04-BB / 0
CIST RootPortId       :0.0
BPDU-Protection       :Disabled
TC or TCN received    :37
TC count per hello    :0
STP Converge Mode     :Normal
Share region-configuration :Enabled
Time since last TC    :0 days 0h:1m:29s
……
                      :None
```

3. RSTP 配置

运行 RSTP 的交换机使用了两个不同的端口角色来实现冗余备份。当到根桥的当前路径出现故障时,作为根端口的备份端口——Alternate 端口,提供了从一个交换机到根桥的另一条可切换路径。Backup 端口作为指定端口的备份,提供了另一条从根桥到相应 LAN 网段的备份路径。当一个交换机和一个共享媒介设备(如 Hub)建立两个或者多个连接时,可以使用 Backup 端口。同样,当交换机上两个或者多个端口和同一个 LAN 网段连接时,也可以使用 Backup 端口。RSTP 中位于网络边缘的指定端口称为边缘端口。边缘端口一般与用户终端设备直接连接,不与任何交换设备连接。边缘端口不接收配置 BPDU 报文,不参与 RSTP 运算,可以由 Disabled 状态直接转到 Forwarding 状态,且不经历时延,就像在端口上将 STP 禁用了一样。但是,一旦边缘端口收到配置 BPDU 报文,就丧失了边缘端口属性,成为普通 STP 端口,并重新进行生成树计算,从而引起网络震荡。

RSTP 把原来 STP 的 5 种端口状态简化成了 3 种。

(1) Discarding 状态:端口既不转发用户流量,也不学习 MAC 地址。
(2) Learning 状态:端口不转发用户流量,但是学习 MAC 地址。
(3) Forwarding 状态:端口既转发用户流量,又学习 MAC 地址。

在华为交换机上,可以使用 stp mode rstp 命令来配置交换机工作在 RSTP 模式。

stp mode rstp 命令在系统视图下执行,此命令必须在所有参与快速生成树拓扑计算的交换机上配置。例如,

```
[SWA]stp mode rstp
```

执行命令后,SWA 所有端口都工作在 RSTP 模式。

display stp 命令可以显示 RSTP 配置信息和参数。根据显示信息可以确认交换机是否工作在 RSTP 模式。例如,

```
[SWA]display stp
-------[CIST Global Info][Mode RSTP]-------
CIST Bridge           :32768 .00-e0-fc-16-ee-43
Bridge Times          :Hello 2s MaxAge 20s FwDly 15s MaxHop 20
CIST Root/ERPC        :32768 .00-e0-fc-16-ee-43 / 0
CIST RegRoot/IRPC     :32768 .00-e0-fc-16-ee-43 / 0
```

```
        CIST RootPortId        :0.0
        BPDU-Protection        :Disabled
        TC or TCN received     :37
        TC count per hello     :0
        STP Converge Mode      :Normal
        Share region-configuration :Enabled
        Time since last TC     :0 days 0h:14m:43s
```

display stp interface <*interface*>命令可以显示端口的 RSTP 配置情况,包括端口状态、端口优先级、端口开销、端口角色、是否为边缘端口等。例如,

```
[SWC]display stp interface GigabitEthernet0/0/1
----[CIST][Port1(GigabitEthernet0/0/1)][FORWARDING]----
 Port Protocol          :Enabled
 Port Role              :Root Port
 Port Priority          :128
 Port Cost(Dot1T )      :Config= auto / Active= 2000
 Designated Bridge/Port : 32768.00-e0-fc-16-ee-43 / 128.1
 Port Edged             :Config= default / Active= disabled
 Point-to-point         :Config= auto / Active= true
 Transit Limit          :147 packets/hello-time
 Protection Type        :Loop
 Port STP Mode          :RSTP
 Port Protocol Type     :Config= auto / Active= dot1s
 BPDU Encapsulation     :Config= stp / Active= stp
```

边缘端口可以由 Disabled 状态直接转到 Forwarding 状态,不经历时延。华为 Sx7 系列交换机默认所有端口都工作在非边缘端口。边缘端口完全不参与 STP 或 RSTP 计算。边缘端口的状态要么是 Disabled 状态,要么是 Forwarding 状态;终端上电工作后,它就直接由 Disabled 状态转到 Forwarding 状态,终端下电后,它就直接由 Forwarding 状态转到 Disabled 状态。交换机所有端口默认为非边缘端口。

stp edged-port enable 命令用来配置交换机的端口为边缘端口,它是一个针对某一具体端口的命令。

stp edged-port default 命令用来配置交换机的所有端口为边缘端口。

stp edged-port disable 命令用来将边缘端口的属性去掉,使之成为非边缘端口。它也是一个针对某一具体端口的命令。

需要注意的是,华为 Sx7 系列交换机运行 STP 时也可以使用边缘端口设置。

例如,根保护:

```
[SWA]interface GigabitEthernet0/0/1
[SWA-GigabitEthernet0/0/1]stp root-protection
```

根保护功能确保了根桥的指定端口不会因为一些网络问题而改变端口角色。由于错误配置根交换机或网络中的恶意攻击,根交换机有可能会收到优先级更高的 BPDU 报文,使

得根交换机变成非根交换机,从而引起网络拓扑结构的变动。这种不合法的拓扑变化,可能会导致原来应该通过高速链路的流量被牵引到低速链路上,造成网络拥塞。交换机提供了根保护功能来解决此问题。根保护功能通过维持指定端口角色从而保护根交换机。一旦启用了根保护功能的指定端口收到了优先级更高的 BPDU 报文,端口就会停止转发报文并且进入 Listening 状态。经过一段时间后,如果端口一直没有再收到优先级较高的 BPDU 报文,则端口就会自动恢复到原来的状态。根保护功能仅在指定端口生效,不能配置在边缘端口或者使用了环路保护功能的端口上。

4.3 交换机基本配置

4.3.1 锐捷交换机的基本配置

1. 交换机工作模式

交换机有四种基本的命令访问模式,分别是用户模式(User EXEC)、特权模式(Privileged EXEC)、全局配置模式(Global Configuration)和接口(端口)配置模式(Interface Configuration)。

1) 用户模式

登录交换机后默认进入用户模式。在该模式下,只能够运行少数的命令。默认的提示符为:Switch>。

用户模式是交换机启动时的缺省模式,提供有限的交换机访问权限,允许执行一些非破坏性的操作,如查看交换机的配置参数,测试交换机的连通性等,但不能对交换机配置做任何改动。该模式下的提示符(Prompt)为">"。

show interface 命令用来查看交换机接口信息,为用户模式下的命令。

2) 特权模式

特权模式也叫使能(enable)模式,可对交换机进行更多的操作,使用的命令集比用户模式的多,包括修改交换机配置的命令、重新启动交换机的命令和查看配置文件的命令等,还可对交换机进行更高级的测试,如使用 debug 命令。从用户模式进入特权模式的命令是 enable。

进入用户模式:

```
Switch> enable
Switch#
```

返回用户模式:

```
Switch# exit
Press RETURN to get started!
Switch>
```

通过识别交换机名称后面的符号"#",就可以确认交换机当前是否处于特权模式。另外,可用命令 disable 或 exit 从特权模式退回到用户模式。退出特权模式时,在交换机控制台上将看到如下内容:

```
Switch# disable
Switch>
```

3) 全局配置模式

全局模式是交换机的最高操作模式,可以设置交换机上运行的硬件和软件的相关参数;配置各接口、路由协议和广域网协议;设置用户和访问密码等。在特权模式"#"提示符下输入 config terminal(简写为 config t)命令,进入全局模式。默认提示符为:router(config)#。

进入、退出全局配置模式:

```
Switch# configure terminal
Switch(config)# exit
Switch#
```

进入全局配置模式之后,可对交换机的一些全局性参数进行设置,如交换机主机名、enable secret 和 enable password 等。另外,从全局模式退回到特权模式,可使用命令 exit(或者 end 命令、Ctrl+Z)。

4) 接口(端口)配置模式

接口配置模式用于对指定端口进行相关的配置。该模式及后面的数种模式,均要在全局配置模式下方可进入。为便于分类记忆,都可把它们看成是全局配置模式下的子模式。默认提示符:Switch(config-if)#。进入方法是在全局配置模式下,用 interface 命令进入具体的端口,即 Switch(config-if)# interface *interface-id*。退出方法:退到上一级模式,使用命令 exit;直接退到特权用户模式,使用 end 命令或按 Ctrl+Z。

进入、退出接口配置模式:

```
Switch(config)# interface fastEthernet0/1
Switch(config-if)# exit
Switch(config)#
```

从子模式下直接返回特权模式:

```
Switch(config-if)# end
Switch#
```

交换机的命令模式切换,如图 4-3-1 所示。表 4-3-1 是锐捷网络交换机的几种命令模式汇总。

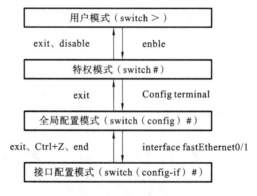

图 4-3-1 各模式切换

表 4-3-1 锐捷网络交换机的几种命令模式汇总

基本配置命令	配置模式	说　　明
Switch＞?	用户模式	显示当前模式下所有的可执行命令
Switch♯show running-config	特权模式	查看交换机当前生效的配置信息
Switch♯show version	特权模式	查看交换机版本信息
Switch♯show mac-address-table	特权模式	查看交换机当前的 MAC 地址表信息
Switch♯show interface fa0/3	特权模式	查看接口(端口)配置信息
Switch(config)♯hostname xx	全局配置模式	配置交换机设备名称
Switch(config)♯banner motd &	全局配置模式	配置每日提示信息,& 为终止符
Switch(config-if)♯speed 100	接口(端口)配置模式	配置接口(端口)速率为 100 Mb/s
Switch(config-if)♯no shutdown	接口(端口)配置模式	开启接口(端口),使接口(端口)转发数据

2. 常用交换机配置命令

1) 交换机操作帮助

(1) 支持命令简写(按 Tab 键将命令补充完整),输入命令的若干字母,Tab 键可自动补全命令。

(2) 在每种操作模式下直接输入"?"显示该模式下所有的命令,如 Switch＞?。

(3) 命令空格"?"显示命令参数并对其解释说明,"?"是帮助命令,当对一个交换机的操作命令记不全时,可使用该帮助命令,如 show ?,即查看 show 命令后可带的参数。

(4) "字符?"显示以该字符开头的命令。

(5) 命令历史缓存:Ctrl＋P 显示上一条命令,Ctrl＋N 显示下一条命令。

2) 交换机显示命令

(1) 显示交换机硬件及软件的信息:Switch♯show version。

(2) 显示当前运行的配置参数:Switch♯show running-config,也可写成 Switch♯show run。

(3) 显示保存的配置参数:Switch♯show configure。

(4) 显示 IP 地址:Switch♯show ip。

(5) 查看保存在 NVRAM 中的启动配置信息:show startup-config。

(6) 查看 MAC 地址表:show mac-address-table。

3) 配置交换机名称

配置交换机的主机(名为 S2126G-1):

```
Switch(config)# hostname S2126G-1
S2126G-1(config)#
```

4) 配置交换机本地安全口令

交换机、路由器中有很多密码,设置这些密码可以有效地提高设备的安全性。

5）配置交换机口令

（1）配置交换机的登录密码：

```
S2126G(config)# enable secret level 1 0 star
```

"0"表示输入的是明文形式的口令。

（2）配置交换机的特权密码。

```
S2126G(config)# enable secret level 15 0 star
```

"0"表示输入的是明文形式的口令，密码为 star。

```
Switch(config)# enable password ******
```

VTY(Virtual Type Terminal)是网络设备用来管理和监控通过 Telnet 方式登录的用户的界面。用户可以通过 VTY 方式登录设备。设备一般最多支持 15 个用户同时通过 VTY 方式访问。配置 vty 口令：

```
HOSP-3550(config)# line vty 0 15
HOSP-3550(config-line)# password cisco
HOSP-3550(config-line)# login
HOSP-3550(config-line)# exit
```

密码和远程 Telnet 配置命令：

使用用户名 aaa,密码 bbb,并且选择"7"作为参数配置 Telnet 功能。

6）配置交换机端口参数(speed,duplex)

选择某个端口 Switch(config)#interface type mod/port (type 表示端口类型,通常有 ethernet、fastEthernet、Gigabitethernet)(mod 表示端口所在的模块,port 表示在该模块中的编号)。例如,

```
interface fastEthernet0/1   //进入 E0/1 口
    description to pc1//对端口进行描述
```

选择多个端口：Switch(config)#interface type mod/startport-endport。

设置端口通信速度：Switch(config-if)#speed [10/100/auto]。

设置端口单双工模式：Switch(config-if)#duplex [half/full/auto]。

若交换机设置为 auto 以外的具体速度,此时应注意保证通信双方也要有相同的设置值。

注意事项：在配置交换机时,要注意交换机端口的单双工模式的匹配,如果链路一端设置的是全双工,另一端是自动协商,则会造成响应差和高出错率,丢包现象会很严重。通常两端设置为相同的模式。

7）设置管理 IP 地址

交换机的缺省 VLAN 为 VLAN 1,为了安全和前期工作统一,一般使用 VLAN 1 来管理 VLAN。每一个汇聚交换机及其以下的管理 VLAN 要求都是同一个 VLAN,这个 VLAN 被分配 IP 地址后,即成为交换机的管理 VLAN,用于交换机的管理信息的传输。管

理员也可以使用该地址访问和管理该交换机,配置 VLAN 的 IP 地址命令如下:

```
S2126G(config)# interface vlan 1
S2126G(config-if)# ip address {IP address}{IP subnetmask}[secondary]
```

例如,设置交换机的管理 IP 地址为 10.1.1.1,掩码为 24 位(255.255.255.0),命令如下:

```
DCS-3926S# config
DCS-3926S(Config)# interface vlan 1                          //进入 VLAN 1 接口
DCS-3926S(Config-If-Vlan1)# ip address 10.1.1.1 255.255.255.0  //配置地址
DCS-3926S(Config-If-Vlan1)# no shutdown                      //激活 VLAN 接口
DCS-3926S(Config-If-Vlan1)# exit
DCS-3926S(Config)# exit
DCS-3926S#
```

8) 配置交换机缺省网关

该步骤只针对二层交换机实施,启用了三层路由的交换机不需要执行该步,缺省网关的 IP 地址是在同一管理 VLAN 的路由接口(即三层交换机的管理 VLAN 接口)的 IP 地址。为交换机设置缺省网关的命令:ip default-gateway IP 地址。

例如,设置某一交换机的默认网关为 192.168.1.254,命令如下:

```
HOSP-3550(config)# ip default-gateway 192.168.1.254
```

9) 常用接口命令

将接口启用:

```
S2126G(config-if)# no shutdown
```

将接口关闭:

```
S2126G(config-if)# shutdown
```

显示接口状态:

```
S2126G# show interface
```

测定目的端的可达性:

```
S2126G> ping {IP address}
```

10) 常用系统命令

将当前运行的配置参数复制到闪存:

```
Switch# write memory
```

交换机重新启动:

```
Switch# reload
```

3. RSTP 的配置

1) 启用生成树

```
S2126G(config)# spanning-tree
```

```
Switch(config)# spanning-tree mode stp //指定生成树类型为 STP
```

2) 配置交换机优先级

```
S2126G(config)# spanning-tree priority < 0-61440>
```

优先级可选值为 0、4096、8192 等 4096 的倍数。交换机默认值为 32768,优先级值越小,级别越高,例如,设置交换机的优先级为 4096。

```
Switch(config)# spanning-tree priority 4096
```

3) 配置交换机端口优先级

优先级可选值为 0,或 16、32 等 16 的倍数。

```
S2126G(config-if)# spanning-tree port-priority < 0-240>
```

4) 生成树 hello 时间的配置(由 Root 决定)

```
S2126G(config)# spanning-tree hello-time < 1-10>
```

5) 生成树的验证

```
Switch# show spanning-tree
Switch# show spanning-tree interface < 接口名称> < 接口编号>
```

4. 常见交换机端口的创建

1) 聚合接口配置

```
Switch(config)# interface aggregateport 1      // 创建聚合接口 AGI
Switch(config-if)# switchport mode trunk        // 配置并保证 AGI 为 Trunk 模式
Switch(config)# int range f0/23-24
Switch(config-if-range)# port-group 1           //将端口(端口组)划入聚合端口 AGI 中
```

2) SVI 接口配置

以下命令为 VLAN 10 的虚拟端口配置 IP 及掩码,二层交换机只能配置一个 IP,此 IP 是作为管理 IP 使用,例如,使用 Telnet 的方式登录该 IP 地址:

```
Switch(config)# interface vlan 10        //进入 VLAN 10 的虚拟端口配置模式
Switch(config-if)# ip address 192.168.1.1 255.255.255.0
Switch(config-if)# no shutdown           //启用该端口
```

3) 端口安全

```
Switch(config)# interface fastEthernet0/1       //进入一个端口
Switch(config-if)# switchport port-security     //开启该端口的安全功能
```

4) 配置最大连接数限制

```
Switch(config-if)# switchport port-security maxmum 1        //配置端口的最大连接数为 1
Switch(config-if)# switchport port-security violation shutdown
```

配置安全违例的处理方式为 shutdown,可选为 protect(当安全地址数满后,将未知名地址丢弃)、restrict(当违例时,发送一个 Trap 通知)、shutdown(当违例时将端口关闭,并发送 Trap 通知,可在全局配置模式下用 errdisable recovery 来恢复)。

5) IP 和 MAC 地址绑定

```
Switch(config-if)# switchport port-security mac-address xxxx.xxxx.xxxx ip-
address 172.16.1.1
```

接口配置模式下配置 MAC 地址 xxxx.xxxx.xxxx 与 IP 地址 172.16.1.1 进行绑定(MAC 地址十六进制 a～f 用小写字母)。

5. 三层交换机路由功能

1) 开启三层交换机的路由功能

```
Switch(config)# ip routing
```

2) 开启端口的三层路由功能

```
Switch(config)# interface fastEthernet0/1
Switch(config-if)# no switchport       //这样就可以为某一端口配置 IP
Switch(config-if)# ip address 192.168.1.1 255.255.255.0
Switch(config-if)# no shutdown
```

3) 交换机配置命令通用规则

交换机命令一律使用小写字母;正体字母为命令关键字,斜体字母为需要输入的参数;关键字与关键字、关键字与参数、参数与参数之间均用空格分隔;回车键为结束并执行该命令。

4.3.2 华为交换机的基本配置

VRP 是华为具有完全自主知识产权的网络操作系统,可以运行在多种硬件平台之上。VRP 拥有一致的网络界面、用户界面和管理界面,为用户提供了灵活丰富的应用解决方案。可以使用 Console 线缆将交换机或交换机的 Console 口与计算机的 COM 口连接,这样就可以通过计算机实现本地调试和维护。

1. 华为网络设备的命令视图

系统将命令行接口划分为若干个命令视图,系统的所有命令都注册在某个(或某些)命令视图下,只有在相应的视图下才能执行该视图下的命令。

华为命令视图分为四类,分别是用户视图、系统视图、接口视图和协议视图。每类用户界面都有对应的用户界面视图。通过提示符可以判断当前所处的视图,例如,"< >"表示用户视图,如<USG>。

若要修改系统参数,用户必须进入系统视图。用户还可以通过系统视图进入其他功能配置视图,如接口视图和协议视图。"[ ]"表示除用户视图以外的其他视图。例如,

系统视图:[USG]。

接口视图:[USG-Ethernet0/0/1]。

协议视图:[USG-rip]。

进入 VRP 系统的配置界面后,VRP 上最先出现的视图是用户视图。在该视图下,用户可以查看设备的运行状态和统计信息。

(1) 在用户视图下,执行命令 save,保存当前配置,形成配置文件。

save[configuration-file]命令可以用来保存当前配置信息到系统默认的存储路径中。configuration-file 为配置文件的文件名,此参数可选。

(2) 在用户视图下,执行命令 reboot 命令,交换机将重新启动,并将重启动作记录至日志中。

(3) display current-configuration 命令可以用来查看设备当前生效的配置。

(4) 帮助功能。

① 键入一命令,后接以空格分隔的"?",如果该位置为关键字,则列出全部关键字及其简单描述。

② 键入一命令,后接以空格分隔的"?",如果该位置为参数,则列出有关的参数描述。

③ 键入一字符串,其后紧接"?",列出以该字符串开头的所有命令。

④ 输入命令的某个关键字的前几个字母,按下<Tab>键,可以显示出完整的关键字,暂停显示时键入<Ctrl+C>,停止显示和命令执行,暂停显示时键入空格键或回车键,继续显示下一屏信息。例如,用户只需输入 inter 并按 Tab 键,系统自动将命令补充为 interface。若命令字并非独一无二的,按 Tab 键后将显示所有可能的命令。如输入 in 并按 Tab 键,系统会按顺序显示以下命令:info-center,interface。

2. 基本配置步骤

1) 设置设备名

在进行设备调试的时候,首要任务是设置设备名。设备名用来唯一地标识一台设备。AR2200 路由器默认的设备名是 huawei,而 S5700 系列默认的设备名是 Quidway。设备名称一旦设置,立刻生效。例如,

```
< Huawei> system-view
[Huawei]sysname RTA
```

2) 配置登录权限

user privilege 配置指定用户界面下的用户级别,例如,

```
< Huawei> system-view
[Huawei]user-interface vty 0
[Huawei-ui-vty0]user privilege level 2
[Huawei-ui-vty0-4]set authentication password cipherHuawei //配置本地认证密码
```

远端设备配置为 Telnet 服务器之后,可以在客户端上执行 telnet 命令来与服务器建立 Telnet 连接。认证通过之后,用户就可以通过 Telnet 远程连接到 Telnet 服务器上,在本地对远端的设备进行配置和管理。

这里只使用密码登录的情况下,登录权限的密码配置方式。配置用户界面的用户认证方式后,用户登录设备时,需要输入密码进行认证,这样就限制了用户访问设备的权限。在通过 VTY 进行 Telnet 连接时,所有接入设备的用户都必须经过认证。对于 Telnet 登录用户,授权是非常必要的,最好设置用户名、密码以及指定与账号相关联的权限。

3) 配置接口 IP 地址

要在接口运行 IP 服务,必须为接口配置一个 IP 地址。interface interface-type interface-number. sub-interface number 命令用来创建子接口。sub-interface number 代表物理接口内的逻辑接口通道。用户可以利用 ip address <ip-address> { mask | mask-length } 命令为接口配置 IP 地址,这个命令中,mask 代表的是 32 位的子网掩码,如 255.255.255.0,mask-length 代表的是可替换的掩码长度值,如 24,这两者可以交换使用。Loopback 接口是一个逻辑接口,可用来虚拟一个网络或者一个 IP 主机。在运行多种协议的时候,由于 Loopback 接口稳定可靠,所以也可以用来做管理接口。例如,配置 GigabitEthernet0/0/0 的 IP 地址 10.0.12.1/24:

```
< Huawei> system-view
[Huawei]interface GigabitEthernet0/0/0
[Huawei-GigabitEthernet0/0/0]ip address 10.0.12.1 255.255.255.0
```

默认情况下,华为路由器和交换机的接口状态为 up;如果该接口曾被手动关闭,则在配置完 IP 地址后,应使用 undo shutdown 打开该接口。

4) 查看配置接口详细信息

display interface[*interface-type* [*interface-number* [. *subnumber*]]]命令用来查看端口当前运行状态和统计信息。例如,查看 S1 上 G0/0/9 和 G0/0/10 接口的详细信息:

```
[S1]display interface GigabitEthernet0/0/9
```

3. 华为交换机配置命令

1) 配置文件相关命令

[Quidway]display current-configuration:显示当前生效的配置。

<Quidway>reboot:交换机重启。

<Quidway>display version:显示系统版本信息。

2) 基本配置

[Quidway]super password:修改特权用户密码。

[Quidway]sysname:交换机命名。

[Quidway]interface ethernet0/0/1:进入接口视图。

[Quidway]interface vlan x:进入接口视图。

[Quidway-Vlan-interfacex]ip address 10.65.1.1 255.255.0.0:配置 VLAN 的 IP 地址。

[Quidway]ip route-static 0.0.0.0 0.0.0.0 10.65.1.2:静态路由=网关。

3) Telnet 配置

[Quidway]user-interface vty 0 4:进入虚拟终端。

[S3026-ui-vty0-4]authentication-mode password:设置口令模式。

[S3026-ui-vty0-4]set authentication-mode password simple 222:设置口令。

[S3026-ui-vty0-4]user privilege level 3:设置用户级别。

4）端口配置

negotiation auto 命令用来设置以太网端口的自协商功能。端口是否应该使能自协商模式,要考虑对接双方设备的端口是否都支持自动协商。如果对端设备的以太网端口不支持自协商模式,则需要在本端端口上先使用 undo negotiation auto 命令配置为非自协商模式。之后,修改本端端口的速率和双工模式以保持与对端一致,确保通信正常。

duplex 命令用来设置以太网端口的双工模式。GE 端口工作速率为 1000 Mb/s 时,只支持全双工模式,不需要与链路对端的端口共同协商双工模式。

speed 命令用来设置端口的工作速率。配置端口的速率和双工模式之前需要先配置端口为非自协商模式。

[Quidway-Ethernet0/1]duplex {$half|full|auto$}:配置端口工作状态。

[Quidway-Ethernet0/1]speed {$10|100|auto$}:配置端口工作速率。

[Quidway-Ethernet0/1]flow-control:配置端口流控。

[Quidway-Ethernet0/1]port link-type {$trunk|access|hybrid$}:设置端口工作模式。

[Quidway-Ethernet0/1]undo shutdown:激活端口。

[Quidway-Ethernet0/2]quit:退出系统视图。

例如,

```
< SWA> system-view
Enter system view, return user view with Ctrl+ Z.
[SWA]interface GigabitEthernet0/0/1
[SWA-GigabitEthernet0/0/1]undo negotiation auto
[SWA-GigabitEthernet0/0/1]speed 100
[SWA-GigabitEthernet0/0/1]duplex full
[SWA]display interface GigabitEthernet0/0/1
```

5）链路聚合配置

[DeviceA] link-aggregation group 1 mode manual:创建手工聚合组 1。

[DeviceA] interface ethernet1/0/1:将以太网端口 Ethernet1/0/1 加入聚合组 1。

[DeviceA-Ethernet1/0/1] port link-aggregation group 1。

[DeviceA-Ethernet1/0/1] interface ethernet1/0/2:[DeviceA-Ethernet1/0/2] port link-aggregation group 1:将以太网端口 Ethernet1/0/2 加入聚合组 1。

[DeviceA] link-aggregation group 1 service-type tunnel:在手工聚合组的基础上创建 Tunnel 业务环回组。

[DeviceA] interface ethernet1/0/1:将以太网端口 Ethernet1/0/1 加入业务环回组。

[DeviceA-Ethernet1/0/1] undo stp

[DeviceA-Ethernet1/0/1] port link-aggregation group 1

6）端口镜像

[Quidway]monitor-port <$interface\_type\ interface\_num$>:指定镜像端口。

[Quidway]port mirror <$interface\_type\ interface\_num$>:指定被镜像端口。

[Quidway]port mirror int_list observing-port int_type int_num:指定镜像和被镜像。

7) STP 配置

[Quidway]stp {*enable*|*disable*}：设置生成树，默认关闭。

[Quidway]stp mode rstp：设置生成树模式为 RSTP。

[Quidway]stp priority 4096：设置交换机的优先级。

[Quidway]stp root {*primary*|*secondary*}：设置为根或根的备份。

[Quidway-Ethernet0/1]stp cost 200：设置交换机端口的花费。

8) MSTP 配置

例如，配置 MSTP 域名为 info，MSTP 修订级别为 1，VLAN 2～VLAN 10 映射到生成树实例 1 上，VLAN 20～VLAN 30 映射到生成树实例 2 上。

```
< Sysname > system-view
[Sysname] stp region-configuration
[Sysname-mst-region] region-name info
[Sysname-mst-region] instance 1 vlan 2 to 10
[Sysname-mst-region] instance 2 vlan 20 to 30
[Sysname-mst-region] revision-level 1
[Sysname-mst-region] active region-configuration
```

4.4 交换机实验

实验 4-1 配置锐捷交换机支持 Telnet

【实验目的】

掌握交换机的管理特性，学会配置交换机支持 Telnet 操作的相关语句，熟悉交换机的各种配置模式，熟悉交换机的 CLI 界面调试技巧和交换机基本配置，使用 Telnet 方式管理交换机。

【实验设备】

S2628G-I 交换机(1 台)。

【组网需求】

假设某学校的网络管理员第一次在设备机房对交换机进行了初次配置后，他希望以后在办公室或出差时也可以对设备进行远程管理，现要在交换机上做适当配置，使网络管理员可以通过 Telnet 对交换机进行远程管理。本实验以 S2628G-I 交换机为例，交换机命名为 SwitchA。一台 PC 通过串口(COM)连接到交换机的控制(Console)端口，通过网卡(NIC)连接到交换机的 F0/1 端口。假设 PC 的 IP 地址和网络掩码分别为 192.168.0.137,255.255.255.0，配置交换机的管理 IP 地址和网络掩码分别为 192.168.0.138,255.255.255.0。

【实验拓扑图】

配置交换机如图 4-4-1 所示。

【实验步骤】

(1) 进入交换机。

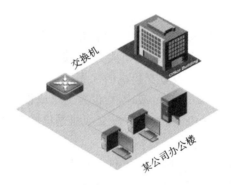

图 4-4-1　配置交换机支持 Telnet

（2）配置交换机管理地址。

```
l2Switch> enable 14                    //以 14 级身份进入
Password:student                       //进入特权模式密码 student
l2Switch# :                            //特权模式
l2Switch# configure                    //进入全局配置模式
l2Switch(config)# host sa              //配置交换机名称
```

配置设备管理地址（IP 地址），主要是配置交换机的 IP 地址、默认网关、域名和域名服务器。这些参数可以不配置，配置的目的是方便对交换机进行管理。

```
sa(config)# interface vlan 1                               //交换机管理接口配置
sa(config-if)#  ip address 192.168.0.138 255.255.255.0    //配置 IP 地址和掩码
sa(config-if)# no shutdown                                 //开启交换机管理接口
```

（3）验证测试。

```
sa# show   interface vlan 1
sa# show    ip interface
```

（4）配置交换机远程登录密码。

```
sa(config)#  enable secret level 1 0 start
```

（5）配置特权密码。

```
sa(config)#  enable secret level 15 0 start
```

（6）保存。

```
sa# write(保存配置)
```

【注意事项】

（1）交换机管理端口默认关闭（安全），实验时注意打开。

```
no shutdown
```

（2）如果不能正常修改 Telnet 密码，则是因为权限不够。

（3）实验结束后，一定要取消 enable 密码。

实验 4-2　锐捷交换机的命令模式及基本配置

【实验目的】
掌握交换机的基本配置，以及交换机的配置命令。

【实验内容】
(1) 配置二层交换机端口。
(2) 利用一台型号为 2960 的交换机将 2 台计算机组建成一个小型局域网；
(3) 分别设置计算机的 IP 地址。
(4) 验证计算机之间的互通。
(5) 进入各个配置模式，并退出。
(7) 设置特权用户配置模式的 enable 密码为"digitalchina"。

【实验设备】
S2628G-I 交换机 1 台、计算机 2 台、配置线。

【实验步骤】
(1) 新建 packet tracer 拓扑图。
(2) 熟悉交换机的命令行操作模式。
主要包括：

```
用户模式   Switch> l
特权模式   Switch# l
全局配置模式 Switch(config)# l
端口配置模式 Switch(config-if)#
Switch> enable
Switch# conf  t
```

(3) 配置交换机的主机名。

```
Switch(config)# hostname  S2960
```

(4) 配置二层交换机端口。
选择一个端口，将 interface fa0/1 改成全双工模式，100Mb/s 速率。

```
S2960(config)# interface fa0/1
```

设置端口通信速度：

```
S2960(config-if)# speed 100
```

设置端口的单双工模式：

```
S2960(config-if)# duplex full
    S2960(config-if)# exit
```

同时将 PC 的网卡改成全双工模式，100Mb/s 速率，否则链路不通。
(5) 查看交换机信息。
查看版本信息：

Switch# show version

查看配置：

Switch# show run

查看端口信息：

Switch# show interface

查看交换机的 MAC 地址表：

Switch# show mac-address-table

实验 4-3　华为以太网接口和链路配置

【实验目的】
掌握接口速率和双工模式的配置方法。
【实验设备】
2 台华为 S5700 系列交换机。
【组网需求】
你是公司的网络管理员。现在公司购买了两台华为的 S5700 系列的交换机，为了提高交换机之间链路带宽以及可靠性，你需要在交换机上配置链路聚合功能。
【实验步骤】
华为交换机接口默认开启了自协商功能。在本任务中，需要手动配置 S1、S2 上 G0/0/9 和 G0/0/2 接口的速率及双工模式。

首先修改交换机的设备名称，然后查看 S1 上 G0/0/9 和 G0/0/2 接口的详细信息。

```
< Quidway> system-view
[Quidway]sysname S1
[S1]display interface GigabitEthernet0/0/1
GigabitEthernet0/0/9 current state : UP
Line protocol current state : UP
Description:HUAWEI, Quidway Series, GigabitEthernet0/0/9 Interface
Switch Port,PVID : 1,The Maximum Frame Length is 1600
IP Sending Frames' Format is PKTFMT_ETHNT_2, Hardware address is 0018-82e1-aea6
Port Mode: COMMON COPPER
Speed : 1000, Loopback: NONE
Duplex: FULL, Negotiation: ENABLE
Mdi : AUTO
Last 300 seconds input rate 752 bits/sec, 0 packets/sec
Last 300 seconds output rate 720 bits/sec, 0 packets/sec
Input peak rate 1057259144 bits/sec,Record time: 2008-10-01 00:08:58
Output peak rate 1057267232 bits/sec,Record time: 2008-10-01 00:08:58
Input: 11655141 packets, 960068100 bytes
Unicast : 70,Multicast : 5011357
```

```
Broadcast : 6643714,Jumbo : 0
CRC : 0,Giants : 0
Jabbers : 0,Throttles : 0
Runts : 0,DropEvents : 0
Alignments : 0,Symbols : 0
Ignoreds : 0,Frames : 0
Discard : 69,Total Error : 0
Output: 11652169 packets, 959869843 bytes
Unicast : 345,Multicast : 5009016
Broadcast : 6642808,Jumbo : 0
Collisions : 0,Deferreds : 0
Late Collisions : 0,Excessive Collisions : 0
Buffers Purged : 0
Discard : 5,Total Error : 0
Input bandwidth utilization threshold : 100.00%
Output bandwidth utilization threshold: 100.00%
Input bandwidth utilization : 0.01%
Output bandwidth utilization : 0.00%
[S1]display interface GigabitEthernet0/0/2
GigabitEthernet0/0/2 current state : UP
Line protocol current state : UP
Description:HUAWEI, Quidway Series, GigabitEthernet0/0/2 Interface
Switch Port,PVID : 1,The Maximum Frame Length is 1600
IP Sending Frames' Format is PKTFMT_ETHNT_2, Hardware address is 0018-82e1-aea6
Port Mode: COMMON COPPER
Speed : 1000, Loopback: NONE
Duplex: FULL, Negotiation: ENABLE
Mdi : AUTO
Last 300 seconds input rate 1312 bits/sec, 0 packets/sec
Last 300 seconds output rate 72 bits/sec, 0 packets/sec
Input peak rate 1057256792 bits/sec,Record time: 2008-10-01 00:08:58
Output peak rate 1057267296 bits/sec,Record time: 2008-10-01 00:08:58
Input: 11651829 packets, 959852817 bytes
Unicast : 115,Multicast : 5009062
Broadcast : 6642648,Jumbo : 0
CRC : 3,Giants : 0
Jabbers : 0,Throttles : 0
Runts : 0,DropEvents : 0
Alignments : 0,Symbols : 4
Ignoreds : 0,Frames : 0
Discard : 218,Total Error : 7
Output: 11655280 packets, 960072712 bytes
Unicast : 245,Multicast : 5011284
Broadcast : 6643751,Jumbo : 0
```

```
Collisions : 0,Deferreds : 0
Late Collisions : 0,ExcessiveCollisions : 0
Buffers Purged : 0
Discard : 107,Total Error : 0
Input bandwidth utilization threshold : 100.00%
Output bandwidth utilization threshold: 100.00%
Input bandwidth utilization : 0.01%
Output bandwidth utilization : 0.00%
```

在修改接口的速率和双工模式之前应先关闭接口的自协商功能,然后将 S1 上的 G0/0/1 和 G0/0/2 接口的速率配置为 100 Mb/s,工作模式配置为全双工模式。

```
[S1]interface GigabitEthernet0/0/1
[S1-GigabitEthernet0/0/1]undo negotiation auto
[S1-GigabitEthernet0/0/1]speed 100
[S1-GigabitEthernet0/0/1]duplex full
[S1-GigabitEthernet0/0/1]quit
[S1]interface GigabitEthernet0/0/2
[S1-GigabitEthernet0/0/2]undo negotiation auto
[S1-GigabitEthernet0/0/2]speed 100
[S1-GigabitEthernet0/0/2]duplex full
```

同样的方法将 S2 上的 G0/0/1 和 G0/0/2 接口的速率配置为 100 Mb/s,工作模式配置为全双工模式。

```
< Quidway> system-view
[Quidway]sysname S2
[S2]interface GigabitEthernet0/0/1
[S2-GigabitEthernet0/0/1]undonegotiation auto
[S2-GigabitEthernet0/0/1]speed 100
[S2-GigabitEthernet0/0/1]duplex full
[S2-GigabitEthernet0/0/1]quit
[S2]interface GigabitEthernet0/0/2
[S2-GigabitEthernet0/0/2]undo negotiation auto
[S2-GigabitEthernet0/0/2]speed 100
[S2-GigabitEthernet0/0/2]duplex full
```

验证 S1 上的 G0/0/1 和 G0/0/2 接口的速率和工作模式是否配置成功。

```
[S1]display interface GigabitEthernet0/0/1
GigabitEthernet0/0/1 current state : UP
Line protocol current state : UP
Description:HUAWEI, Quidway Series, GigabitEthernet0/0/1 Interface
Switch Port,PVID : 1,The Maximum Frame Length is 1600
IP Sending Frames' Format is PKTFMT_ETHNT_2, Hardware address is 0018-82e1-aea6
Port Mode: COMMON COPPER
Speed : 100, Loopback: NONE
```

```
Duplex: FULL, Negotiation: DISABLE
Mdi : AUTO
……output omitted……
[S1]display interface GigabitEthernet0/0/2
GigabitEthernet0/0/2 current state : UP
Line protocol current state : UP
Description:HUAWEI, Quidway Series, GigabitEthernet0/0/2 Interface
Switch Port,PVID : 1,The Maximum Frame Length is 1600
IP Sending Frames' Format is PKTFMT_ETHNT_2, Hardware address is 0018-82e1-aea6
Port Mode: COMMON COPPER
Speed : 100, Loopback: NONE
Duplex: FULL, Negotiation: DISABLE
Mdi : AUTO
……output omitted……
```

实验 4-4　锐捷交换机配置 STP

【实验目的】

理解生成树协议工作原理，以及交换机的 STP 配置，掌握快速生成树协议 RSTP 基本配置方法。

【组网需求】

学校为了开展计算机教学和网络办公，建立了一个计算机教室和一个校办公区，这两处的计算机网络通过 2 台交换机互联组成内部校园网，为了提高网络的可靠性，作为网络管理员，你要用 2 条链路将交换机互联，现要求在交换机上做适当配置，使网络避免环路和广播风暴等。

【实验设备】

S2628G-I 交换机 2 台、计算机 2 台、直连线（各设备互联）。

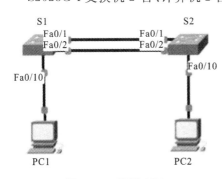

图 4-4-2　配置 STP

【实验拓扑图】

配置 STP，如图 4-4-2 所示。

按照拓扑图连接网络时注意，两台交换机都配置快速生成树协议后，再将两台交换机连接起来。如果先连线再配置会造成广播风暴，影响交换机的正常工作。

【实验步骤】

本实验主要的配置步骤如下：

（1）新建 packet tracer 拓扑图。

（2）默认情况下 STP 协议是启用的。通过两台交换机之间传送 BPDU 协议数据单元。选出根交换机、根端口等，以便确定端口的转发状态。图中 Fa0/2 端口处于 block 堵塞状态。

（3）设置 RSTP。

(4) 查看交换机状态(show spanning-tree)，了解根交换机和根端口情况。

(5) 通过更改交换机生成树的优先级 spanning-tree vlan 10 priority 4096 可以改变根交换机的角色。

具体配置命令如下：

① S1 交换机配置

```
Switch> en
Switch# show spanning-tree        //查看生成树的配置信息
StpVersion:STP                    //生成树协议的版本
SysStpStatus:Enabled              //生成树协议运行状态,Disable 为关闭状态
Priority   32768                  //查看交换机的优先级
RootCost 200000                   //交换机到达根交换机的开销
RootPort  Fa0/1                   //查看交换机上的根端口
或者
RootCost:0                        //交换机到达根交换机的开销,0 代表本交换机为根交
                                    换机
RootPort:0                        //查看交换机上的根端口,0 代表本交换机为根端口
Switch# show spanning-tree interface fastEthernet0/1
                                  //显示 Switch 端口 fastEthernet0/1 的状态
PortState:forwarding
S1 的端口 fastEthernet0/1          //处于转发(forwarding)状态
PortRole:rootPort                 //查看端口角色为根端口
Switch# show spanning-tree interface fastEthernet0/2
                                  //显示 Switch 端口 fastEthernet0/2 的状态
PortState:discarding              //S1 的端口 fastEthernet0/2 处于阻塞(discar-
                                    ding)状态
Switch# conf t
Switch(config)# int fa 0/10
Switch(config-if)# switchport access vlan 10
Switch(config-if)# exit
Switch(config)# int rang fa 0/1-2
Switch(config-range)# switchport mode trunk
Switch(config-range)# exit
Switch(config)# spanning-tree mode stp      //指定生成树协议的类型为 STP
Switch(config)# end
```

② S2 交换机配置。

```
Switch> en
Switch# conf t
Switch(config)# int fa 0/10
Switch(config-if)# switchport access vlan 10
Switch(config-if)# exit
Switch(config)# int range fa 0/1-2
Switch(config-range)# switchport mode turnk
```

```
Switch(config-range)# exit
Switch(config)# spanning-tree modestp
Switch(config)# end
Switch# show spanning-tree
```

(6) 测试。

当主链路处于 down 状态时候,能够自动切换到备份链路,保证数据的正常转发。首先,设置 PC1、PC2 的 IP 地址。

PC1 上设置 IP 地址:

```
IP:192.168.1.2
Submask:255.255.255.0
Gateway:192.168.1.1
```

PC2 上设置 IP 地址:

```
IP:192.168.1.3
Submask:255.255.255.0
Gateway:192.168.1.1
```

然后,查看 PC1 的 ping 情况是否正常:

```
ipconfig /all
ping -t 192.168.1.3   reply
```

关闭 S2 fa 0/1 端口,再查看 PC1 的 ping 情况是否正常:

```
Switch> en
Switch# conf t
Switch(config)# int fa 0/1
Switch(config-if)# shutdown      //关闭该端口
```

查看 PC1 的 ping 情况是否正常,PC1 上使用 ping 命令。

```
ping -t 192.168.1.3   reply
```

检查哪一个是根交换机,哪一个是根端口,哪些端口是阻塞的。

实验 4-5 华为交换机配置 STP

【实验目的】

掌握启用和禁用 STP 的方法;掌握修改交换机 STP 模式的方法;掌握修改桥优先级,控制根桥选择的方法;掌握修改端口优先级,控制根端口和指定端口选择的方法;掌握修改端口开销,控制根端口和指定端口选择的方法;掌握边缘端口的配置方法。

【实验设备】

华为交换机 2 台。

【实验拓扑图】

STP 实验拓扑图如图 4-4-3 所示。

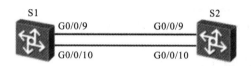

图 4-4-3 配置 STP 实验拓扑图

【组网需求】

你是公司的网络管理员,为了避免网络中的环路问题,需要在网络中的交换机上配置 STP。本实验中,你还需要通过修改桥优先级来控制 STP 的根桥选择,并通过配置 STP 的一些特性来加快 STP 的收敛速度。

【配置思路】

采用以下思路配置 STP 功能。

在处于环形网络中的交换设备上配置 STP 基本功能,包括:

（1）配置环网中的设备生成树协议工作在 STP 模式。

（2）配置根桥和备份根桥设备。

（3）配置端口的路径开销值,实现将该端口阻塞。

（4）使能 STP,实现破除环路。

说明:与 PC 相连的端口不用参与 STP 计算,建议将其去使能 STP。利用生成树防止交换网络环路。

【实验步骤】

（1）配置 STP 并验证。

为了保证实验结果的准确性,必须先关闭无关的端口。配置 STP 之前,先关闭 S1 上的 G0/0/1、G0/0/2、G0/0/3、G0/0/13、G0/0/14 端口,S2 上的 G0/0/1、G0/0/2、G0/0/3、G0/0/6、G0/0/7 端口。

```
< Quidway> system-view
Enter system view, return user view with Ctrl+ Z.
[Quidway]sysname S1
[S1]interface GigabitEthernet0/0/1
[S1-GigabitEthernet0/0/1]shutdown
[S1-GigabitEthernet0/0/1]quit
[S1]interface GigabitEthernet0/0/2
[S1-GigabitEthernet0/0/2]shutdown
[S1-GigabitEthernet0/0/2]quit
[S1]interface GigabitEthernet0/0/3
[S1-GigabitEthernet0/0/3]shutdown
[S1-GigabitEthernet0/0/3]quit
[S1]interface GigabitEthernet0/0/13
[S1-GigabitEthernet0/0/13]shutdown
[S1-GigabitEthernet0/0/13]quit
[S1]interface GigabitEthernet0/0/14
[S1-GigabitEthernet0/0/14]shutdown
```

```
[S1-GigabitEthernet0/0/14]quit
< Quidway> system-view
Enter system view, return user view with Ctrl+ Z.
[Quidway]sysname S2
[S2]interface GigabitEthernet0/0/1
[S2-GigabitEthernet0/0/1]shutdown
[S2-GigabitEthernet0/0/1]quit
[S2]interface GigabitEthernet0/0/2
[S2-GigabitEthernet0/0/2]shutdown
[S2-GigabitEthernet0/0/2]quit
[S2]interface GigabitEthernet0/0/3
[S2-GigabitEthernet0/0/3]shutdown
[S2-GigabitEthernet0/0/3]quit
[S2]interface GigabitEthernet0/0/6
[S2-GigabitEthernet0/0/6]shutdown
[S2-GigabitEthernet0/0/6]quit
[S2]interface GigabitEthernet0/0/7
[S2-GigabitEthernet0/0/7]shutdown
[S2-GigabitEthernet0/0/7]quit
```

本实验中，S1 和 S2 之间有两条链路。在 S1 和 S2 上启用 STP，并把 S1 配置为根桥。

```
< Quidway> system-view
Enter system view, return user view with Ctrl+ Z.
[Quidway]sysname S1
[S1]stp mode stp
[S1]stp root primary
< Quidway> system-view
Enter system view, return user view with Ctrl+ Z.
[Quidway]sysname S2
[S2]stp mode stp
[S2]stp root secondary
```

执行 display stp brief 命令查看 STP 信息。

```
< S1> display stp brief
MSTID   Port                    Role  STP State    Protection
   0    Ethernet0/0/9           ALTE  DISCARDING   NONE
   0    Ethernet0/0/10          ROOT  FORWARDING   NONE
< S2> display stp brief
MSTID   Port                    Role  STP State    Protection
   0    Ethernet0/0/9           DESI  FORWARDING   NONE
   0    Ethernet0/0/10          DESI  FORWARDING   NONE
```

执行 display stp interface 命令查看端口的 STP 状态。

```
< S1> display stp interface e0/0/10
```

```
------[CIST Global Info][Mode STP]------
----[Port10(Ethernet0/0/10)][DISCARDING]----
 Port Protocol          :Enabled
 Port Role              :Alternate Port
 Port Priority          :128
 Port Cost(Dot1T )      :Config= auto / Active= 199999
 Designated Bridge/Port :32768.f02f-a73d-0daf / 128.10
 Port Edged             :Config= default / Active= disabled
 Point-to-point         :Config= auto / Active= true
 Transit Limit          :6 packets/s
 Protection Type        :None
 Port STP Mode          :STP
 Port Protocol Type     :Config= auto / Active= dot1s
 BPDU Encapsulation     :Config= stp / Active= stp
 PortTimes              :Hello 2s MaxAge 20s FwDly 15s RemHop 0
 TC or TCN send         :0
 TC or TCN received     :17
 BPDU Sent              :2
          TCN: 0, Config: 2, RST: 0, MST: 0
 BPDU Received          :375
          TCN: 0, Config: 373, RST: 0, MST: 2
```

(2) 控制根桥选举。

执行 display stp 命令查看根桥信息。根桥设备的 CIST Bridge 与 CIST Root/ERPC 字段取值相同。

```
< S1> display stp
------[CIST Global Info][Mode STP]------
 CIST Bridge            :8192 .f02f-a73e-c33a
 Config Times           :Hello 2s MaxAge 20s FwDly 15s MaxHop 20
 Active Times           :Hello 2s MaxAge 20s FwDly 15s MaxHop 20
 CIST Root/ERPC         :4096 .f02f-a73d-0daf / 199999
 CIST RegRoot/IRPC      :8192 .f02f-a73e-c33a / 0
 CIST RootPortId        :128.10 (Ethernet0/0/10)
 BPDU-Protection        :Disabled
 TC or TCN received     :394
 TC count per hello     :0
 STP Converge Mode      :Normal
 Share region-configuration :Enabled
 Time since last TC     :0 days 2h:34m:27s
  ---- More ----
< S2> display stp
------[CIST Global Info][Mode STP]------
 CIST Bridge            :4096 .f02f-a73d-0daf
 Config Times           :Hello 2s MaxAge 20s FwDly 15s MaxHop 20
```

```
Active Times          :Hello 2s MaxAge 20s FwDly 15s MaxHop 20
CIST Root/ERPC        :4096 .f02f-a73d-0daf / 0 (This bridge is the root)
CIST RegRoot/IRPC     :4096 .f02f-a73d-0daf / 0
CIST RootPortId       :0.0
BPDU-Protection       :Disabled
TC or TCN received    :1
TC count per hello    :0
STP Converge Mode     :Normal
Share region-configuration :Enabled
Time since last TC    :0 days 2h:43m:49s
---- More ----
```

通过配置优先级,使 S2 为根桥,S1 为备份根桥。桥优先级取值越小,则优先级越高。把 S1 和 S2 的优先级分别设置为 8192 和 4096。

```
[S1]undo stp root
[S1]stp priority 8192
[S2]undo stp root
[S2]stp priority 4096
```

执行 display stp 命令查看新的根桥信息。

```
< S1> display stp
------[CIST Global Info][Mode STP]------
CIST Bridge           :8192 .f02f-a73e-c33a
Config Times          :Hello 2s MaxAge 20s FwDly 15s MaxHop 20
Active Times          :Hello 2s MaxAge 20s FwDly 15s MaxHop 20
CIST Root/ERPC        :4096 .f02f-a73d-0daf / 199999
CIST RegRoot/IRPC     :8192 .f02f-a73e-c33a / 0
CIST RootPortId       :128.9 (Ethernet0/0/9)
BPDU-Protection       :Disabled
TC or TCN received    :145
TC count per hello    :0
STP Converge Mode     :Normal
Share region-configuration :Enabled
Time since last TC    :0 days 0h:0m:48s
……output omit……
< S2> display stp
------[CIST Global Info][Mode STP]------
CIST Bridge           :4096 .f02f-a73d-0daf
Config Times          :Hello 2s MaxAge 20s FwDly 15s MaxHop 20
Active Times          :Hello 2s MaxAge 20s FwDly 15s MaxHop 20
CIST Root/ERPC        :4096 .f02f-a73d-0daf / 0 (This bridge is the root)
CIST RegRoot/IRPC     :4096 .f02f-a73d-0daf / 0
CIST RootPortId       :0.0
BPDU-Protection       :Disabled
```

```
TC or TCN received    :3
TC count per hello    :0
STP Converge Mode     :Normal
Share region-configuration :Enabled
Time since last TC    :0 days 0h:0m:31s
 ---- More ----
```

由上述回显信息中的灰色部分可以看出，S2 已生成新的根桥。关闭 S2 的 E0/0/9 和 E0/0/10 端口，从而隔离 S1 与 S2，此时，S2 发生了故障。

```
[S2]interface Ethernet0/0/9
[S2-GigabitEthernet0/0/9]shutdown
[S2-GigabitEthernet0/0/9]quit
[S2]interface Ethernet0/0/10
[S2-Ethernet0/0/10]shutdown
[S1]display stp
-------[CIST Global Info][Mode STP]-------
CIST Bridge           :8192 .f02f-a73e-c33a
Config Times          :Hello 2s MaxAge 20s FwDly 15s MaxHop 20
Active Times          :Hello 2s MaxAge 20s FwDly 15s MaxHop 20
CIST Root/ERPC        :8192 .f02f-a73e-c33a / 0 (This bridge is the root)
CIST RegRoot/IRPC     :8192 .f02f-a73e-c33a / 0
CIST RootPortId       :0.0
BPDU-Protection       :Disabled
TC or TCN received    :394
TC count per hello    :0
STP Converge Mode     :Normal
Share region-configuration :Enabled
Time since last TC    :0 days 2h:46m:18s
Number of TC          :24
Last TC occurred      :Ethernet0/0/10
 ---- More ----
```

在上述回显信息中，灰色部分表明当 S2 故障时，S1 生成根桥，然后开启 S2 之前关闭的接口。

```
[S2]interface Ethernet0/0/9
[S2-GigabitEthernet0/0/9]undo shutdown
[S2-GigabitEthernet0/0/9]quit
[S2]interface Ethernet0/0/10
[S2-Ethernet0/0/10]undo shutdown
[S1]display stp
-------[CIST Global Info][Mode STP]-------
CIST Bridge           :8192 .f02f-a73e-c33a
Config Times          :Hello 2s MaxAge 20s FwDly 15s MaxHop 20
Active Times          :Hello 2s MaxAge 20s FwDly 15s MaxHop 20
```

```
CIST Root/ERPC          :4096 .f02f-a73d-0daf / 199999
CIST RegRoot/IRPC       :8192 .f02f-a73e-c33a / 0
CIST RootPortId         :128.10 (Ethernet0/0/10)
BPDU-Protection         :Disabled
TC or TCN received      :429
TC count per hello      :0
STP Converge Mode       :Normal
Share region-configuration :Enabled
Time since last TC      :0 days 0h:1m:6s
Number of TC            :26
Last TC occurred        :Ethernet0/0/10
 ---- More ----
< S2> display stp
-------[CIST Global Info][Mode STP]-------
CIST Bridge             :4096 .f02f-a73d-0daf
Config Times            :Hello 2s MaxAge 20s FwDly 15s MaxHop 20
Active Times            :Hello 2s MaxAge 20s FwDly 15s MaxHop 20
CIST Root/ERPC          :4096 .f02f-a73d-0daf / 0 (This bridge is the root)
CIST RegRoot/IRPC       :4096 .f02f-a73d-0daf / 0
CIST RootPortId         :0.0
BPDU-Protection         :Disabled
TC or TCN received      :1
TC count per hello      :0
STP Converge Mode       :Normal
Share region-configuration :Enabled
Time since last TC      :0 days 0h:0m:21s
 ---- More ----
```

在上述回显信息中,灰色部分表明 S2 已经恢复正常,重新生成根桥。

(3) 控制根端口选举。

在 S1 上执行 display stp brief 命令查看端口角色。

```
[S1]display stp brief
MSTID   Port                    Role  STP State    Protection
  0     Ethernet0/0/9           ALTE  DISCARDING   NONE
  0     Ethernet0/0/10          ROOT  FORWARDING   NONE
```

上述回显信息表明 E0/0/9 是根端口,E0/0/10 是 Alternate 端口。通过修改端口优先级,使 E0/0/10 成为根端口,E0/0/9 成为 Alternate 端口。修改 S2 上 E0/0/9 和 E0/0/10 端口的优先级,缺省情况下端口优先级为 128。端口优先级值越大,则优先级越低。在 S2 上,修改 E0/0/9 的端口优先级值为 32,E0/0/10 的端口优先级值为 16。因此,S1 上的 E0/0/10 端口优先级高于 S2 上的 E0/0/9 端口优先级,成为根端口。

```
[S2]interface ethernet0/0/9
[S2-Ethernet0/0/9]stp port priority 32
```

```
[S2-Ethernet0/0/9]quit
[S2]interface ethernet0/0/10
[S2-Ethernet0/0/10]stp port priority 16
```

提示：此处是修改 S2 的端口 10 和端口 9 的优先级。

```
< S2> display stp interface e0/0/9
-------[CIST Global Info][Mode STP]-------
----[Port9(Ethernet0/0/9)][FORWARDING]----
Port Protocol          :Enabled
Port Role              :Designated Port
Port Priority          :32
Port Cost(Dot1T )      :Config= auto / Active= 199999
Designated Bridge/Port :4096.f02f-a73d-0daf / 32.9
Port Edged             :Config= default / Active= disabled
Point-to-point         :Config= auto / Active= true
Transit Limit          :6 packets/s
   ---- More ----


< S2> display stp interface e0/0/10
-------[CIST Global Info][Mode STP]-------
----[Port10(Ethernet0/0/10)][FORWARDING]----
Port Protocol          :Enabled
Port Role              :Designated Port
Port Priority          :16
Port Cost(Dot1T )      :Config= auto / Active= 199999
Designated Bridge/Port :4096.f02f-a73d-0daf / 16.10
Port Edged             :Config= default / Active= disabled
Point-to-point         :Config= auto / Active= true
Transit Limit          :6 packets/s
   ---- More ----
```

在 S1 上执行 display stp brief 命令查看端口角色。

```
< S1> display stp brief
MSTID   Port                      Role   STP State    Protection
  0     Ethernet0/0/9             ALTE   DISCARDING   NONE
  0     Ethernet0/0/10            ROOT   FORWARDING   NONE
```

在上述回显信息中，灰色部分表明 S1 的 E0/0/10 端口是根端口，E0/0/9 是 Alternate 端口。关闭 S1 的 Ethernet0/0/10 端口，再查看端口角色。

```
[S1]interface Ethernet0/0/10
[S1-Ethernet0/0/10]shutdown
< S1> display stp brief
MSTID   Port                      Role   STP State    Protection
  0     Ethernet0/0/9             ROOT   LEARNING     NONE
```

在上述回显信息中的灰色部分可以看出，S1 的 E0/0/9 生成根端口，在 S2 上恢复 E0/0/9 和 E0/0/10 端口的缺省优先级，并重新开启 S1 上关闭的端口。

```
[S2]interface Ethernet0/0/9
[S2-Ethernet0/0/9]undo stp port priority
[S2-Ethernet0/0/9]quit
[S2]interface Ethernet0/0/10
[S2-Ethernet0/0/10]undo stp port priority
[S1]interface Ethernet0/0/10
[S1-Ethernet0/0/10]undo shutdown
```

在 S1 上执行 display stp brief 命令和 display stp interface 命令查看端口角色。

```
< S1> display stp brief
MSTID Port Role STP State Protection
0 Ethernet0/0/9 ROOT FORWARDING NONE
0 Ethernet0/0/10 ALTE DISCARDING NONE
[S1]display stp interface Ethernet0/0/9
----[CIST][Port9(Ethernet0/0/9)][FORWARDING]----
Port Protocol :Enabled
Port Role :Root Port
Port Priority :128
Port Cost(Dot1T ) :Config= auto / Active= 20000
Designated Bridge/Port :4096.4c1f-cc45-aacc / 128.9
Port Edged :Config= default / Active= disabled
Point-to-point :Config= auto / Active= true
Transit Limit :147 packets/hello-time
Protection Type :None
Port STP Mode :STP
Port Protocol Type :Config= auto / Active= dot1s
BPDU Encapsulation :Config= stp / Active= stp
PortTimes :Hello 2s MaxAge 20s FwDly 15s RemHop 0
TC or TCN send :4
TC or TCN received :90
BPDU Sent :5
    TCN: 4, Config: 1, RST: 0, MST: 0
BPDU Received :622
    TCN: 0, Config: 622, RST: 0, MST: 0
[S1]display stp interface Ethernet0/0/10
----[CIST][Port10(Ethernet0/0/10)][DISCARDING]----
Port Protocol :Enabled
Port Role :Alternate Port
Port Priority :128
Port Cost(Dot1T ) :Config= auto / Active= 20000
Designated Bridge/Port :4096.4c1f-cc45-aacc / 128.10
```

```
Port Edged          :Config= default / Active= disabled
Point-to-point      :Config= auto / Active= true
Transit Limit       :147 packets/hello-time
Protection Type     :None
Port STP Mode       :STP
Port Protocol Type  :Config= auto / Active= dot1s
BPDU Encapsulation  :Config= stp / Active= stp
PortTimes           :Hello 2s MaxAge 20s FwDly 15s RemHop 0
TC or TCN send      :3
TC or TCN received  :90
BPDU Sent           :4
      TCN: 3, Config: 1, RST: 0, MST: 0
BPDU Received       :637
      TCN: 0, Config: 637, RST: 0, MST: 0

< S1> display stp brief
 MSTID   Port                    Role   STP State    Protection
    0    Ethernet0/0/9           ROOT   FORWARDING   NONE
```

在上述回显信息中，灰色部分表明 E0/0/9 和 E0/0/10 的端口开销缺省情况下为 20000。修改 S1 上的 E0/0/9 端口开销值为 200000。

```
[S1]interface ethernet0/0/9
[S1-Ethernet0/0/9]stp cost 200000
```

在 S1 上执行 display stp brief 命令和 display stp interface 命令查看端口角色。

```
< S1> display stp interface Ethernet0/0/9
-------[CIST Global Info][Mode STP]-------
----[Port9(Ethernet0/0/9)][DISCARDING]----
 Port Protocol          :Enabled
 Port Role              :Alternate Port
 Port Priority          :128
 Port Cost(Dot1T )      :Config= 200000 / Active= 200000
 Designated Bridge/Port :4096.f02f-a73d-0daf / 128.9
 Port Edged             :Config= default / Active= disabled
 Point-to-point         :Config= auto / Active= true
 Transit Limit          :6 packets/s
 Protection Type        :None
 Port STP Mode          :STP
 Port Protocol Type     :Config= auto / Active= dot1s
 BPDU Encapsulation     :Config= stp / Active= stp
 PortTimes              :Hello 2s MaxAge 20s FwDly 15s RemHop 0
 TC or TCN send         :0
 TC or TCN received     :17
   ---- More ----
```

```
< S1> display stp brief
MSTID   Port                         Role  STP State   Protection
0       Ethernet0/0/9                ROOT  FORWARDING  NONE
0       Ethernet0/0/10ALTE DISCARDING NONE
```

此时,S1 上的 E0/0/9 端口为根端口。

【思考】

(1) 为什么交换机之间的链路设置为点到点链路能够加快 STP 的收敛速度?

(2) 如果 SW4 上 VLAN 10/20/30/40/50/60 访问核心交换机上的相应 VLAN,问流量能否使用 SW2 和 SW4 间的链路?

实验 4-6 华为交换机配置 RSTP 功能

【组网需求】

在一个复杂的网络中,网络规划者由于冗余备份的需要,一般都倾向于在设备之间部署多条物理链路,其中一条作主用链路,其他链路作备份。这样就难免会形成环形网络,若网络中存在环路,则可能会引起广播风暴和 MAC 桥表项被破坏。网络规划者规划好网络后,可以在网络中部署 RSTP 协议预防环路。当网络中存在环路时,RSTP 通过阻塞某个端口以达到破除环路的目的。如图 4-4-4 所示,当前网络中存在环路,SwitchA、SwitchB、SwitchC 和 SwitchD 都运行 RSTP,通过彼此交互信息发现网络中的环路,并有选择的对某个端口进行阻塞,最终将环形网络结构修剪成无环路的树形网络结构,从而防止报文在环形网络中不断增生和无限循环,避免设备由于重复接收相同的报文造成处理能力下降。

【配置思路】

采用以下思路配置 RSTP 功能。

(1) 在处于环形网络中的交换设备上配置 RSTP 基本功能,包括:

① 配置环网中的设备生成树协议工作在 RSTP 模式;

② 配置根桥和备份根桥设备;

③ 配置端口的路径开销值,实现将该端口阻塞;

④ 使能 RSTP,实现破除环路。

说明:与 PC 相连的端口不用参与 RSTP 计算,建议将其去使能 RSTP。

(2) 配置保护功能,实现对设备或链路的保护。例如,在根桥设备的指定端口配置根保护功能。

【数据准备】

为完成此配置举例,需要准备如下的数据:

(1) 各 Eth 端口号,如图 4-4-4 所示。

(2) 根桥是 SwitchA,备份根桥是 SwitchD。

(3) 阻塞口的路径开销值是 20000。

【操作步骤】

(1) 配置 RSTP 基本功能。

① 配置环网中的设备生成树协议工作在 RSTP 模式。

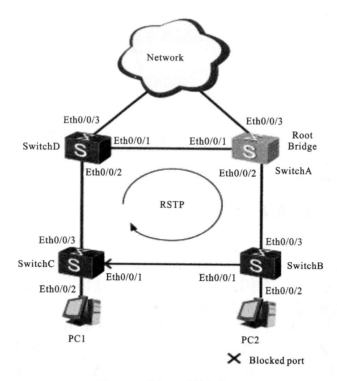

图 4-4-4　RSTP 功能拓扑图

配置 SwitchA 的 RSTP 工作模式。

　　< Quidway> system-view
　　[Quidway] sysname SwitchA
　　[Switch] stp mode rstp

配置交换设备 SwitchB 的 RSTP 工作模式。

　　< Quidway> system-view
　　[Quidway] sysname SwitchB
　　[SwitchB] stp mode rstp

配置交换设备 SwitchC 的 RSTP 工作模式。

　　< Quidway> system-view
　　[Quidway] sysname SwitchC
　　[SwitchC] stp mode rstp

配置交换设备 SwitchD 的 RSTP 工作模式。

　　< Quidway> system-view
　　[Quidway] sysname SwitchD
　　[SwitchD] stp mode rstp

② 配置根桥和备份根桥设备。

配置 SwitchA 为根桥。

```
[SwitchA] stp root primary
```

配置 SwitchD 为备份根桥。

```
[SwitchD] stp root secondary
```

③ 配置端口的路径开销值,实现将该端口阻塞。说明:

a. 端口路径开销值取值范围由路径开销计算方法决定,这里以华为私有计算方法为例,设置将被阻塞端口的路径开销值为 20000。

b. 同一网络内所有交换设备的端口路径开销值应使用相同的计算方法。

配置 SwitchC 端口 Eth0/0/1 端口路径开销值为 20000。

```
[SwitchC] interface ethernet0/0/1
[SwitchC-Ethernet0/0/1] stp cost 20000
[SwitchC-Ethernet0/0/1] quit
```

④ 使能 RSTP,实现破除环路。

a. 将与 PC 相连的端口去使能 RSTP。

配置 SwitchB 端口 Eth0/0/2 的 RSTP 去使能。

```
[SwitchB] interface ethernet0/0/2
[SwitchB-Ethernet0/0/2] stp disable
[SwitchB-Ethernet0/0/2] quit
```

配置 SwitchC 端口 Eth0/0/2 的 RSTP 去使能。

```
[SwitchC] interface ethernet0/0/2
[SwitchC-Ethernet0/0/2] stp disable
[SwitchC-Ethernet0/0/2] quit
```

b. 设备全局使能 RSTP。

设备 SwitchA 全局使能 RSTP。

```
[SwitchA] stp enable
```

设备 SwitchB 全局使能 RSTP。

```
[SwitchB] stp enable
```

设备 SwitchC 全局使能 RSTP。

```
[SwitchC] stp enable
```

设备 SwitchD 全局使能 RSTP。

```
[SwitchD] stp enable
```

除与终端设备相连的端口外,其他端口使能 BPDU 功能

设备 SwitchA 端口 Eth0/0/1 和 Eth0/0/2 使能 BPDU。

```
[SwitchA] interface ethernet0/0/1
[SwitchA-Ethernet0/0/1] bpdu enable
```

```
[SwitchA-Ethernet0/0/1] quit
[SwitchA] interface ethernet0/0/2
[SwitchA-Ethernet0/0/2] bpdu enable
[SwitchA-Ethernet0/0/2] quit
```

设备 SwitchB 端口 Eth0/0/1 和 Eth0/0/3 使能 BPDU。

```
[SwitchB] interface ethernet0/0/1
[SwitchB-Ethernet0/0/1] bpdu enable
[SwitchB-Ethernet0/0/1] quit
[SwitchB] interface ethernet0/0/3
[SwitchB-Ethernet0/0/3] bpdu enable
[SwitchB-Ethernet0/0/3] quit
```

设备 SwitchC 端口 Eth0/0/1 和 Eth0/0/3 使能 BPDU。

```
[SwitchC] interface ethernet0/0/1
[SwitchC-Ethernet0/0/1] bpdu enable
[SwitchC-Ethernet0/0/1] quit
[SwitchC] interface ethernet0/0/3
[SwitchC-Ethernet0/0/3] bpdu enable
[SwitchC-Ethernet0/0/3] quit
```

设备 SwitchD 端口 Eth0/0/1 和 Eth0/0/2 使能 BPDU。

```
[SwitchD] interface ethernet0/0/1
[SwitchD-Ethernet0/0/1] bpdu enable
[SwitchD-Ethernet0/0/1] quit
[SwitchD] interface ethernet0/0/2
[SwitchD-Ethernet0/0/2] bpdu enable
[SwitchD-Ethernet0/0/2] quit
```

（2）配置保护功能，如在根桥设备的指定端口配置根保护功能。

在 SwitchA 端口 Eth0/0/1 上配置根保护功能。

```
[SwitchA] interface ethernet0/0/1
[SwitchA-Ethernet0/0/1] stp root-protection
[SwitchA-Ethernet0/0/1] quit
```

在 SwitchA 端口 Eth0/0/2 上配置根保护功能。

```
[SwitchA] interface ethernet0/0/2
[SwitchA-Ethernet0/0/2] stp root-protection
[SwitchA-Ethernet0/0/2] quit
```

（3）验证配置结果。

经过以上配置，在网络稳定后，执行以下操作，验证配置结果。

在 SwitchA 上执行 display stp brief 命令，查看端口状态和端口的保护类型，结果如下：

```
< SwitchA> display stp brief
```

```
MSTID    Port                    Role   STP State    Protection
   0     Ethernet0/0/1           DESI   FORWARDING   ROOT
   0     Ethernet0/0/2           DESI   FORWARDING   ROOT
```

将 SwitchA 配置为根桥后，与 SwitchB、SwitchD 相连的端口 Eth0/0/2 和 Eth0/0/1 在生成树计算中被选举为指定端口，并在指定端口上配置根保护功能。

在 SwitchB 上执行 display stp brief 命令，查看端口 Eth0/0/1 状态，结果如下：

```
< SwitchB> display stp brief
MSTID    Port                    Role   STP State    Protection
   0     Ethernet0/0/1           DESI   FORWARDING   NONE
   0     Ethernet0/0/3           ROOT   FORWARDING   NONE
```

端口 Eth0/0/1 在生成树选举中成为指定端口，处于 Forwarding 状态。

在 SwitchC 上执行 display stp brief 命令，查看端口状态，结果如下：

```
< SwitchC> display stp brief
MSTID    Port                    Role   STP State    Protection
   0     Ethernet0/0/1           ROOT   FORWARDING   NONE
   0     Ethernet0/0/3           ALTE   DISCARDING   NONE
```

端口 Eth0/0/3 在生成树选举中成为根端口，处于 Forwarding 状态。
端口 Eth0/0/1 在生成树选举中成为 Alternate 端口，处于 Discarding 状态。

```
< SwitchD> display stp brief
MSTID    Port                    Role   STP State    Protection
   0     Ethernet0/0/1           ROOT   FORWARDING   NONE
   0     Ethernet0/0/2           DESI   FORWARDING   NONE
```

实验 4-7　锐捷交换机配置快速生成树协议 RSTP

【实验目的】

理解快速生成树协议 RSTP 的配置及原理。

【组网需求】

某学校为了开展计算机教学和网络办公，建立了一个计算机教室和一个校办公区，这两处的计算机网络通过 2 台交换机互联组成内部校园网。为了提高网络的可靠性，网络管理员用 2 条链路将交换机互联。现要在交换机上做适当配置，使网络避免环路和广播风暴等。

【实验设备】

S2628G-I 2 台。

【实验拓扑图】

配置生成树协议 RSTP 如图 4-4-5 所示。

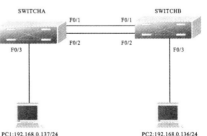

图 4-4-5　配置生成树协议 RSTP

【实验步骤】

(1) 在每台交换机上开启生成树协议。

```
SwitchA# config terminal
SwitchA(config)# spanning-tree
SwitchB# config terminal
SwitchB(config)# spanning-tree
SwitchB(config)# end
```

验证生成树协议已经开启。

(2) 设置生成树模式。

```
SwitchA(config)# spanning-tree mode rstp
```

验证生成树协议模式为 802.1W。

(3) 设置交换机的优先级。

```
SwitchA(config)# spanning-tree priority 8192
```

验证交换机 SwitchA 的优先级。

(4) 综合验证测试。

① 验证交换机的端口 1 和 2 的状态。

② 如果 A 交换机 1 口链路 Down 掉，验证 B 交换机 2 口状态。

③ 如果 A 与 B 交换机之间一条链路 Down 掉，PC1 与 PC2 之间仍能互相 ping 通。

具体命令：

```
Switch1#config t
Switch1(config)# interface fastEthernet0/1
Switch1(config-if)# switchport mode trunk
Switch1 (config)# interface fastEthernet0/2
Switch1(config-if)# switchport mode trunk
Switch1(config)# spanning-tree            //开启生成树协议
Switch1(config)# spanning-tree priority 0  //设置交换机优先级别,使其成为根交
                                            换机
Switch1(config)# spanning-tree mode rstp  //确定生成树协议的模式为 RSTP

Switch2#config t
Switch2(config)# interface fastEthernet0/1
Switch2(config-if)# switchport mode trunk
Switch2 (config)# interface fastEthernet0/2
Switch2(config-if)# switchport mode trunk Switch2(config)# spanning-tree
Switch2(config)# spanning-tree mode rstp
```

第5章 交换机的高级操作

本章学习目标：掌握交换机高级操作，包括锐捷、华为交换机的 VLAN 配置，VLAN 部署应用案例，访问控制列表 ACL 简介等。锐捷实验包括在单台和多个锐捷交换机上划分 VLAN、ACL 的配置实验。华为实验有 VLAN 配置、VLAN 间通过 VLAN IF 接口通信。

5.1 锐捷交换机 VLAN 配置

5.1.1 VLAN 配置命令

（1）vlan_id 生成 VLAN。

在全局配置模式下，可使用下面的命令来创建一个 VLAN。

```
Vlan  vlan_id
vlan_id:VLAN 号,取值范围为 2～1001
```

如果需要设置多个 VLAN，重复以上命令，使用 exit 命令从全局配置模式退出来保存设置。在特权模式下使用 show vlan 命令来查看 VLAN 的设置情况。例如，在全局模式下创建 VLAN 100，命令如下。

```
Switch(config)#
Switch(config)# vlan 100
Switch(config-vlan100)# exit
```

（2）给 VLAN 取名。

在全局配置模式下，可使用下面的命令来给 VLAN 命名：

```
    name  vlan_name
```

（3）定义端口的访问类型。

锐捷交换机 VLAN 端口包含 Access 端口、Trunk 端口。首先在全局配置模式下进入某一个端口，命令如下：

```
interface 端口号
```

再设定端口的访问类型，命令如下：

```
Switchport mode access
```

（4）把端口加入指定 VLAN，命令如下：

```
Switchport access vlan vlan_id
```

其中,vlan_id 指端口加入的指定 VLAN 号。重复使用上面的命令把多个端口加入相应的 VLAN 中。

(5) 设置 Trunk 端口。

在交换机中,可把某一个端口设置为 Trunk 端口,命令格式如下:

```
Switchport mode trunk    //定义该端口的类型为二层 Trunk 端口
Switchport trunk native vlan vlan_id   //为这个端口指定一个 native VLAN
```

例如,将端口 5 设置为 Trunk 模式:

```
Switch(config)# interface ethernet0/0/5
Switch(config-ethernet0/0/5)# switchport mode trunk
```

(6) 显示所有的 VLAN 配置。

show vlan 命令显示所有的 VLAN 配置。

show vlan vlan_id 命令显示特定的 VLAN 信息。

(7) 删除 Trunk 端口的方法。

例如,将端口 8 设置为 Access 模式(删除 Trunk 的方法):

```
Switch(config)# interface ethernet0/0/5
Switch(config-ethernet0/0/5)#  no switchport mode trunk
```

(8) 去掉端口在某一个指定 VLAN 中,让其恢复到默认 VLAN 1 的方法。

例如,要清除交换机的 2 号端口,方法如下:

```
Switch(config)# interface fastEthernet0/2
  Switch(config)# no switch access vlan
```

(9) 给 VLAN 添加端口。

给 VLAN 100 和 VLAN 200 添加端口。

```
Switch(config)# vlan 100              //进入 VLAN 100
Switch(config-vlan100)# switchport interface ethernet0/0/1-8
                                //给 VLAN 100 加入端口 1-8
Switch(config-vlan100)# exit
```

删除 VLAN 100 中 1~4 端口和 VLAN 200 中 2、3、5 端口。

```
Switch(config)# vlan 100              //进入 VLAN 100
Switch(config-vlan100)# no switchport interface ethernet0/0/1-4
                                //删除 VLAN 100 中端口 1~4
Switch(config-vlan100)# exit
```

(10) 删除一个 VLAN。

例如,删除 VLAN 100,在全局配置模式下使用如下命令:

```
Switch(config)# no vlan 100
```

(11) VLAN 的验证。

显示全部的 VLAN：Switch#show vlan。

显示单独的 VLAN：Switch#show vlan id <1-4094>。

5.1.2 一个 VLAN 配置案例

下面通过一个具体的实例来说明如何使用单交换机进行 VLAN 划分。该实例的拓扑图如图 5-1-1 所示。

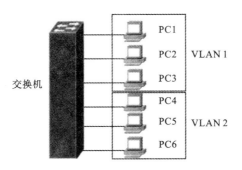

图 5-1-1 交换机的接口类型

说明：交换机使用 S1216G，PC1～PC6 的 IP 地址和子网掩码分配如表 5-1-1 所示。

表 5-1-1 IP 地址和子网掩码分配

设 备	IP	掩 码
PC1	172.16.1.2	255.255.255.0
PC2	172.16.1.3	255.255.255.0
PC3	172.16.1.4	255.255.255.0
PC4	172.16.1.5	255.255.255.0
PC5	172.16.1.6	255.255.255.0
PC6	172.16.1.7	255.255.255.0
PC 的默认网关	172.16.1.1	

把 PC1 到 PC3 划分为 VLAN 1，把 PC4 到 PC6 划分为 VLAN 2，配置步骤如下。

(1) 首先配置 PC1 的 IP 地址和默认网关。依次把 PC2～PC6 按表 5-1-1 所示的地址进行设置。

同理，把 PC2～PC6 按这个方法设置成不同的 IP 地址。

(2) 设置交换机，具体使用的命令如下。

```
enable                  //进入特权命令状态
config terminal         //进入全局设置状态
hostname S1             //配置交换机的主机名为 S1
vlan 2 name vlan2       //定义 VLAN 2 并命名为 VLAN 2
```

```
interface fastEthernet0/4        //进入快速以太口 fa0/4 端口
Switch access vlan 2             //将端口静态配置到 VLAN 2
exit                             //返回到全局配置模式
interface fastEthernet0/5        //进入快速以太口 fa0/5 端口
Switch access vlan 2             //将端口静态配置到 VLAN 2
exit                             //返回到全局配置模式
interface fastEthernet0/6        //进入快速以太口 fa0/6 端口
Switch access vlan 2             //将端口静态配置到 VLAN 2
exit                             //返回到全局配置模式
```

现在已经定义了 VLAN 2,并将相应的端口静态配置给它们。有些读者可能已经发觉有些配置好像被漏掉了——VLAN 1 没有被配置。注意,在默认情况下,如果用户不对交换机进行配置,那么任何没有指定静态 VLAN 配置的端口都被认为是在 VLAN 1 中的,所以 VLAN 1 是交换机上默认已有的,无需进行配置。实际上,它的名字也是不能改变的。同样,交换机的 IP 地址也被认为是在 VLAN 1 的广播域中。

(3) Trunk 配置命令。

```
int g1/1/1(级联端口)
switchport mode trunk
port trunk permit vlan all
```

(4) 配置 VLAN 的 IP 地址。

```
int vlan 250 //管理 VLAN
ip add 192.168.250.12 255.255.255.0
```

(5)在配置 VLAN 后,应该确认 VLAN 的参数以使之有效。

在特权模式下,show vlan vlan♯ 显示一个特定的 VLAN 信息,验证 VLAN 的参数。显示所有 VLAN 信息使用如下命令:

```
S1# show vlan
```

5.2 华为交换机 VLAN 配置

5.2.1 华为交换机端口类型

Access 端口一般用于接用户计算机的端口,Access 端口只能属于 1 个 VLAN。Access 端口将标签剥掉,不带 Tag 转发;Access 端口在收到数据后会添加 VLAN Tag。Access 端口在转发数据前会移除 VLAN Tag。Access 端口发往其他设备的报文,都是 Untagged 数据帧。

Trunk 端口允许多个 VLAN 的帧(带 Tag 标记)通过。Trunk 端口可以属于多个 VLAN,可以接收和发送多个 VLAN 的报文。

Hybrid 端口可以用于交换机之间的连接,也可以用于连接用户的计算机。Hybrid 端口可以属于多个 VLAN，接收和发送多个 VLAN 的报文。Hybrid 端口在报文所在 VLAN 配置为 Tag，则报文带 Tag；否则不带 Tag。Hybrid 端口允许多个 VLAN 的帧通过，并可以在出端口方向将某些 VLAN 帧的 Tag 剥掉。华为设备默认的端口类型是 Hybrid。

5.2.2 华为交换机 VLAN 配置命令

1. 创建 VLAN

在交换机上划分 VLAN 时，需要首先创建 VLAN。在交换机上执行 vlan $<vlan\text{-}id>$ 命令，创建 VLAN。VLAN ID 的取值范围是 1～4094。例如，执行 vlan 1 命令后，就创建了 VLAN 1，并进入了 VLAN 1 视图。如需创建多个 VLAN，可以在交换机上执行 vlan batch {$vlan\text{-}id1$ [to $vlan\text{-}id2$]} 命令，以创建多个连续的 VLAN。也可以执行 vlan batch {$vlan\text{-}id1$ $vlan\text{-}id2$} 命令，创建多个不连续的 VLAN，VLAN 号之间需要有空格。

例如，创建 VLAN 1，添加 VLAN 1 描述的命令如下：

```
[Quidway]vlan 1
[Quidway-vlan1]description string      //指定 VLAN 描述字符
[Quidway-vlan1]description             //删除 VLAN 描述字符
```

2. 端口加入 VLAN

可以使用两种方法把端口加入 VLAN。

（1）第一种方法是进入 VLAN 视图，执行 port <interface> 命令，把端口加入 VLAN。

（2）第二种方法是进入接口视图，执行 port default $<vlan\ id>$ 命令，把端口加入 VLAN。$vlan\text{-}id$ 是指端口要加入的 VLAN。

例如，添加 GigabitEthernet0/0/7、GigabitEthernet0/0/5 端口到 VLAN2 命令如下：

```
[SWA]vlan 2
[SWA-vlan2]port GigabitEthernet0/0/7
[SWA-vlan2]quit
[SWA]interface GigabitEthernet0/0/5
[SWA-GigabitEthernet0/0/5]port default vlan 3
```

配置端口类型的命令是 port link-type $<type>$，type 可以配置为 Access、Trunk 或 Hybrid。需要注意的是，如果查看端口配置时没有发现端口类型信息，说明端口使用了默认的 Hybrid 端口链路类型。当修改端口类型时，必须先恢复端口的默认 VLAN 配置，使端口属于缺省的 VLAN 1。

例如，将 ethernet0/1 到 ethernet0/4 端口加入 VLAN 3 中，命令如下：

```
[Quidway]vlan 3                                    //创建 VLAN
[Quidway-vlan3]port ethernet0/1 to ethernet0/4     //在 VLAN 中增加端口，配置基于
                                                     Access 的 VLAN
[Quidway-Ethernet0/2]port access vlan 3            //当前端口加入 VLAN
```

注意：缺省情况下，端口的链路类型为 Access 类型，所有 Access 端口均属于且只属于 VLAN 1。又例如，配置 Access 端口：

```
[SWA]vlan batch 2 3
[SWA-GigabitEthernet0/0/1]port link-type access
[SWA-GigabitEthernet0/0/1]port default vlan 2
[SWA-GigabitEthernet0/0/2]port link-type access
[SWA-GigabitEthernet0/0/2]port default vlan 3
```

3. 配置 Trunk

配置 Trunk 时，应先使用 port link-type trunk 命令修改端口的类型为 Trunk，然后再配置 Trunk 端口允许哪些 VLAN 的数据帧通过。执行 port trunk allow-pass vlan { { *vlan-id*1 [to *vlan-id*2] } | all } 命令，可以配置端口允许的 VLAN，all 表示允许所有 VLAN 的数据帧通过。执行 port trunk pvid vlan vlan-id 命令，可以修改 Trunk 端口的 PVID。修改 Trunk 端口的 PVID 之后，需要注意：缺省 VLAN 不一定是端口允许通过的 VLAN。交换机的所有端口默认允许 VLAN 1 的数据通过。例如，

配置 Trunk 端口类型：port link-type trunk。

配置 Trunk-Link 所允许传递 VLAN：port trunk permit vlan all。

配置 Trunk-Link 端口 PVID：port trunk pvid 1。

又例如，执行 port link-type trunk 命令，配置 SWA 的 G0/0/1 端口为 Trunk 类型的端口，该端口 PVID 默认为 1。执行 port trunk allow-pass vlan 2 3 命令，配置 SWA 的 G0/0/1 端口允许 VLAN 2 和 VLAN 3 的数据通过。

```
[SWA-GigabitEthernet0/0/1]port link-type trunk：设置当前端口为 Trunk。
[SWA-GigabitEthernet0/0/1]port trunk allow-pass vlan 2 3：设置 Trunk 允许的 VLAN。
```

4. 配置 Hybrid 端口

执行 port link-type hybrid 命令将端口的类型配置为 Hybrid。默认情况下，华为交换机的端口类型是 Hybrid。因此，只有在把 Access 口或 Trunk 口配置成 Hybrid 时，才需要执行此命令。port hybrid tagged vlan { { *vlan-id*1 [to *vlan-id*2] } | all } 命令用来配置允许哪些 VLAN 的数据帧以 Tagged 方式通过该端口。port hybrid untagged vlan { { *vlan-id*1 [to *vlan-id*2] } | all } 命令用来配置允许哪些 VLAN 的数据帧以 Untagged 方式通过该端口。注意：缺省情况下，Hybrid 端口的缺省 VLAN 为 VLAN 1。Trunk-Link 端口 PVID 默认为 1。例如，

配置端口类型：port link-type hybrid。

配置 hybrid 端口允许通过的 VLAN 信息及 PVID：port hybrid pvid 1 vlan 10 to 20 tagged。

如果包的 VLAN ID 与 PVID 一致，则去掉 VLAN 信息，默认 PVID＝1。所以设置 PVID 为所属 VLAN ID，设置可以互通的 VLAN 为 Untagged。又例如，配置 Hybrid 端口如下：

```
[SWB-GigabitEthernet0/0/1]port link-type hybrid
[SWB-GigabitEthernet0/0/1]port hybrid tagged vlan 2 3 100
[SWB-GigabitEthernet0/0/2]port hybrid pvid vlan 100
[SWB-GigabitEthernet0/0/2]port hybrid untagged vlan 2 3 100
```

5. 其他 VLAN 配置命令

dot1q terminationvid 命令用来配置子接口 dot1q 封装的单层 VLAN ID。缺省情况下，

子接口没有配置 dot1q 封装的单层 VLAN ID。本命令执行成功后,终结子接口对报文的处理如下:接收报文时,剥掉报文中携带的 Tag 后进行三层转发。转发出去的报文是否带 Tag 由出接口决定。发送报文时,将相应的 VLAN 信息添加到报文中再发送。

arp broadcast enable 命令用来使能终结子接口的 ARP 广播功能。缺省情况下,终结子接口没有使能 ARP 广播功能。终结子接口不能转发广播报文,在收到广播报文后它们直接把该报文丢弃。为了允许终结子接口能转发广播报文,可以通过在子接口上执行此命令。

interface vlanifvlan-id 命令用来创建 VLANIF 接口并进入 VLANIF 接口视图。vlan-id 表示与 VLANIF 接口相关联的 VLAN 编号。VLANIF 接口的 IP 地址作为主机的网关 IP 地址,和主机的 IP 地址必须位于同一网段。

```
[RTA]interface GigabitEthernet0/0/1.1
[RTA-GigabitEthernet0/0/1.1]dot1q termination vid 2
[RTA-GigabitEthernet0/0/1.1]ip address 192.168.2.254 24
[RTA-GigabitEthernet0/0/1.1]arp broadcast enable
[RTA]interface GigabitEthernet0/0/1.2
[RTA-GigabitEthernet0/0/1.2]dot1q termination vid 3
[RTA-GigabitEthernet0/0/1.2]ip address 192.168.5.254 24
[RTA-GigabitEthernet0/0/1.2]arp broadcast enable
```

在三层交换机上配置 VLAN 路由时,首先创建 VLAN,并将端口加入 VLAN 中。例如,

```
[SWA]interface vlanif 2
[SWA-Vlanif2]ip address 192.168.2.254 24
[SWA-Vlanif2]quit
```

6. 验证 VLAN 配置结果

创建 VLAN 后,可以执行 display vlan 命令验证配置结果。如果不指定任何参数,则该命令将显示所有 VLAN 的简要信息,可以确认端口是否已经加入 VLAN 中。执行 display vlan [vlan-id [verbose]] 命令,可以查看指定 VLAN 的详细信息,包括 VLAN ID、类型、描述、VLAN 的状态、VLAN 中的端口以及 VLAN 中端口的模式等。执行 display vlan vlan-id statistics 命令,可以查看指定 VLAN 中的流量统计信息。执行 display vlan summary 命令,可以查看系统中所有 VLAN 的汇总信息。

例如,配置 VLAN 验证如下:

```
[SWA]display vlan
```

5.3 VLAN 部署应用案例

5.3.1 案例介绍

某园区有三栋楼,分别为行政楼、教学楼、办公楼;每栋楼各有 1 台交换机;行政楼内有办公室、财务部和教室;办公楼内有办公室、财务部;教学楼内有办公室和教室;VLAN 规划

如图 5-3-1 所示。

表 5-3-1 VLAN 规划表

VLAN ID	用途	使用网段	网关地址	VLAN 名称
10	办公室用户	192.168.10.0/24	192.168.10.1	banggong
20	财务部用户	192.168.20.0/24	192.168.20.1	caiwu
30	教室用户	192.168.30.0/24	192.168.30.1	jiaoshi
100	设备管理	172.16.100.0/24	172.16.100.1	shebei

在核心的 CENTER 上起 SVI 三层接口，和每栋楼的交换机用 Trunk 互联，并在 Trunk 口用 VLAN 修剪。注意：在作 VLAN 修剪时，不要遗忘 VLAN 1 和设备管理 VLAN。

5.3.2 案例拓扑图

拓扑图如图 5-3-1 所示。

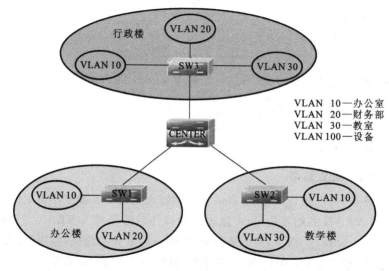

图 5-3-1 拓扑图

5.3.3 案例配置

1. CENTER 的配置

以下是 CENTER 交换机的主要配置结果。

……
```
hostname CENTER
vlan 1
vlan 10
 name banggong
vlan 20
 name caiwu
```

```
vlan 30
name jiaoshi
vlan 100
name shebei
……
interface fastEthernet0/1
switchport access vlan 10
interface fastEthernet0/8
switchport access vlan 10
interface fastEthernet0/9
switchport access vlan 20
……
interface fastEthernet0/16
switchport access vlan 20
interface fastEthernet0/17
switchport access vlan 30
……
interface fastEthernet0/23
switchport access vlan 30
interface fastEthernet0/24
description Link-to-SW3
switchport mode trunk
switchport trunk allowed vlan remove 2-9,11-19,21-29,31-99,101-4094
interface GigabitEthernet1/1
description Link-to-SW1
switchport mode trunk
switchport trunk allowed vlan remove 2-9,11-19,21-99,101-4094
interface GigabitEthernet2/1
description Link-to-SW2
switchport mode trunk
switchport trunk allowed vlan remove 2-9,11-29,31-99,101-4094
interface vlan 10
ip address 192.168.10.1 255.255.255.0
interface vlan 20
ip address 192.168.20.1 255.255.255.0
interface vlan 30
ip address 192.168.310.1 255.255.255.0
interface vlan 100
ip address 172.16.100.1 255.255.255.0
end
```

2. SW1 的配置

以下是 SW1 交换机的主要配置结果。

……

```
hostname SW1
vlan 1
vlan 10
name banggong
vlan 20
name caiwu
vlan 100
name shebei
……
interface fastEthernet0/1
switchport access vlan 10
……
interface fastEthernet0/12
switchport access vlan 10
interface fastEthernet0/13
switchport access vlan 20
……
interface fastEthernet0/24
switchport access vlan 20
interface gigabitEthernet1/1
description Link-to-CENTER
switchport mode trunk
switchport trunk allowed vlan remove 2-9,11-19,21-99,101-4094
interface vlan 100
no shutdown
ip address 172.16.100.11 255.255.255.0
ip default-gateway 172.16.100.1
end
```

3. SW2 的配置

以下是 SW2 交换机的主要配置结果。

```
……
hostname SW2
vlan 1
vlan 10
name banggong
vlan 30
name jiaoshi
vlan 100
name shebei
……
interface fastEthernet0/1
switchport access vlan 10
……
```

```
interface fastEthernet0/12
switchport access vlan 10
interface fastEthernet0/13
switchport access vlan 30
……
interface fastEthernet0/24
switchport access vlan 30
interface GigabitEthernet1/1
description Link-to-CENTER
switchport mode trunk
switchport trunk allowed vlan remove 2-9,11-29,31-99,101-4094
interface vlan 100
no shutdown
ip address 172.16.100.3 255.255.255.0
ip default-gateway 172.16.100.1
end
```

4. SW3 的配置

以下是 SW3 交换机的主要配置结果。

```
……
hostname SW3
vlan 1
vlan 10
name banggong
vlan 20
name caiwu
vlan 30
name jiaoshi
vlan 100
name shebei
……
interface fastEthernet0/1
switchport access vlan 10
……
interface fastEthernet0/8
switchport access vlan 10
interface fastEthernet0/9
switchport access vlan 20
……
interface fastEthernet0/17
switchport access vlan 20
interface fastEthernet0/18
switchport access vlan 30
……
```

```
interface fastEthernet0/23
switchport access vlan 30
interface fastEthernet0/24
description Link-to-CENTER
switchport mode trunk
switchport trunk allowed vlan remove 2-9,11-19,21-29,31-99,101-4094
interface vlan 100
no shutdown
ip address 172.16.100.4 255.255.255.0
ip default-gateway 172.16.100.1
end
```

5.4 访问控制列表

5.4.1 访问控制列表 ACL 简介

企业网络中的设备进行通信时,需要保障数据传输的安全可靠和网络的性能稳定。访问控制是网络安全防范和保护的主要策略,它的主要任务是保证网络资源不被非法使用和访问。它是保证网络安全最重要的核心策略之一。访问控制涉及的技术也比较广,包括入网访问控制、网络权限控制、目录级控制以及属性控制等多种手段。

访问控制列表(Access Control List,ACL)也称为访问列表(Access List),可以定义一系列不同的规则,设备根据这些规则对数据包进行分类,并针对不同类型的报文进行不同的处理,从而可以实现对网络访问行为的控制、限制网络流量、提高网络性能、防止网络攻击等。ACL 是由一系列规则组成的集合。设备可以通过这些规则对数据包进行分类,并对不同类型的报文进行不同的处理。创建访问列表时,定义的准则将应用于路由器上所有的分组报文,路由器通过判断分组是否与准则匹配来决定是否转发或阻断分组报文。设备可以依据 ACL 中定义的条件(如源 IP 地址)来匹配输入方向的数据,并对匹配了条件的数据执行相应的动作。ACL 最直接的功能就是包过滤。通过访问控制列表 ACL 可以在路由器、三层交换机上进行网络安全属性配置,可以实现对进入路由器、三层交换机的输入数据流进行过滤。访问控制列表(ACL)是应用在网络设备接口的指令列表。这些指令列表用来告诉网络设备哪些数据包可以接收、哪些数据包需要拒绝。至于数据包是被接收还是拒绝,可以由类似于源地址、目的地址、端口号等的特定指示条件来决定。ACL 主要的动作为允许(Permit)和拒绝(Deny);主要的应用方法是入栈(In)应用和出栈(Out)应用。

访问控制列表的主要作用有以下两个:

(1)限制路由更新。控制路由更新信息发往什么地方,同时希望在什么地方收到路由更新信息。

(2)限制网络访问。为了确保网络安全,通过定义规则限制用户访问一些服务(如只需要访问 WWW 和电子邮件服务,其他服务如 Telnet 则禁止),或只允许一些主机访问网络等。

5.4.2 ACL 的分类

根据不同的划分规则,ACL 可以有不同的分类。最常见的三种分类是标准 IP 访问控制列表(Standard IP ACL)、扩展 IP 访问控制列表(Extended IP ACL)和基于 MAC 地址的 ACL。每一条 ACL 必须指定唯一的名称或编号。

1. 标准 IP 访问控制列表

标准 IP 访问控制列表也称为基本访问控制列表,一个标准 IP 访问控制列表匹配 IP 包中的源地址或源地址中的一部分,可对匹配的包采取拒绝或允许两个操作。不同厂商对不同的标准访问控制列表的标号设置不同,标准 IP 访问控制列表的编号范围一般是从 1~99,1300~1999。标准 IP 访问控制列表可以对数据包的源 IP 地址进行检查。当应用了 ACL 的接口接收或发送数据包时,将根据接口配置的 ACL 规则对数据进行检查,并采取相应的措施,允许通过或拒绝通过,从而达到访问控制的目的,提高网络安全性。

2. 扩展 IP 访问控制列表

扩展 IP 访问控制列表也称为高级访问控制列表,它能比标准 IP 访问控制列表具有更多的匹配项,包括协议类型、源地址、目的地址、源端口、目的端口、TCP 标记值(SYN|ACK|FIN 等)和 IP 优先级等。不同厂商对不同的标准访问控制列表的标号设置不同,扩展 IP 访问控制列表的编号范围一般是从 100~199、2000~2699,3000~3999。高级 ACL 可以定义比基本 ACL 更准确、更丰富、更灵活的规则

3. 基于 MAC 地址的 ACL

基于 MAC 地址的 ACL 能够根据以太网帧头中的源 MAC 地址、目的 MAC 地址、类型字段等信息定义数据流,从而达到控制二层数据帧的目的。一般编号范围是 4000~4999。

5.4.3 锐捷访问控制列表配置

1. 标准 ACL 配置

例如,只允许端口下的用户访问特定的服务器网段。

步骤一:定义 ACL。

```
S5750# conf t                                            //进入全局配置模式
S5750(config)# ip access-list standard 1                 //定义标准 ACL
S5750(config-std-nacl)# permit 192.168.1.0 0.0.0.255     //允许访问服务器资源
S5750(config-std-nacl)# deny any                         //拒绝访问其他任何资源
S5750(config-std-nacl)# exit                             //退出标准 ACL 配置模式
```

步骤二:将 ACL 应用到接口上。

```
S5750(config)# interface GigabitEthernet0/1              //进入所需应用的端口
S5750(config-if)# ip access-group 1 in                   //将标准 ACL 应用到端口 in 方向
```

注释:实际配置时需注意,在交换机每个 ACL 末尾都隐含着一条"拒绝所有数据流"的语句。

2. 扩展 ACL 配置

例如，禁止用户访问单个网页服务器。

(1) 定义 ACL。

```
S5750# conf t                                          //进入全局配置模式
S5750(config)# ip access-list extended 100             //创建扩展 ACL
S5750(config-ext-nacl)# deny tcp any host 192.168.1.254 eq www
                                                       //禁止访问 Web 服务器
S5750(config-ext-nacl)# deny tcp any any eq 135        //预防冲击波病毒
S5750(config-ext-nacl)# deny tcp any any eq 445        //预防震荡波病毒
S5750(config-ext-nacl)# permit ip any any              //允许访问其他任何资源
S5750(config-ext-nacl)# exit                           //退出 ACL 配置模式
```

(2) 将 ACL 应用到接口上。

```
S5750(config)# interface GigabitEthernet0/1            //进入所需应用的端口
S5750(config-if)# ip access-group 100 in               //将扩展 ACL 应用到端口下
```

3. VLAN 之间的 ACL 配置

例如，禁止 VLAN 间互相访问。

(1) 创建 VLAN 10、VLAN 20、VLAN 30。

```
S5750# conf                                            //进入全局配置模式
S5750(config)# vlan 10                                 //创建 VLAN 10
S5750(config-vlan)# exit                               //退出 VLAN 配置模式
S5750(config)# vlan 20                                 //创建 VLAN 20
S5750(config-vlan)# exit                               //退出 VLAN 配置模式
S5750(config)# vlan 30                                 //创建 VLAN 30
S5750(config-vlan)# exit                               //退出 VLAN 配置模式
```

(2) 将端口加入各自 VLAN。

```
S5750(config)# interface range gigabitEthernet0/1-5
                                                       //进入 GigabitEthernet0/1-5 号端口
S5750(config-if-range)# switchport access vlan 10
                                                       //将端口划分进 VLAN 10
S5750(config-if-range)# exit                           //退出端口配置模式
S5750(config)# interface range gigabitEthernet0/6-10
                                                       //进入 GigabitEthernet0/6-10 号端口
S5750(config-if-range)# switchport access vlan 20
                                                       //将端口划分进 VLAN 20
S5750(config-if-range)# exit                           //退出端口配置模式
S5750(config)# interface range gigabitEthernet0/11-15
                                                       //进入 GigabitEthernet0/11-15 号端口
S5750(config-if-range)# switchport access vlan 30
                                                       //将端口划分进 VLAN 30
```

```
S5750(config-if-range)# exit                    //退出端口配置模式
```

(3) 配置 VLAN 10、VLAN 20、VLAN 30 的网关 IP 地址。

```
S5750(config)# interface vlan 10                            //创建 VLAN 10 的 SVI 接口
S5750(config-if)# ip address 192.168.10.1 255.255.255.0    //配置 VLAN 10 的网关
S5750(config-if)# exit                                      //退出端口配置模式
S5750(config)# interface vlan 20                            //创建 VLAN 20 的 SVI 接口
S5750(config-if)# ip address 192.168.20.1 255.255.255.0    //配置 VLAN 20 的网关
S5750(config-if)# exit                                      //退出端口配置模式
S5750(config)# interface vlan 30                            //创建 VLAN 30 的 SVI 接口
S5750(config-if)# ip address 192.168.30.1 255.255.255.0    //配置 VLAN 30 的网关
S5750(config-if)# exit                                      //退出端口配置模式
```

(4) 创建 ACL,使 VLAN 20 能访问 VLAN 10,而 VLAN 30 不能访问 VLAN 10。

```
S5750(config)# ip access-list extended deny30    //定义扩展 ACL
S5750(config-ext-nacl)# deny ip 192.168.30.0 0.0.0.255 192.168.10.0 0.0.0.255
                                                  //拒绝 VLAN 30 的用户访问 VLAN 10 资源
S5750(config-ext-nacl)# permit ip any any        //允许 VLAN 30 的用户访问其他任何资源
S5750(config-ext-nacl)# exit                     //退出扩展 ACL 配置模式
```

(5) 将 ACL 应用到 VLAN 30 的 SVI 口 in 方向。

```
S5750(config)# interface vlan 30                 //创建 VLAN 30 的 SVI 接口
S5750(config-if)# ip access-group deny30 in      //将扩展 ACL 应用到 VLAN 30 的 SVI 接口下
```

4. 单向 ACL 的配置。

例如,实现主机 A 可以访问主机 B 的 FTP 资源,但主机 B 无法访问主机 A 的 FTP 资源。

(1) 定义 ACL。

```
S5750# conf t                                              //进入全局配置模式
S5750(config)# ip access-list extended 100                 //定义扩展 ACL
S5750(config-ext-nacl)# deny tcp any host 192.168.1.254 match-all syn
                                                            //禁止主动向 A 主机发起 TCP 连接
S5750(config-ext-nacl)# permit ip any any                  //允许访问其他任何资源
S5750(config-ext-nacl)# exit                               //退出扩展 ACL 配置模式
```

(2) 将 ACL 应用到接口上。

```
S5750(config)# interface GigabitEthernet0/1    //进入连接 B 主机的端口
S5750(config-if)# ip access-group 100 in       //将扩展 ACL 应用到端口下
S5750(config-if)# end                          //退回特权模式
S5750# wr                                      //保存
```

注释:单向 ACL 只能对应于 TCP 协议,使用 ping 命令无法对该功能进行检测。

5. 删除访问控制列表

```
S5750(config)# no access-list 102
S5750(config-if)# no ip access-group 101 in
```

5.4.4 华为访问控制列表配置

一个 ACL 可以由多条"deny | permit"语句组成,每一条语句描述了一条规则。设备收到数据流量后,会逐条匹配 ACL 规则,看其是否匹配。如果不匹配,则匹配下一条。一旦找到一条匹配的规则,则执行规则中定义的动作,并不再继续与后续规则进行匹配。如果找不到匹配的规则,则设备不对报文进行任何处理。需要注意的是,ACL 中定义的这些规则可能存在重复或矛盾的地方。规则的匹配顺序决定了规则的优先级,ACL 通过设置规则的优先级来处理规则之间重复或矛盾的情形。

1. 基本访问控制列表的配置

基本访问控制列表只使用源地址描述数据,表明是否进行下一步操作。命令 acl [number] 用于创建一个访问控制列表并进入 ACL 视图。

rule [*rule-id*] { deny | permit } source { *source-address source-wildcard* | any } 命令用来增加或修改 ACL 的规则。deny 用来指定拒绝符合条件的数据包,permit 用来指定允许符合条件的数据包,source 用来指定 ACL 规则匹配报文的源地址信息,any 表示任意源地址。

rule-id:定义一个数字型的 ACL,其中序号范围 2000~2999 的 ACL 是基本的访问控制列表,序号范围 3000~3999 的 ACL 是高级访问控制列表。例如,

```
router(config)# access-list 4 permit 10.8.1.1
router(config)# access-list 4 deny 10.8.1.0 0.0.0.255
router(config)# access-list 4 permit 10.8.0.0 0.0.255.255
router(config)# access-list 4 deny 10.0.0.0 0.255.255.255
router(config)# access-list 4 permit any
router(config)# int f0/1
router(config-if)# ip access-group 4 in
```

2. 基于 MAC 地址访问控制列表

基于 MAC 地址的 ACL 能够根据以太网帧头中的源 MAC 地址、目的 MAC 地址、类型字段等信息定义数据流,从而达到控制二层数据帧的目的。

创建 MAC ACL,并进入 ACL 视图。

```
rule [ rule-id ] { permit | deny }
{type {type-code | type-name} | cos lcos-code |cos-name}}
[source-mac source-address source-mac-wildcard ]
[dest-mac destination-address destination-mac-wildcard ]
```

3. 高级 ACL 配置

基本 ACL 可以依据源 IP 地址进行报文过滤,而高级 ACL 能够依据源/目的 IP 地址、

源/目的端口号、网络层及传输层协议以及 IP 流量分类和 TCP 标记值等各种参数(SYN|ACK|FIN 等)进行报文过滤。创建高级 ACL,并进入 ACL 视图。

rule[rule-id] { deny | permit } protocol [destination { destination-address destination-wildcard | any | address-set address-set-name } | destination-port{ operator port1 [port2] | port-set port-set-name } | precedence precedence | source { source-address source-wildcard | any | address-set address-set-name } | source-port{ operator port1 [port2] | port-set port-set-name } | time-range time-name | tos tos | icmp-type icmp-type icmp-code | logging]

例如,

rule permit tcp source address-set guest destination any destination-port service-set Internet
rule deny tcp source 129.9.0.0 0.0.255.255 destination 202.38.160.0 0.0.0.255 destination-port equal www

又例如,RTA 交换机上定义了高级 ACL3000,其中第一条规则"rule deny tcp source 192.168.1.0 0.0.0.255 destination 172.16.10.1 0.0.0.0 destination-port equal 21"用于限制源地址范围是 192.168.1.0/24,目的 IP 地址为 172.16.10.1,目的端口号为 21 的所有 TCP 报文;第二条规则"rule deny tcp source 192.168.2.0 0.0.0.255 destination 172.16.10.2 0.0.0.0"用于限制源地址范围是 192.168.2.0/24,目的地址是 172.16.10.2 的所有 TCP 报文;第三条规则"rule permit ip"用于匹配所有 IP 报文,并对报文执行允许动作。配置命令如下:

[RTA]acl 3000
[RTA-acl-adv-3000]rule deny tcp source 192.168.1.0 0.0.0.255 destination 172.16.10.1 0.0.0.0 destination-port equal 21
[RTA-acl-adv-3000]rule deny tcp source 192.168.2.0 0.0.0.255 destination 172.16.10.2 0.0.0.0
[RTA-acl-adv-3000]rule permit ip

4. 基于时间段访问控制列表

time-range work-policy1 08:00 to 18:00 working-day
time-range work-policy2 from 08:00 2009/01/01 to 18:00 2009/12/31
rule deny tcp source 129.9.0.0 0.0.255.255 destination 202.38.160.0 0.0.0.255 destination-port equal www
rule permit ip source 192.168.11.0 0.0.0.255 time-range work-policy1
rule permit ip source 192.168.12.0 0.0.0.255 time-range work-policy2

5. 配置验证

执行 display acl <acl-number>命令可以验证配置的高级 ACL。例如,

display acl 3000

6. 删除访问控制列表

undo acl { [number] acl-number | all }

undo acl 命令用于删除访问控制列表。

5.5 交换机高级实验

实验 5-1 使用单台锐捷交换机进行 VLAN 划分

【实验目的】

通过本次实验,让读者对交换机的配置方法有一个初步的认识,并熟悉交换机配置的各种常用命令。理解 VLAN 基本配置;掌握一般交换机按端口划分 VLAN 的配置方法;能对 VLAN 配置是否正确进行测试。

【实验拓扑图】

按照图 5-5-1 所示的网络模型图,进行 VLAN 的配置。

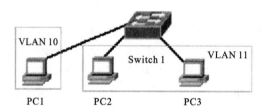

图 5-5-1　使用单台锐捷交换机进行 VLAN 划分

【实验背景】

网络拓扑如图 5-5-1 所示,PC1、PC2 和 PC3 分别连接在交换机的端口 port1(f0/1)、port2(f0/2)和 port3(f0/3)上,把 port1 划分为静态 VLAN 10,port2 和 port3 划分为静态 VLAN 11。PC1:172.16.1.2,PC2:172.16.1.3,PC3:172.16.1.4,子网掩码:255.255.255.0。PC1~PC3 的 IP 地址和子网掩码分配如表 5-5-1 所示。

表 5-5-1　IP 地址和子网掩码分配

设　　备	IP	掩　　码
PC1	172.16.1.2	255.255.255.0
PC2	172.16.1.3	255.255.255.0
PC3	172.16.1.4	255.255.255.0
PC 的默认网关	172.16.1.1	

【实验设备】

交换机 1 台、双绞线若干。

【实验步骤】

配置思路:这是一个简单的配置,只需设置 VLAN 号并把端口加入相应的 VLAN 即可。

验证方法:一可查看 VLAN 信息,二可在 PC1、PC2 和 PC3 上互 ping,属于同一 VLAN 的 PC 能够 ping 通,不同的则不能。

配置与验证过程如下：

(1) 配置端口静态 VLAN。

```
Switch> en
Switch# conf t
Switch(config)# vlan 10
Switch(config-vlan)# exit
Switch(config)# vlan 11
Switch(config-vlan)# exit
Switch(config)# interface f 0/1
Switch(config-if)# switchport access vlan 10
Switch(config-if)# exit
Switch(config)# interface range f0/2-3
Switch(config-if-range)# switchport access vlan 11
Switch(config-if-range)# end
```

(2) 配置计算机 IP 参数。

PC1 上的配置：172.16.1.2 255.255.255.0。

PC2 上的配置：172.16.1.3 255.255.255.0。

PC3 上的配置：172.16.1.4 255.255.255.0。

(3) 查看 VLAN 验证配置。

命令：Switch#show vlan

在特权模式下使用"show vlan vlan 号"显示一个特定的 VLAN 信息,查看交换机上全部 VLAN,如图 5-5-2 所示。

```
Switch#show vlan
VLAN Name                             Status    Ports
---- -------------------------------- --------- -------------------------------
1    default                          active    Fa0/4, Fa0/5, Fa0/6, Fa0/7
                                                Fa0/8, Fa0/9, Fa0/10, Fa0/11
                                                Fa0/12, Fa0/13, Fa0/14, Fa0/15
                                                Fa0/16, Fa0/17, Fa0/18, Fa0/19
                                                Fa0/20, Fa0/21, Fa0/22, Fa0/23
                                                Fa0/24
10   VLAN0010                         active    Fa0/1
11   VLAN0011                         active    Fa0/2, Fa0/3
1002 fddi-default                     act/unsup
1003 token-ring-default               act/unsup
1004 fddinet-default                  act/unsup
1005 trnet-default                    act/unsup

VLAN Type  SAID       MTU   Parent RingNo BridgeNo Stp  BrdgMode Trans1 Trans2
---- ----- ---------- ----- ------ ------ -------- ---- -------- ------ ------
1    enet  100001     1500  -      -      -        -    -        0      0
10   enet  100010     1500  -      -      -        -    -        0      0
11   enet  100011     1500  -      -      -        -    -        0      0
1002 fddi  101002     1500  -      -      -        -    -        0      0
1003 tr    101003     1500  -      -      -        -    -        0      0
1004 fdnet 101004     1500  -      -      -        ieee -        0      0
1005 trnet 101005     1500  -      -      -        ibm  -        0      0
```

图 5-5-2　VLAN 配置显示

(4) 实验的验证方式是用 ping 命令验证配置,在计算机上互 ping。

尝试主机 PC1、PC2、PC3 之间互相 ping，结果应是只有 PC2 到 PC3 能 ping 通，其他 PC 之间则不能 ping 通。

① 在 PC3 上 ping PC1 的 IP 地址。

② 在 PC3 上 ping PC2 的 IP 地址。

【实验分析与结论】

（1）给出 PC3 ping 到 PC1、PC2 的屏幕截图。

（2）给出显示交换机的 VLAN 信息的屏幕截图。

实验 5-2 跨锐捷交换机的 VLAN 划分

【实验目的】

通过本次实验，读者能够实现在多个交换机之间进行 VLAN 配置。

【实验内容】

在两台交换机组成的网络中划分 VLAN，配置 VLAN Trunk 协议。网络拓扑如图 5-5-3 所示，把交换机 C2950A 的 10 号端口和 C2950B 的 9 号端口划分为 VLAN 2，把 C2950A 的 11 号端口和 C2950B 的 10 号端口划分为 VLAN 3。现在要求把 PC1 和 PC4 划分成一个 VLAN 2，PC3 和 PC4 划分成另一个 VLAN 3。

【实验拓扑图】

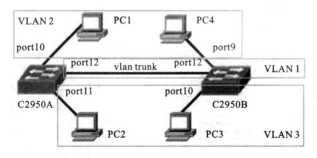

图 5-5-3 跨交换机的 VLAN 划分

【实验步骤】

1. 配置 C2950A、C29509B 上的 Access 端口

（1）C2950A 上的配置：划分 VLAN 2 和 VLAN 3，把 f0/10 和 f0/11 分别加入。

```
Switch1(config)# int f0/10
Switch1(config-if)# switch mode access
Switch1(config-if)# switch access vlan 2
Switch1(config-if)# end
Switch1# conf t
Switch1(config)# int f0/11
Switch1(config-if)# switch mode access
Switch1(config-if)# switch access vlan 3
Switch1(config-if)# end
Switch1# conf t
```

(2) C2950B 上的配置：划分 VLAN 2 和 VLAN 3，把 f0/9 和 f0/10 分别加入。

```
Switch2(config-if)# switch mode access
Switch2(config-if)# switch access vlan 2
Switch2(config-if)# int f0/10
Switch2(config-if)# switch mode access
Switch2(config-if)# switch access vlan 3
Switch2(config-if)# exit
```

2. 配置 VLAN Trunk

(1) C2950A 上的配置：设置端口 f0/12 为 Trunk 端口。

```
Switch1(config)#   interface fa0/12
Switch1(config-if)# switch mode trunk
Switch1(config-if)# end
```

(2) C2950B 上的配置：设置端口 f0/12 为 Trunk 端口。

```
Switch2(config)#   interface fa0/12
Switch2(config-if)# switch mode trunk
Switch2(config-if)# end
```

3. 设置 PC1～PC4 的 IP 参数，地址为 172.16.1.2～172.16.1.5

在 PC1、PC2、PC3、PC4 上，设置 IP 地址、子网掩码和默认网关。当设置完之后，可使用 ping 命令进行相互测试，看能否连通，此时应可以相互连通，即 4 个 PC 之间都是连通的。

```
PC0
    IP： 172.16.1.2
    Submask: 255.255.255.0
    Gateway:172.16.1.1
PC1
    IP： 172.16.1.3
    Submask: 255.255.255.0
    Gateway: 172.16.1.1
PC2
    IP： 192.168.1.4
    Submask: 255.255.255.0
    Gateway: 172.16.1.1
PC3
    IP： 172.16.1.5
    Submask：255.255.255.0
    Gateway: 172.16.1.1
```

4. 验证配置

(1) 查看 C2950A 上的 VLAN 配置，如图 5-5-4 所示。

命令：show vlan

```
VLAN Name                             Status    Ports
---- -------------------------------- --------- -------------------------------
1    default                          active    Fa0/1, Fa0/2, Fa0/3, Fa0/4
                                                Fa0/5, Fa0/6, Fa0/7, Fa0/8
                                                Fa0/9, Fa0/12
2    vlan3                            active    Gi0/-2
3    vlan3                            active    Gi0/-1
1002 fddi-default                     active
1003 token-ring-default               active
1004 fddinet-default                  active
1005 trnet-default                    active

VLAN Type  SAID       MTU   Parent RingNo BridgeNo Stp  BrdgMode Trans1 Trans2
---- ----- ---------- ----- ------ ------ -------- ---- -------- ------ ------
1    enet  100001     1500  -      -      -        -    -        0      0
2    enet  100002     1500  -      -      -        -    -        0      0
3    enet  100003     1500  -      -      -        -    -        0      0
1002 fddi  101002     1500  -      -      -        -    -        0      0
1003 tr    101003     1500  -      -      -        -    -        0      0
1004 fdnet 101004     1500  -      -      -        ieee -        0      0
1005 trnet 101005     1500  -      -      -        ibm  -        0      0
```

图 5-5-4 C2950A 上的 VLAN 配置

（2）查看 C2590B 上的 VLAN 配置，如图 5-5-5 所示。

命令：show vlan

```
VLAN Name                             Status    Ports
---- -------------------------------- --------- -------------------------------
1    default                          active    Fa0/1, Fa0/2, Fa0/3, Fa0/4
                                                Fa0/5, Fa0/6, Fa0/7, Fa0/8
                                                Fa0/11, Fa0/12
2    vlan2                            active    Gi0/-3
3    vlan3                            active    Gi0/-2
1002 fddi-default                     active
1003 token-ring-default               active
1004 fddinet-default                  active
1005 trnet-default                    active

VLAN Type  SAID       MTU   Parent RingNo BridgeNo Stp  BrdgMode Trans1 Trans2
---- ----- ---------- ----- ------ ------ -------- ---- -------- ------ ------
1    enet  100001     1500  -      -      -        -    -        0      0
2    enet  100002     1500  -      -      -        -    -        0      0
3    enet  100003     1500  -      -      -        -    -        0      0
1002 fddi  101002     1500  -      -      -        -    -        0      0
1003 tr    101003     1500  -      -      -        -    -        0      0
1004 fdnet 101004     1500  -      -      -        ieee -        0      0
1005 trnet 101005     1500  -      -      -        ibm  -        0      0
```

图 5-5-5 C2950B 上的 VLAN 配置

（3）在 PC1 上 Ping 其他 PC。

测试 PC1 与 PC2、PC1 与 PC3、PC1 与 PC4、PC3 与 PC4、PC2 与 PC3 之间的连通性。

例如，测试 PC1 与 PC2 的连通性可在 PC1 上使用如下命令：ping 172.16.1.2。

【实验分析与结论】

同一 VLAN 的能够 ping 通，不同 VLAN 的不能 ping 通。

实验 5-3　华为交换机 VLAN 配置

【实验目的】

掌握 VLAN 的创建方法；掌握 Access 和 Trunk 类型接口的配置方法；掌握 Hybird 接口的配置。

【实验内容】

目前，公司网络内的所有主机都处在同一个广播域，网络中充斥着大量的广播流量。作为网络管理员，您需要将网络划分成多个 VLAN 来控制广播流量的泛滥。本实验中，需要在交换机 S1 和 S2 上进行 VLAN 配置。

【实验拓扑图】

VLAN 配置实验拓扑图如图 5-5-6 所示。

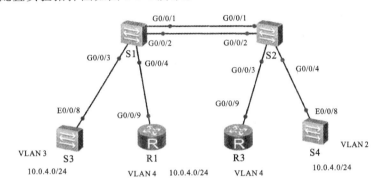

图 5-5-6　VLAN 配置实验拓扑图

【实验步骤】

采用如下的思路配置 VLAN：

（1）创建 VLAN 并将连接用户的接口加入 VLAN，实现不同业务用户之间的二层流量隔离。

（2）配置 SwitchA 和 SwitchB 之间的链路类型及通过的 VLAN，实现相同业务用户通过 SwitchA 和 SwitchB 通信。

具体实验步骤如下。

（1）实验环境准备。

在 S1 和 S2 上创建 Eth-Trunk 1 并配置该 Eth-Trunk 为静态 LACP 模式。静态 LACP 模式是一种利用 LACP 协议进行聚合参数协商、确定活动接口和非活动接口的链路聚合方式。该模式下，需手工创建 Eth-Trunk，手工加入 Eth-Trunk 成员接口，由 LACP 协议协商确定活动接口和非活动接口。然后将 G0/0/9 和 G0/0/10 接口加入 Eth-Trunk 1。

```
< Quidway> system-view
[Quidway]sysname S1
[S1]interface Eth-trunk 1
[S1-Eth-Trunk1]mode lacp-static
[S1-Eth-Trunk1]quit
```

```
[S1]interface ethernet0/0/1
[S1-Ethernet0/0/1]eth-trunk 1
[s1-Ethernet0/0/1]interface ethernet0/0/2
[s1-Ethernet0/0/2]eth-trunk 1
```

登录第二台交换机。

```
< Quidway> system-view
[Quidway]sysname S2
[S2]interface eth-trunk 1
[S2-Eth-Trunk1]mode lacp-static
[S2-Eth-Trunk1]trunkport ethernet0/0/3
[S2-Eth-Trunk1]trunkport ethernet0/0/4
```

（2）关闭不相关接口，并配置 Trunk。

为了确保测试结果的准确性，需要关闭 S3 上的 E0/0/1 和 E0/0/23 端口以及 S4 上的 E0/0/14 端口。然后登录第三台交换机。

登录第三台交换机

```
< Quidway> system-view
Enter system view, return user view with Ctrl+Z.
[Quidway]sysname S3
[S3]interface ethernet0/0/1
[S3-Ethernet0/0/1]shutdown
[S3-Ethernet0/0/1]quit
[S3]interface ethernet0/0/23
[S3-Ethernet0/0/23]shutdown
```

登录第四台交换机

```
< Quidway> system-view
Enter system view, return user view with Ctrl+z.
[Quidway]sysname S4
[S4]interface ethernet0/0/14
[S4-Ethernet0/0/14]shutdown
```

交换机端口的类型默认为 Hybrid 端口。将 Eth-Trunk 1 的端口类型配置为 Trunk，并允许所有 VLAN 的报文通过该端口。

```
[S1]interface Eth-Trunk 1
[S1-Eth-Trunk1]port link-type trunk
[S1-Eth-Trunk1]port trunk allow-pass vlan all
```

登录第二台交换机。

```
[S2]interface Eth-Trunk 1
[S2-Eth-Trunk1]port link-type trunk
[S2-Eth-Trunk1]port trunk allow-pass vlan all
```

(3) 创建 VLAN。

本实验中将 S3、R1、R3 和 S4 设备作为客户端主机。在 S1 和 S2 上分别创建 VLAN，并使用两种不同方式将端口加入已创建 VLAN 中。将所有连接客户端的端口类型配置为 Access。在 S1 上，将端口 G0/0/13 和 G0/0/8 分别加入 VLAN 3 和 VLAN 4。在 S2 上，将端口 G0/0/3 和 G0/0/4 分别加入 VLAN 4 和 VLAN 2。

```
[S1]interface GigabitEthernet0/0/3
[S1-GigabitEthernet0/0/3]port link-type access
[S1-GigabitEthernet0/0/3]quit
[S1]interface Ethernet0/0/4
[S1-GigabitEthernet0/0/4]port link-type access
[S1-GigabitEthernet0/0/4]quit
[S1]vlan 2
[S1-vlan2]vlan 3
[S1-vlan3]port GigabitEthernet0/0/3
[S1-vlan3]vlan 4
[S1-vlan4]port GigabitEthernet0/0/4
```

登录第二台交换机。

```
[S2]vlan batch 2 to 4
[S2]interface ethernet0/0/10
[S2-Ethernet0/0/10]port link-type access
[S2-Ethernet0/0/10]port default vlan 4
[S2-Ethernet0/0/10]quit
[S2]interface ethernet0/0/24
[S2-Ethernet0/0/4] port link-type access
[S2-Ethernet0/0/4]port default vlan 2
```

确认 S1 和 S2 上已成功创建 VLAN，已将相应端口划分到对应的 VLAN 中。接口已经加入各个对应 VLAN 中，并且 Eth-Trunk 1 端口允许所有 VLAN 的报文通过。查看 VLAN 配置（见图 5-5-7）使用命令：display vlan。

(4) 为客户端配置 IP 地址。

分别为主机 R1、S3、R3 和 S4 配置 IP 地址。由于无法直接为交换机的物理接口分配 IP 地址，因此需要给 S3 和 S4 的管理 VLAN 配置一个本地接口 VLANIF 1 作为用户接口，并给 VLANIF 1 接口配置一个 IP 地址。登录路由器 R1，直接配置接口的 IP 地址如下：

登录路由器 1。

```
< Huawei> system-view
[Huawei]sysname R1
[R1]interface GigabitEthernet0/0/8
[R1-GigabitEthernet0/0/8]ip address 10.0.4.1 24
```

登录二层交换机 3。

```
[S3]interface vlanif 1
```

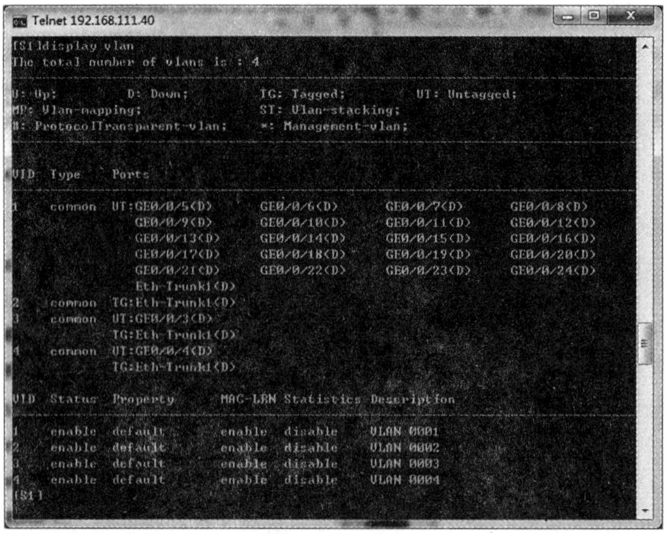

图 5-5-7　VLAN 配置

  [S3-vlanif1]ip address 10.0.4.2 24

登录路由器 2。

  < Huawei> system-view
  [Huawei]sysname R3
  [R3]interface GigabitEthernet0/0/9
  [R3-GigabitEthernet0/0/9]ip address 10.0.4.3 24

登录二层交换机 4。

  [S4]interface vlanif 1
  [S4-vlanif1]ip address 10.0.4.4 24

（5）检测设备连通性，验证 VLAN 配置结果。

执行 ping 命令，同属 VLAN 4 中的 R1 和 R3 能够相互通信，其他不同 VLAN 间的设备无法通信。

  [R1]ping 10.0.4.3
  [R1]ping 10.0.4.4

同样，还可以检测 R1 和 S3 以及 R3 和 S4 之间的连通性，此处不再赘述。

（6）配置 Hybrid 端口。

配置端口的类型为 Hybrid，可以实现端口为来自不同 VLAN 报文打上标签或去除标签的功能。本任务中，需要通过配置 Hybrid 端口来允许 VLAN 2 和 VLAN 4 之间可以互相通信。将 S1 上的 G0/0/1 端口和 S2 上的 G0/0/3、G0/0/24 端口的类型配置为 Hybrid。同时，配置这些端口收送数据帧时能够删除 VLAN 2 和 VLAN 4 的标签。

  [S1]interface GigabitEthernet0/0/1
  [S1-GigabitEthernet0/0/3]undo port default vlan

```
[S1-GigabitEthernet0/0/3]port link-type hybrid
[S1-GigabitEthernet0/0/3]port hybrid untagged vlan 2 4
[S1-GigabitEthernet0/0/3]port hybrid pvid vlan 4
[S2]interface GigabitEthernet0/0/3
[S2-GigabitEthernet0/0/3]undo port default vlan
[S2-GigabitEthernet0/0/3]port link-type hybrid
[S2-GigabitEthernet0/0/3]port hybrid untagged vlan 2 4
[S2-GigabitEthernet0/0/3]port hybrid pvid vlan 4
[S2-GigabitEthernet0/0/3]quit
[S2]interface GigabitEthernet0/0/24
[S2-GigabitEthernet0/0/4]undo port default vlan
[S2-GigabitEthernet0/0/4]port link-type hybrid
[S2-GigabitEthernet0/0/4]port hybrid untagged vlan 2 4
[S2-GigabitEthernet0/0/4]port hybrid pvid vlan 2
```

执行 port hybrid pvid vlan 命令,可以配置端口收到数据帧时需要给数据帧添加的 VLAN 标签。同时 port hybrid untagged vlan 命令可以配置该端口在向主机转收数据帧之前,删除相应的 VLAN 标签。执行 ping 命令,测试 VLAN 3 中的 R1 与 R3 是否还能通信。

```
< R1> ping 10.0.4.3
```

执行 ping 命令,测试 VLAN 2 中的 S4 能否与 VLAN 4 中的 R1 通信。

```
< R1> ping 10.0.4.4
```

通过配置 Hybrid 端口,使 VLAN 2 内的主机能够接收来自 VLAN 4 的报文,反之亦然。而没有配置 Hybrid 端口的 VLAN 3 中地址为 10.0.4.2 的主机仍无法与其他 VLAN 主机通信。

实验 5-4　锐捷交换机扩展访问控制列表配置

【实验目的】

理解扩展 IP 访问控制列表的原理及功能;掌握在交换机上编号的扩展 IP 访问列表规则、配置和调试,实现网段间互相访问的安全控制。

【背景描述】

你是学校的网络管理员,在 S3550-24 交换机上连接着学校提供的 WWW 和 FTP 服务器,另外还连接着学生宿舍楼和教工宿舍楼,学校规定学生只能对服务器进行 FTP 访问,不能进行 WWW 访问,教工则没有此限制。

【实验拓扑图】

实验扑扑图如图 5-5-8 所示。

【实验设备】

三层交换机 1 台、计算机 3 台。

【实验步骤】

第一步:基本拓扑连接。

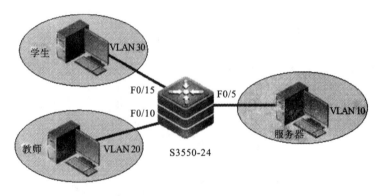

图 5-5-8 实验拓扑图 1

第二步:基本配置。
第三步:配置编号的扩展 IP 访问控制列表。
第四步:验证测试。
根据组网图,创建 3 个 VLAN,对应加入各个端口,配置各 VLAN 虚接口地址。
(1) 基本配置。

```
Switch(config)# vlan 10
Switch(config-vlan)# name server
Switch(config-vlan)# exit
Switch(config)# vlan 20
Switch(config-vlan)# name teacher
Switch(config-vlan)# exit
Switch(config)# vlan 30
Switch(config-vlan)# name student
Switch(config-vlan)# exit
Switch(config)# interface fastEthernet0/5
Switch(config-if)# switchport access vlan 10
Switch(config-if)# exit
Switch(config)# interface fastEthernet0/10
Switch(config-if)# switchport access vlan 20
Switch(config-if)# exit
Switch(config)# interface fastEthernet0/15
Switch(config-if)# switchport access vlan 30
Switch(config-if)# exit
Switch(config)# interface vlan 10
Switch(config-if)# ip address 192.168.10.1 255.255.255.0
Switch(config-if)# no shutdown
Switch(config-if)# exit
Switch(config)# interface vlan 20
Switch(config-if)# ip address 192.168.20.1 255.255.255.0
Switch(config-if)# no shutdown
Switch(config-if)# exit
```

```
Switch(config)# interface vlan 30
Switch(config-if)# ip address 192.168.30.1 255.255.255.0
Switch(config-if)# no shutdown
Switch(config-if)# exit
```

(2) 配置命名扩展 IP 访问控制列表。

```
Switch(config)# ip access-list extended denystudentwww   //定义、命名扩展访问列表
Switch(config-ext-nacl)#  access-list 101 deny tcp 192.168.10.0 0.0.0.255 any eq www   //禁止 www 服务
Switch(config-ext-nacl)#  access-list 101 permit ip any any   //允许其他服务
```

验证命令

```
Switch# show  access-lists101
10    deny tcp 192.168.30.0 0.0.0.255  192.168.10.0 0.0.0.255 eq www
20    permit ip any  any
```

(3) 把访问控制列表在接口下应用。

```
Switch(config)# interface fa0/15
Switch(config-if)# ip access-group101 in
```

(4) 配置 Web 服务器。

(5) 验证测试。

分别在学生网段和教师宿舍网段使用一台主机,访问 Web 服务器。测试发现学生网段不能访问网页,教学宿舍可以访问网页。

参考配置:

```
Switch# show running-config
hostname Switch
interface FastEthernet0/5
switchport access vlan 10
interface FastEthernet0/10
switchport access vlan 20
interface FastEthernet0/15
switchport access vlan 30
ip access-group 101 in
interface Vlan 1
interface Vlan 10
ip address 192.168.10.1 255.255.255.0
interface Vlan 20
ip address 192.168.20.1 255.255.255.0
interface Vlan 30
ip address 192.168.30.1 255.255.255.0
end
```

【注意事项】

(1) 访问控制列表要应用在接口下。

(2) 要注意 deny 某个网段后要 permit 其他网段。

实验 5-5　锐捷交换机使用 MAC ACL 进行访问控制

【实验目的】

了解使用基于 MAC 的 ACL 实现高级的访问控制,掌握基于 MAC 的 ACL 原理及配置。

【背景描述】

某公司的一个简单的局域网中,通过使用一台交换机提供主机及服务器的接入,并且所有主机和服务器均属于同一个 VLAN(VLAN 2)中。网络中有 3 台主机和 1 台财务服务器(Accounting Server)。现在需要实现访问控制,只允许财务部主机(172.16.1.1)访问财务服务器。

【需求分析】

基于 MAC 的 ACL 可以根据配置的规则对网络中的数据进行过滤。当应用了 MAC ACL 的接口接收或发送报文时,根据接口配置的 ACL 规则对数据进行检查,并采取相应的措施,允许通过或拒绝通过,从而达到访问控制的目的,提高网络安全性。

【实验拓扑图】

实验拓扑图如图 5-5-9 所示。

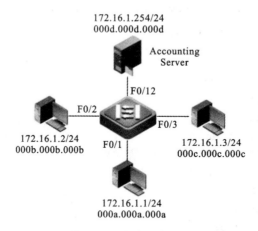

图 5-5-9　实验拓扑图 2

【实验设备】

交换机 1 台、计算机 4 台。

【实验步骤】

(1) 交换机基本配置。

```
Switch# configure terminal
Switch(config)# vlan 2
Switch(config-vlan)# exit
```

```
Switch(config)# interface range fastEthernet0/1-3
Switch(config-if-range)# switchport access vlan 2
Switch(config-if-range)# exit
Switch(config)# interface fastEthernet0/12
Switch(config-if)# switchport access vlan 2
Switch(config-if)# exit
```

(2) 配置 MAC ACL。

由于本例中使用的交换机不支持出方向(out)的 MAC ACL,因此需要将 MAC ACL 配置在接入主机的端口的入方向(in)。由于只允许财务部主机访问财务服务器,所以需要在接入其他主机的接口的入方向禁止其访问财务服务器。

```
Switch(config)# mac access-list extended deny_to_accsrv
Switch(config-mac-nacl)# deny any host 000d.000d.000d
```

拒绝到达财务服务器的所有流量。

```
Switch(config-mac-nacl)# permit any any
```

允许到达财务服务器的其他流量。

```
Switch(config-mac-nacl)# exit
```

(3) 应用 ACL。

将 MAC ACL 应用到 F0/2 接口和 F0/3 接口的入方向,以限制非财务部主机访问财务服务器。

```
Switch(config)# interface fastEthernet0/2
Switch(config-if)# mac access-group deny_to_accsrv in
Switch(config-if)# exit
Switch(config)# interface fastEthernet0/3
Switch(config-if)# mac access-group deny_to_accsrv in
Switch(config-if)# end
```

(4) 验证测试。

在财务部主机上 ping 财务服务器,可以 ping 通,但是在其他两台非财务部主机上 ping 财务服务器,无法 ping 通,说明其他两台主机到达财务服务器的流量被 MAC ACL 拒绝。

【注意事项】

在一些交换机中,只支持入方向(in)的 MAC ACL,所以在配置和应用 MAC ACL 时需要考虑 ACL 规则的配置方式,以及应用 MAC ACL 的接口。

实验 5-6　华为交换机 VLAN 间通过 VLANIF 接口通信

【组网需求】

企业的不同部门拥有相同的业务,如上网、VoIP 等业务,且各个部门中的用户位于不同的网段。目前存在不同的部门中相同的业务所属的 VLAN 不相同,现需要实现不同 VLAN 中的用户相互通信。

如图 5-5-10 所示，部门 1 和部门 2 中拥有相同的业务，但是属于不同的 VLAN 且位于不同的网段。现需要实现部门 1 与部门 2 的用户互通。

【实验拓扑图】

图 5-5-10 是配置 VLAN 间通过 VLANIF 接口通信的拓扑图。

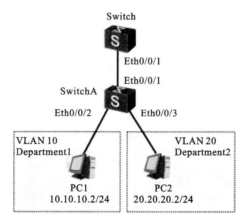

图 5-5-10　实验拓扑图

【配置思路】

采用如下的思路配置 VLAN 间通过 VLANIF 接口通信：

(1) 在交换机上创建 VLAN，确定用户所属的 VLAN。

(2) 在交换机上配置允许用户所属的 VLAN 通过当前二层端口。

(3) 在三层交换机上创建 VLANIF 接口并配置 IP 地址，实现三层互通。

为了实现 VLAN 间互通，VLAN 内主机的缺省网关必须是对应 VLANIF 接口的 IP 地址。

【数据准备】

为完成此配置，需准备如下的数据：

(1) 在 Switch 上配置接口 Eth0/0/1 加入 VLAN 10 和 VLAN 20。

(2) 在 Switch 上配置 VLANIF 10 的 IP 地址为 10.10.10.2/24。

(3) 在 Switch 上配置 VLANIF 20 的 IP 地址为 20.20.20.2/24。

(4) 在 SwitchA 上配置接口 Eth0/0/1 加入 VLAN 10 和 VLAN 20。

(5) 在 SwitchA 上配置接口 Eth0/0/2 加入 VLAN 10。

(6) 在 SwitchA 上配置接口 Eth0/0/3 加入 VLAN 20。

【实验步骤】

(1) 配置 Switch。

创建 VLAN

```
< Quidway> system-view
[Quidway]vlan batch 10 20
```

配置接口加入 VLAN

```
[Quidway]interface ethernet0/0/1
```

```
[Quidway-Ethernet0/0/1]port link-type trunk
[Quidway-Ethernet0/0/1]port trunk allow-pass vlan 10 20
[Quidway-Ethernet0/0/1]quit
```

♯ 配置 VLANIF 接口的 IP 地址

```
[Quidway]interface vlanif 10
[Quidway-Vlanif10]ip address 10.10.10.2 24
[Quidway-Vlanif10]quit
[Quidway]interface vlanif 20
[Quidway-Vlanif20]ip address 20.20.20.2 24
[Quidway-Vlanif20]quit
```

(2) 配置 SwitchA。

♯ 创建 VLAN

```
< Quidway> system-view
[Quidway]vlan batch 10 20
```

♯ 配置接口加入 VLAN

```
[Quidway]interface ethernet0/0/1
[Quidway-Ethernet0/0/1]port link-type trunk
[Quidway-Ethernet0/0/1]port trunk allow-pass vlan 10 20
[Quidway-Ethernet0/0/1]quit
[Quidway]interface ethernet0/0/2
[Quidway-Ethernet0/0/2]port link-type access
[Quidway-Ethernet0/0/2]port default vlan 10
[Quidway-Ethernet0/0/2]quit
[Quidway]interface ethernet0/0/3
[Quidway-Ethernet0/0/3]port link-type access
[Quidway-Ethernet0/0/3]port default vlan 20
[Quidway-Ethernet0/0/3]quit
```

(3) 检查配置结果。

在 VLAN 10 中的 PC1 上配置缺省网关为 VLANIF 10 接口的 IP 地址 10.10.10.2/24。在 VLAN 20 中的 PC2 上配置缺省网关为 VLANIF 20 接口的 IP 地址 20.20.20.2/24。配置完成后,VLAN 10 中的 PC1 与 VLAN 20 中的 PC2 能够相互访问。

第 6 章 路由器技术

本章学习目标：了解路由器的基本构造以及命令使用，掌握路由器的基本工作原理，熟悉路由器基本配置。本章重点介绍了各种路由协议的概念、应用场合、协议的优缺点、设计要点以及在网络中的常见案例、配置。需要识别静态路由的应用场景和配置，掌握 RIP 路由协议配置技巧，掌握 OSPF 的工作原理及配置，掌握网络地址转换 NAT 的配置。

6.1 路由器简介

所谓"路由"，是指把数据从一个地方传送到另一个地方的行为和动作。而路由器，正是执行这种行为动作的机器，它的英文名称为 Router，是一种连接多个网络或网段的网络设备，它能将不同网络或网段之间的数据信息进行"翻译"，以使它们能够相互"读懂"对方的数据，从而构成一个更大的网络。

路由器具有创建路由、执行命令以及在网络接口上使用路由协议对数据包进行路由等功能。路由器还具有判断网络地址和选择路径的功能，它能在多网络互联环境中建立灵活的连接，可用完全不同的数据分组和介质访问方法连接各种子网，路由器只接收源端或其他路由器的信息。路由器可将多个不同的逻辑网（即子网）相互连接从而形成一个互联网络，网桥或传统交换机互联起来的网络则是一个单个的逻辑网。所谓逻辑网络是代表一个单独的网络或者一个子网。当数据从一个子网传输到另一个子网时，可通过路由器来完成。它不关心各子网使用的硬件设备，但要求运行与网络层协议一致的软件。它的硬件主要包括接口、CPU 和存储器，软件主要是网络互联操作系统 IOS。路由器属于网络层设备，能够根据 IP 包头的信息，选择一条最佳路径，将数据包转发出去，实现不同网段的主机之间的互相访问。路由器是根据路由表进行选路和转发的，而路由表里就是由一条条路由信息组成。

6.1.1 路由器功能

简单地讲，路由器主要有以下几种功能。

（1）网络互联。路由器支持各种局域网和广域网接口，主要用于互联局域网和广域网，实现不同网络互相通信。

（2）数据处理。提供包括分组过滤、分组转发、优先级、复用、加密、压缩和防火墙等功能。

（3）网络管理。路由器提供包括配置管理、性能管理、容错管理和流量控制等功能。

事实上，路由器除了上述的路由选择这一主要功能外，还具有网络流量控制功能。有的路由器仅支持单一协议，但大部分路由器可以支持多种协议的传输，即多协议路由器。由于每一种协议都有自己的规则，要在一个路由器中完成多种协议的算法，势必会降低路由器的性能。因此，支持多协议的路由器性能相对较低。用户购买路由器时，需要根据自己的实际情况，选择自己需要的网络协议的路由器。

近年来出现了交换路由器产品,从本质上来说它不是什么新技术,而是为了提高通信能力,把交换机的功能组合到路由器中,使数据传输能力更快、更好。

6.1.2　路由表

路由器的主要工作就是为经过路由器的每个数据帧寻找一条最佳传输路径,并将该数据有效地传送到目的站点。由此可见,选择最佳路径的策略即路由算法是路由器的关键所在。为了完成这项工作,在路由器中保存着各种传输路径的相关数据——路由表(Routing Table),供路由选择时使用。路由表中保存着子网的标志信息、网上路由器的个数和下一个路由器的名字等内容。路由表中列出整个互联网络中包含的各个节点,以及节点间的路径情况和与它们相联系的传输费用。如果到特定的节点有一条以上路径,则基于预先确定的准则选择最优(最经济)的路径。由于各种网络段和其相互连接情况可能发生变化,因此路由信息需要及时更新,这由所使用的路由信息协议规定的定时更新或者按变化情况更新来完成。网络中的每个路由器按照这一规则动态地更新它所保持的路由表,以便保持有效的路由信息。路由表可以由系统管理员固定设置好,也可以由系统动态修改(可以由路由器自动调整,也可以由主机控制)。

路由器中涉及两个有关地址的名字概念,即静态路由表和动态路由表。由系统管理员事先设置好固定的路由表称为静态(Static)路由表,一般是在系统安装时就根据网络的配置情况预先设定的,它不会随未来网络结构的改变而改变。动态(Dynamic)路由表是路由器根据网络系统的运行情况而自动调整的路由表。路由器根据路由选择协议(Routing Protocol)提供的功能,自动学习和记忆网络运行情况,在需要时自动计算数据传输的最佳路径。

6.1.3　路由器的分类

从能力上分,路由器可分为高端路由器和中低端路由器。从结构上分,路由器可分为模块化结构和非模块化结构。从功能上分,路由器可分为通用路由器和专用路由器。从性能上分,路由器可分为线速路由器和非线速路由器。

从网络位置划分,路由器可分为核心路由器和接入路由器。接入路由器主要用于家庭或者节点位置集中的小型企业网络,一般直接连接主机,功能简单,仅能实现某些基本的功能。核心路由器一般用于网络中,主要是实现多个网络互联,实现路由功能、访问控制、服务质量等。骨干级路由器一般用于广域网的互联,包括异构网络的互联,强大的路由功能,能够采用关键技术进行优化,高可靠性、高速率。

在广域网范围内的路由器按其转发报文的性能可以分为两种类型,即中间节点路由器和边界路由器。尽管在不断改进的各种路由协议中,对这两类路由器所使用的名称可能有很大的差别,但所发挥的作用却是一样的。中间节点路由器在网络传输时,提供报文的存储和转发。同时根据当前的路由表所保持的路由信息情况,选择最好的路径传送报文。由多个互联的LAN组成的公司或企业网络一侧和外界广域网相连接的路由器,就是这个企业网络的边界路由器。它从外部广域网收集向本企业网络寻址的信息,转发到企业网络中有关的网络段;同时集中企业网络中各个LAN段向外部广域网发送的报文,对相关的报文确定最好的传输路径。

6.2 路由协议简介

目前 TCP/IP 网络,全部是通过路由器互联起来的,Internet 就是成千上万个 IP 子网通过路由器互联起来的国际性网络。这种网络称为以路由器为基础的网络(Router Based Network),形成以路由器为节点的"网间网"。在"网间网"中,路由器不仅负责对 IP 分组的转发,还要负责与别的路由器进行联络,共同确定"网间网"的路由选择和维护路由表。路由动作包括两项基本内容:寻径和转发。寻径即判定到达目的地的最佳路径,由路由选择算法来实现。由于涉及不同的路由选择协议和路由选择算法,要相对复杂一些。

为了判定最佳路径,路由选择算法必须启动并维护包含路由信息的路由表,其中路由信息依赖于所用的路由选择算法不同而不尽相同。路由选择算法将收集到的不同信息填入路由表中,根据路由表可将目的网络与下一站(Nexthop)的关系告诉路由器。路由器间互通信息进行路由更新,更新维护路由表使之正确反映网络的拓扑变化,并由路由器根据量度来决定最佳路径。这就是路由选择协议(Routing Protocol),如路由信息协议(RIP)、开放式最短路径优先协议(OSPF)和边界网关协议(BGP)等。

转发即沿寻径好的最佳路径传送信息分组。路由器首先在路由表中查找,判明是否知道如何将分组发送到下一个站点(路由器或主机),如果路由器不知道如何发送分组,通常将该分组丢弃;否则就根据路由表的相应表项将分组发送到下一个站点,如果目的网络直接与路由器相连,路由器就把分组直接送到相应的端口上。这就是路由转发协议(Routed Protocol)。

路由转发协议和路由选择协议是相互配合又相互独立的概念,前者使用后者维护的路由表,同时后者要利用前者提供的功能来发布路由协议数据分组。下文中提到的路由协议,除非特别说明,都是指路由选择协议,这也是普遍的习惯。

典型的路由选择方式有两种:静态路由和动态路由。动态路由是网络中的路由器之间相互通信,传递路由信息,利用收到的路由信息更新路由器表的过程。它能实时地适应网络结构的变化。如果路由更新信息表明发生了网络变化,路由选择软件就会重新计算路由,并发出新的路由更新信息。这些信息通过各个网络,引起各路由器重新启动其路由算法,并更新各自的路由表以动态地反映网络拓扑变化。

6.2.1 静态路由

1. 静态路由简介

生成路由表主要有两种方法:手工配置和动态配置,即静态路由协议配置和动态路由协议配置。静态路由是指由网络管理员手工配置的路由信息。

静态路由是在路由器中设置的固定的路由信息。除非网络管理员干预,否则静态路由不会发生变化。由于静态路由不能对网络的改变作出反应,一般用于网络规模不大、拓扑结构固定的网络中。另外,静态路由还可以实现负载均衡和路由备份。通过配置静态路由,用户可以人为地指定对某一网络访问时所要经过的路径,在网络结构比较简单,且一般到达某一网络所经过的路径唯一的情况下采用静态路由是一种比较好的网络解决方案。

静态路由配置简单,并且无需像动态路由那样占用路由器的 CPU 资源来计算和分析路由更新,被广泛应用于网络中。静态路由除了具有简单、高效、可靠的优点外,它的另一个好处是网络保密性高。静态路由一般适用于结构简单的网络。在复杂网络环境中,一般会使用动态路由协议来生成动态路由。不过,即使是在复杂网络环境中,合理地配置一些静态路由也可以改进网络的性能。

路由器转发 IP 分组时,只根据 IP 分组目的 IP 地址的网络号部分,选择合适的端口,把 IP 分组送出去。与主机一样,路由器也要判定端口所接的是否是目的子网,如果是,就直接把分组通过端口送到网络上,否则,也要选择下一个路由器来传送分组。如果没有找到这样的路由器,主机就把 IP 分组送给一个称为"缺省网关(Default Gateway)"的路由器上。"缺省网关"是每台主机上的一个配置参数,它是接在同一个网络上的某个路由器端口的 IP 地址。缺省网关也叫缺省路由,用来传送不知道往哪儿送的 IP 分组。这样,通过路由器把知道如何传送的 IP 分组正确转发出去,不知道的 IP 分组送给"缺省网关"路由器,这样一级级地传送,IP 分组最终将送到目的地,送不到目的地的 IP 分组则被网络丢弃。缺省路由可以看作是静态路由的一种特殊情况,当在查找路由表时,没有找到和目标相匹配的路由表项时,为数据指定路由。

静态路由存在以下的问题:

(1) 静态路由不能容错,如果路由器或链接故障,静态路由器不能感知故障并将故障通知到其他路由器。小型办公室(在 LAN 链接基础上的两个路由器和三个网络)不会经常宕机,也不用因此而配置多路径拓扑和路由协议。

(2) 存在管理开销问题,当网络拓扑发生变化时,静态路由不会自动适应拓扑改变,而是需要管理员手动进行调整。如果添加新路由器,则必须针对网络的路由对其进行正确配置。

2. 静态路由 OSPF 设计方面的考虑

1) 静态路由应用场合

(1) 使用单个网络、单路径的分支机构;

(2) 使用在 2~10 个小型网络。

2) 静态路由设计方面的考虑

在实施静态路由之前应考虑默认路由和路由循环问题。建议不要使用彼此指向对方的默认路由来配置两个邻接的路由器。默认路由会将不直接相连的网络上的所有通信都传递到已配置的路由器。具有彼此指向对方的默认路由的两个路由器对于不能到达目的地的通信可能产生路由循环。

6.2.2 RIP

路由信息协议 RIP(Routing Information Protocol)是一种基于距离矢量(Distance-Vector)算法的协议,使用跳数作为度量来衡量到达目的网络的距离,路由器根据距离选择路由,它通过 UDP 报文进行路由信息的交换,使用的端口号为 520。RIP 是一种比较简单的内部网关协议。最初的 RIP 协议开发时间较早,所以在带宽、配置和管理方面要求也较低。

RIP 使用跳数(Hop Count)来衡量到达目的地址的距离,称为度量值。在 RIP 中,缺省情况下,设备到与它直接相连网络的跳数为 0,每经过一个设备可达的网络的跳数加 1,其余依此类推。也就是说,度量值等于从本网络到达目的网络间的设备数量。为限制收敛时间,RIP 规定度量值取 0~15 的整数,大于或等于 16 的跳数被定义为无穷大,即目的网络或主机不可达。由于这个限制,使得 RIP 不可能在大型网络中得到应用。为提高性能,防止产生路由环路,RIP 支持水平分割(Split Horizon)和毒性逆转(Poison Reverse)等功能。

RIP 是一种较为简单的内部网关协议 IGP(Interior Gateway Protocol),RIP 是基于 D-V 算法的内部动态路由协议。它是第一个为所有主要厂商支持的标准 IP 选路协议,目前已成为路由器、主机路由信息传递的标准之一。由于 RIP 的实现较为简单,在配置和维护管理方面也远比 OSPF 和 IS-IS 容易,因此在实际组网中仍有广泛的应用。

RIP 应用场合:

(1) 使用在 10~50 个小型到中型网络;

(2) 带有多个网络的大型分支机构;

(3) 适应于大多数的校园网和使用速率变化不大的连续的地区性网络。主要应用于规模较小的网络中,如校园网以及结构较简单的地区性网络。

RIP 存在以下问题:

(1) 路由收敛问题。网络上的路由器在一条路径不能用时必须经历决定替代路径的过程,这个过程称为收敛(Convergence)。RIP 协议花费大量的时间用于收敛是个主要的问题。

(2) 次佳路径问题。当选择路径时,RIP 忽略了连接速度问题。例如,如果一条由所有快速以太网连接组成的路径比包含一个 10 Mb/s 以太网连接的路径远一个跳数,具有较慢以太网连接的路径将被选定作为最佳路径。

(3) 网络直径问题。路由协议还应该能防止数据包进入循环,或落入路由选择循环,这是由于多余连接影响网络的问题。RIP 协议假定如果从网络的一个终端到另一个终端的路由跳数超过 15 个,那么一定牵涉到了循环。因此当一个路径达到 16 跳,将被认为是达不到的。显然,这限制了 RIP 协议只能在网络上的使用。而且 RIP 每隔 30 s 一次的路由信息广播也是造成网络的广播风暴的重要原因之一。

1. 距离矢量路由协议的工作原理

RIP 使用了基于距离矢量的贝尔曼-福特算法(Bellman-Ford)来计算到达目的网络的最佳路径。路由器收集所有可到达目的地的不同路径,并且保存有关到达每个目的地的最少站点数的路径信息,除到达目的地的最佳路径外,任何其他信息均予以丢弃。同时路由器也把所收集的路由信息用 RIP 协议通知相邻的其他路由器。这样,正确的路由信息逐渐扩散到了全网。路由器启动时,路由表中只会包含直连路由。运行 RIP 之后,路由器会发送 Request 报文,用来请求邻居路由器的 RIP 路由。运行 RIP 的邻居路由器收到该 Request 报文后,会根据自己的路由表,生成 Response 报文进行回复。路由器在收到 Response 报文后,会将相应的路由添加到自己的路由表中。RIP 网络稳定以后,每个路由器会周期性地向邻居路由器通告自己的整张路由表中的路由信息,默认周期为 30 s。邻居路由器根据收到的路由信息刷新自己的路由表。

路由器从某一邻居路由器收到路由更新报文时,将根据以下原则更新本路由器的 RIP 路由表:

(1) 对于本路由表中已有的路由项,当该路由项的下一跳是该邻居路由器时,不论度量值将增大或是减少,都更新该路由项(度量值相同时只将其老化定时器清零。路由表中的每一路由项都对应一个老化定时器,当路由项在 180 s 内没有任何更新时,定时器超时,该路由项的度量值变为不可达)。

(2) 当该路由项的下一跳不是该邻居路由器时,如果度量值减少,则更新该路由项。

(3) 对于本路由表中不存在的路由项,如果度量值小于 16,则在路由表中增加该路由项。某路由项的度量值变为不可达后,该路由会在 Response 报文中发布四次(120 s),然后从路由表中清除。

RIP 的基本思想如下:

(1) 每个路由器维护一张表,表中给出了到每个目的地的已知最佳距离和线路,并通过与相邻路由器交换距离信息来更新表;

(2) 以子网中其他路由器为表的索引,表项包括两部分,即到达目的节点的最佳输出线路和到达目的节点所需时间或距离;

(3) 每隔一段时间,路由器向所有邻居节点发送它到每个目的节点的距离表,同时它也接收每个邻居节点发来的距离表;

(4) 邻居节点 X 发来的表中,X 到路由器 i 的距离为 X_i,本路由器到 X 的距离为 m,则路由器经过 X 到 i 的距离为 X_i+m。根据不同邻居发来的信息,计算 X_i+m,并取最小值,更新本路由器的路由表。

RIP 包括 RIPv1 和 RIPv2 两个版本。

2. RIPv1

RIPv1 作为距离矢量路由协议,具有与 D-V 算法有关的所有限制。例如,慢收敛、易于产生路由环路、广播更新占用带宽过多等。RIPv1 作为一个有类别路由协议,更新消息中不携带子网掩码,这意味着它在主网边界上自动聚合。RIPv1 不支持 VLSM 和 CIDR,也不支持认证功能。总之,简单性是 RIPv1 广泛使用的原因之一,但简单性带来的一些问题,也是 RIP 故障处理中必须关注的。

RIPv1 的最大跳数为 15;管理距离为 120。RIPv1 以广播形式发送路由信息,更新周期为 30 s,目的 IP 地址为广播地址 255.255.255.255。一个 RIP 路由更新消息中最多可包含 25 条路由表项,每个路由表项都携带了目的网络的地址和度量值。整个 RIP 报文大小不超过 504 B。如果整个路由表的更新消息超过该大小,需要发送多个 RIPv1 报文。

3. RIPv2

RIP 在不断地发展完善过程中,又出现了第 2 个版本:RIPv2。与 RIPv1 最大的不同是,RIPv2 为无类别路由协议,其更新消息中携带子网掩码,支持路由聚合 CIDR 和多播。它支持手工路由汇总,支持 VLSM。

RIPv2 有两种发送方式:广播方式和组播方式,缺省是组播方式。RIPv2 的组播地址为 224.0.0.9。组播发送报文的好处是在同一网络中那些没有运行 RIP 的网段可以避免接收 RIP 的广播报文;另外,组播发送报文还可以使运行 RIPv1 的网段避免错误地接收和处理 RIPv2 中带有子网掩码的路由。

早期的 RIPv2 只支持简单明文认证,安全性低,因为明文认证密码串可以很轻易地截获。随着对 RIP 安全性的需求越来越高,RIPv2 引入了加密认证功能,开始是通过支持 MD5 认证(RFC 2082)来实现,后来通过支持 HMAC-SHA-1 认证(RFC 2082)进一步增强了安全性。

目前这两个版本都在广泛应用,两者之间的差别导致的问题在 RIP 故障处理时需要特别注意。

4. RIP 设计方面的考虑

在实施 RIP 之前考虑下列设计问题。

(1) 设计的网络直径减小到 14 个路由器以下。

(2) RIP 网络的最大直径为 15 个路由器。

(3) 如果使用自定义开销来表示链接速度、延迟或可靠性因素,请确保网络上任意两个终点之间的累计开销(跳点数)不要超过 15。

(4) 为获得最大灵活性,应在 RIP 网络上使用 RIPv2。如果在网络上存在不支持 RIPv2 的路由器,可以使用 RIPv1 和 RIPv2 的混合环境。但是,RIPv1 不支持无类别域内路由选择(CIDR)或可变长的子网掩码(VLSM)实现。如果网络的一部分支持 CIDR 和 VLSM,而另外部分不支持,那么有可能会出现路由问题。

(5) 如果使用 RIPv2 的简单密码身份验证,则必须将同一网络上的所有 RIP v2 接口配置为相同的密码(区分大小写)。可以在所有网络上使用相同的密码,或者对每个网络使用不同的密码。

6.2.3 OSPF

1. OSPF 简介

RIP 是一种基于距离矢量算法的路由协议,存在着收敛慢、易产生路由环路、可扩展性差等问题,目前已逐渐被 OSPF 取代。最初的 OSPF 规范体现在 RFC 113 文档中,这个第 1 版(OSPFv1)很快被进行了重大改进的版本所代替,新版本体现在 RFC 1247 文档中,称为 OSPFv2,版本 2 在稳定性和功能性方面做出了很大的改进。现在 IPv4 网络中所使用的都是 OSPFv2,而 OSPFv3 主要适用于 IPv6。

OSPF 是 Open Shortest Path First(开放最短路由优先协议)的缩写,是 IETF 组织开发的一个基于链路状态的自治系统内部路由协议。OSPF 是一种基于链路状态的路由协议,它从设计上就保证了无路由环路。链路状态算法路由协议互相通告的是链路状态信息,每台路由器都将自己的链路状态信息(包含接口的 IP 地址和子网掩码、网络类型、该链路的开销等)发送给其他路由器,并在网络中泛洪,当每台路由器收集到网络内所有链路状态信息后,就能了解整个网络的拓扑情况,然后根据整个网络的拓扑情况运行 SPF 算法,得出到所有网段的最短路径。

OSPF 报文封装在 IP 报文内,可以采用单播或组播的形式发送。OSPF 协议支持 IP 子网和外部路由信息的标记引入;它支持基于接口的报文验证以保证路由计算的安全性。

OSPF 通过链路状态广播(Link State Advertisement,LSA)的形式发布路由;OSPF 需

要每个路由器向其同一管理域的所有其他路由器发送链路状态广播信息。在 OSPF 的链路状态广播中包括所有接口信息、所有的量度和其他一些变量。利用 OSPF 的路由器首先必须收集有关的链路状态信息,并根据一定的算法计算出到每个节点的最短路径。而基于距离向量的路由协议仅向其邻接路由器发送有关路由更新信息。OSPF 的收敛过程由链路状态广播 LSA(Link State Advertisement)泛洪开始,LSA 中包含了路由器已知的接口 IP 地址、掩码、开销和网络类型等信息。收到 LSA 的路由器都可以根据 LSA 提供的信息建立自己的链路状态数据库 LSDB(Link State Database),并在 LSDB 的基础上使用 SPF 算法进行运算,建立起到达每个网络的最短路径树。最后,通过最短路径树得出到达目的网络的最优路由,并将其加入 IP 路由表中。区域内部的路由器使用 SPF 最短路径算法保证区域内部无环路。OSPF 根据链路状态数据库,各路由器构建一棵以自己为根的最短路径树,这棵树给出了到自治系统中各节点的路由。外部路由信息出现在叶节点上,外部路由还可由广播它的路由器进行标记以记录关于自治系统的额外信息。

每个支持 OSPF 协议的路由器都维护着一份描述整个自治系统拓扑结构的数据库,这一数据库是收集所有路由器的链路状态广播而得到的。每一台路由器总是将描述本地状态的信息(如可用接口信息、可达邻居信息等)广播到整个自治系统中去。在各类可以多址访问的网络中,如果存在两台或两台以上的路由器,该网络上要选举出"指定路由器"(DR)和"备份指定路由器"(BDR)。"指定路由器"负责将网络的链路状态广播出去。引入这一概念,有助于减少在多址访问网络上各路由器之间邻接关系的数量。

OSPF 支持触发更新,能够快速检测并通告自治系统内的拓扑变化。OSPF 可以提供认证功能。OSPF 路由器之间的报文可以配置成必须经过认证才能进行交换。

OSPF 支持将一组网段组合在一起,这样的一个组合称为一个区域。OSPF 协议允许自治系统的网络被划分成区域来管理,区域间传送的路由信息被进一步抽象,从而减少了占用网络的带宽。相应地,即有两种类型的路由选择方式:当源和目的地在同一区时,采用区内路由选择;当源和目的地在不同区时,采用区间路由选择,利用区域间的连接规则保证了区域之间无路由环路。这就大大减少了网络开销,并增加了网络的稳定性。当一个区内的路由器出了故障时并不影响自治域内其他区路由器的正常工作,这也给网络的管理、维护带来方便。

在 OSPF 单区域中,每台路由器都需要收集其他所有路由器的链路状态信息,如果网络规模不断扩大,链路状态信息也会随之不断增多,这将使得单台路由器上链路状态数据库非常庞大,导致路由器负担加重,也不便于维护管理。为了解决上述问题,OSPF 协议可以将整个自治系统划分为不同的区域(Area),就像一个国家的国土面积很大时,会把整个国家划分为不同的省份来管理一样。

区域是从逻辑上将路由器划分为不同的组,每个组用区域号(Area ID)来标识。一个网段(链路)只能属于一个区域,或者说每个运行 OSPF 的接口必须指明属于哪一个区域。OSPF 的区域由 BackBone(骨干区域)进行连接,Area 0 为骨干区域,骨干区域负责在非骨干区域之间发布区域间的路由信息。OSPF 必须有骨干区域,且只能有一个,其他区域为非骨干区。为了防止区域间产生环路,所有非骨干区域之间的路由信息必须经过骨干区域,也就是非骨干区域必须和骨干区域相连,且非骨干区域之间不能直接进行路由信息交互。所有的区域都必须在逻辑上连续,为此,骨干区域上特别引入了虚连接的概念以保证即使在物理上分割的区域仍然在逻辑上具有连通性。

一台路由器的不同接口可以属于不同的区域,但是同一网段(链路)必须属于同一区域。每个区域都维护一个独立的 LSDB。划分 OSPF 区域可以缩小路由器的 LSDB 规模,减少网络流量。区域内的详细拓扑信息不向其他区域发送,区域间传递的是抽象的路由信息,而不是详细的描述拓扑结构的链路状态信息。路由器会为每一个自己所连接到的区域维护一个单独的 LSDB。由于详细链路状态信息不会被发布到区域以外,因此 LSDB 的规模大大缩小了。

OSPF 有 4 类路由,即区域内路由、区域间路由、第一类外部路由和第二类外部路由。区域内和区域间路由描述的是自治系统内部的网络结构,链路状态信息只在区域内部泛洪,区域之间传递的只是路由条目,而非链路状态信息,因此大大减小了路由器的负担。运行在区域之间的路由器称为区域边界路由器 ABR(Area Boundary Router),它包含所有相连区域的 LSDB。自治系统边界路由器 ASBR(Autonomous System Boundary Router)是指和其他 AS 中的路由器交换路由信息的路由器,这种路由器会向整个 AS 通告 AS 外部路由信息。它负责传递区域间路由信息。区域间的路由信息传递类似距离矢量算法,而外部路由则描述了应该如何选择到自治系统以外目的地的路由。一般来说,第一类外部路由对应于 OSPF 从其他内部路由协议所引入的信息,这些路由的花费和 OSPF 自身路由的花费具有可比性;第二类外部路由对应于 OSPF 从外部路由协议所引入的信息,它们的花费远大于 OSPF 自身的路由花费,因而在计算时,将只考虑外部的花费。

OSPF 协议具有以下特点:OSPF 收敛速度快,能够在最短的时间内将路由变化传递到整个自治系统。OSPF 将协议自身的开销控制到最小。通过严格划分路由的级别(共分四极),提供更可信的路由选择。OSPF 支持基于接口的明文及 MD5 验证。OSPF 适应各种规模的网络,最多可达数千台。OSPF 具有路由无环、扩展性好等优点,可以解决网络扩容带来的问题。当网络上路由器越来越多,路由信息流量急剧增长的时候,OSPF 可以将每个自治系统划分为多个区域,并限制每个区域的范围。OSPF 这种分区域的特点,使得 OSPF 特别适用于大中型网络。OSPF 还可以与其他协议(比如多协议标记切换协议 MPLS)同时运行来支持地理覆盖很广的网络。

应用 OSPF 路由环境最适合较大型到特大型(50 个网络以上)、多路径、动态 IP 网络,如大型企业网络或校园网络。

OSPF 的缺点如下:

(1) 配置相对复杂。由于网络区域划分和网络属性的复杂性,需要网络分析员有较高的网络知识水平才能配置和管理 OSPF 网络。

(2) 路由负载均衡能力较弱。OSPF 虽然能根据接口的速率、连接可靠性等信息,自动生成接口路由优先级,但通往同一目的的不同优先级路由,OSPF 只选择优先级较高的转发,不同优先级的路由,不能实现负载分担。只有相同优先级的,才能达到负载均衡的目的,不像 EIGRP 那样可以根据优先级不同,自动匹配流量。

2. OSPF 设计方面的考虑

OSPF 设计有三个级别:自治系统设计、区域设计和网络设计。为帮助进行配置并防止出现问题,应为每个 OSPF 设计级别考虑下列因素。

在设计 OSPF 自治系统时,建议遵循下列原则:

(1) 将 OSPF 自治系统细分区域;
(2) 如果可能,将 IP 地址空间细分为网络、区域、子网、主机层次;
(3) 使主干区域成为单个高带宽网络;
(4) 只要可能就创建末梢区域;
(5) 只要可能就避免虚拟链接。

设计每个 OSPF 区域时,建议遵循下列原则:

(1) 如果某区域可总结为单个路由,则将该区域的 ID 作为公布的单个路由;
(2) 确保相同区域的多个区域边界路由器(ABR)汇总相同路由;
(3) 确保各区域之间没有后门,且所有区域间通信都通过主干区域;
(4) 将区域维护在 100 个网络下。

6.2.4 各种路由协议比较与选择

当选择路由协议时,从以下几点出发:

(1) 网络的大小和复杂性。
(2) 支持可变长掩码(VLSM),RIPv2、OSPF 和静态路由支持可变长掩码。
(3) 网络延迟特性。
(4) 路由表项的优先问题。

在一个路由器中,可同时配置静态路由和一种或多种动态路由。它们各自维护的路由表都提供给转发程序,但这些路由表的表项间可能会发生冲突。这种冲突可通过配置各路由表的优先级来解决。通常静态路由具有默认的最高优先级,当其他路由表表项与它矛盾时,均按静态路由转发。

(5) 不同厂商的设备互联。

在不同的应用场合,根据选择协议的原则,考虑使用不同的路由协议。表 6-2-1 所示的是 OSPF、RIPv1、RIPv2 路由协议比较。

表 6-2-1 OSPF、RIPv1、RIPv2 路由协议比较

路由协议	RIPv1	RIPv2	OSPF
距离矢量	√	√	
链路状态			√
有类别路由协议	√		
无类别路由协议		√	√
变长子网掩码		√	√
路由自动汇总	√	√	
路由手动汇总		√	√
收敛速度	慢	慢	快

6.3 路由器的配置

6.3.1 路由器的配置基础知识

对路由器的一般配置方法,是使用其命令行界面(CLI),通过输入命令来进行。

路由器配置与交换机类似,有如下几种基本的命令访问模式:

用户模式,该模式下的提示符(Prompt)为">",例如,router>。

特权模式(Privileged EXEC),默认的提示符为:router#。进入方法:在普通用户模式下输入 enable 并回车。

全局配置模式是路由器的最高操作模式,可以设置路由器上运行的硬件和软件的相关参数,配置各接口、路由协议和广域网协议,设置用户和访问密码等。在特权模式"#"提示符下输入 config terminal(简写为 config t)命令,进入全局模式。进入全局模式时,在路由器控制台上将看到如下内容:Router(config)#。

接口(或称端口)配置模式用于对指定端口进行相关的配置。默认提示符:router(config-if)#。进入方法:在全局配置模式下,用 interface 命令进入具体的端口,例如,进入以太网接口配置模式:router (config)# interface ethernet0。

功能:子接口(或称子端口)配置模式(Subinterface Configuration)配置交换机的线路参数,默认提示符:router (config-subif) #。进入方法:在全局或接口配置模式下用 interface 命令进入指定子端口。例如,配置多点连接或点到点连接子接口:router(config)# interface ethernet0/0 multipoint|point-to-point。

终端线路配置模式 (Line Configuration),默认提示符:router(config-line)#。进入方法:在全局配置模式下,用 line 命令指定具体的 line 端口。

进入、退出线路配置模式如下:

```
Switch(config)# line console 0
Switch(config-line)# exit
Switch(config)#
router (config) # line number or {vty|aux|con} number
```

例如,配置从 Console 口登录的口令:

```
router(config)# line con 0
router(config-line)# login
router(config-line)# password sHi123  //设置口令为 sHi123
```

又如,配置 Telnet 登录的口令:Cisco 路由器允许 0~4 共 5 个虚拟终端用户同时登录。

```
router(config)# line vty 0 4
router(config-line)# login
router(config-line)# password password-string
```

6.3.2 锐捷路由器的基本配置

1. 路由器的配置步骤

路由器的主要的配置步骤如下：

(1) 配置路由器的主机名和口令是配置路由器的第一项工作。将相应的路由器设置相应的主机名，如路由器 1 设为 R1。

(2) 设置登录欢迎信息 Welcome to open-lab。

(3) 在路由器的一个接口上设置其描述，如 R1 的 s0 与 R2 相连，描述为 to R2。

(4) 查看路由器的版本、iOS 文件名、闪存大小、闪存可用空间及 CPU 的利用率。

(5) 配置相关的路由协议。

(6) 测试路由器配置。

具体配置步骤和命令如下：

(1) 配置主机名。

```
router> enable
password:                    //屏幕提示输入 password,输入并回车后,进入特权用户模式
router#
router# config termial       //进入全局配置模式
router(config) #
//修改主机名,如改为 R1
router (config) # hostname R1
R1 (config)#
//设置登录欢迎信息 Welcome to open-lab
R1 (config)#
banner Welcome to open-lab
```

(2) 配置路由器的一个接口，设置 IP 地址。

```
R1 (config)# interface s0
R1 (config-if)# description to R2
R1 (config-if)# ip address 192.168.4.1 255.255.255.0
```

(3) 缺省的方式配置静态路由：

```
R3# conf t
R3(config)# ip route 192.168.1.0 255.255.255.0 192.168.2.1
R3(config)# ip route 0.0.0.0 0.0.0.0 192.168.2.1
```

查看路由器路由表：

```
R3# show ip route
Codes: C - connected, S - static, I - IGRP, R - RIP, M - mobile, B - BGP
       D - EIGRP, EX - EIGRP external, O - OSPF, IA - OSPF inter area
       N1 - OSPF NSSA external type 1, N2 - OSPF NSSA external type 2
       E1 - OSPF external type 1, E2 - OSPF external type 2, E - EGP
```

```
         i - IS-IS, L1 - IS-IS level-1, L2 - IS-IS level-2, ia - IS-IS inter area
         * - candidate default, U - per-user static route, o - ODR
         P - periodic downloaded static route
Gateway of last resort is 192.168.2.1 to network 0.0.0.0
S    192.168.1.0/24 [1/0] via 192.168.2.1
C    192.168.2.0/24 is directly connected, fastEthernet0/0
C    192.168.31.0/24 is directly connected, fastEthernet1/0
S*   0.0.0.0/0 [1/0] via 192.168.2.1
R3#
```

2. 查看路由器配置

在接口配置模式下可用以下命令查看路由器的接口配置信息等。

show interface[*type slot/port*]显示端口及线路的协议状态、工作状态等。

show protocols 显示路由器的所有端口,以及各个端口配置的协议,主要是第三层协议的各种配置信息。复制和查看路由器的配置信息,这都是在特权模式下进行的。而对路由器的参数配置,一般都要进入全局配置模式或通过全局配置模式再进入其他模式下才能进行。

路由器基本配置命令如表 6-3-1 所示。

表 6-3-1　路由基本配置命令

基本配置命令	配置模式	说明
router(config)# interface serial 1/2	全局配置模式	显示当前模式下的所有可执行命令
router(config-if)# ip address 1.1.1.1 255.255.255.0	端口模式	配置端口的 IP 地址
router(config-if)# clock rate 64000	端口模式	配置端口的时钟频率
router(config-if)# bandwidth 512	端口模式	配置端口的带宽速率
router# show ip interface serial 1/2	特权模式	查看端口的 IP 协议相关属性

3. 锐捷路由器 RIPv2 配置

如果配置为 RIPv2,则需要配置各路由器不进行路由汇总,因为 RIPv2 默认自动进行汇总。

配置 RIPv2 的语法如下:

```
Router(config)# router rip
Router(config-router)# version 2
Router(config-router)# no auot-summary
Router(config-router)# network network-number
```

no auot-summary:关闭路由汇总功能。

4. 锐捷路由器 RIPv2 的认证

```
Router(config)# key chain A                    //配置钥匙链 A
Router(config-keychain)# key 1                 //配置钥匙 1
Router(config-keychain-key)# key-string cisco  //定义密码
Router(config-keychain-key)# exit
```

```
Router(config-keychain)# exit
Router(config)# inte s1                                    //进入 s1 的接口
Router(config-if)# ip rip authentication key-chain A       //选择 A 的钥匙链
Router(config-if)# ip rip authentication mode md5          //密文认证
```

5. 锐捷 OSPF 配置

首先,分别在两个核心上配置一条缺省的路由,这样当内网的数据包没有准确匹配路由表时,就采用这条缺省的路由。

配置如下:

```
Router (config)# ip route 0.0.0.0 0.0.0.0 192.168.0.253
```

然后还需做一步让 OSPF 能广播缺省路由 0.0.0.0 到 OSPF 区域内。

配置如下:

```
Router (config)# router ospf 100
Router (config-router)# default-information originate
```

这样配置过后,在内部所有的路由器上,都将学习到这条缺省路由。

```
Router (config)# router ospf 100
Router (config-router)router-id 192.168.253.2
Router (config-router)network 192.168.0.1 0.0.0.0 area 0
Router (config-router)network 192.168.252.6 0.0.0.0 area 0
```

通过 network 命令可以把所有需要发布出去的网段都宣告出去,也宣告这个网段都在区域 0 里面。

6.3.3 华为路由器配置

华为路由器配置的步骤与锐捷路由器的类似。华为路由器的命令视图与华为交换机的命令视图一样,一些基本配置命令也与交换机的一样。

1. 配置缺省路由

1) 静态路由

静态路由是指由管理员手动配置和维护的路由。静态路由配置简单,并且无需像动态路由那样占用路由器的 CPU 资源来计算和分析路由更新。静态路由的缺点:当网络拓扑发生变化时,静态路由不会自动适应拓扑改变,而需要管理员手动进行调整。静态路由一般适用于结构简单的网络。在复杂的网络环境中,一般会使用动态路由协议来生成动态路由。不过,即使是在复杂的网络环境中,也可以合理地配置一些静态路由。

华为静态路由配置使用 ip route-static 命令,该命令格式如下:

```
ip route-static ip-address { mask | mask-length } interface-type
interface-number [ nexthop-address ]
```

参数 *ip-address* 指定了一个网络或者主机的目的地址,参数 *mask* 指定了一个子网掩码或者前缀长度。如果使用了广播接口如以太网接口作为出接口,则必须指定下一跳地址;

如果使用了串口作为出接口,则可以通过参数 *interface-type* 和 *interface-number*(如 Serial1/0/0)来配置出接口,此时不必指定下一跳地址。在以太网中配置静态路由,必须指定下一跳地址。例如,

  ip route-static 0.0.0.0 0.0.0.0 192.168.255.1

又例如,RTA 需要将数据转发到 192.168.2.0/24 网络,在配置静态路由时,需要明确指定下一跳地址为 10.0.123.2,命令如下:

  [RTB]ip route-static 192.168.2.0 255.255.255.0 10.0.123.2

在配置多条静态路由时,可以修改静态路由的优先级,使一条静态路由的优先级高于其他静态路由,从而实现静态路由的备份,也叫浮动静态路由。在本示例中,RTB 上配置了两条静态路由。正常情况下,这两条静态路由是等价的。通过配置 preference 100,使第二条静态路由的优先级要低于第一条(值越大优先级越低)。浮动静态路由在网络中主路有失效的情况下,会加入路由表并承担数据转发业务。

  [RTB]ip route-static 192.168.1.0 255.255.255.0 10.0.12.1
  [RTB]ip route-static 192.168.1.0 255.255.255.0 20.0.12.1 preference 100

2) 缺省路由

当路由表中没有与报文的目的地址匹配的表项时,设备可以选择缺省路由作为报文的转发路径。

在配置缺省路由时,缺省路由的目的网络地址为 0.0.0.0,掩码也为 0.0.0.0。目的网络为 0.0.0.0,代表的是任意网络。

在本示例中,RTA 使用缺省路由转发到达未知目的地址的报文。缺省静态路由的默认优先级是 60。如果报文的目的地址无法匹配路由表中的任何一项,则路由器将选择依照缺省路由来转发报文。在路由选择过程中,缺省路由会被最后匹配。

  [RTA]ip route-static 0.0.0.0 0.0.0.0 10.0.12.1

例如,目的地址在路由表中没能匹配的所有报文都将通过 GigabitEthernet0/0/0 接口转发到下一跳地址 10.0.12.2。

  [RTA]ip route-static 0.0.0.0 0 10.0.12.2 GigabitEthernet0/0/0

配置缺省路由后,可以使用 display ip routing-table 命令来查看该路由的详细信息。例如,

```
[RTB]display ip routing-table
Route Flags: R - relay, D - download to fib
------------------------------------------------------------
Routing Tables: Public  Destinations : 13     Routes : 14
Destination/Mask Proto Pre Cost Flags NextHop Interface
……
192.168.1.0/24   Static 60  0    RD    10.0.12.2 GigabitEthernet0/0/0
```

2. RIP 基本配置

rip [*process-id*]命令用来使能 RIP 进程。该命令中,*process-id* 指定了 RIP 进程 ID。如果未指定 *process-id*,命令将使用 1 作为缺省进程 ID。

命令 version 2 可用于使能 RIPv2 以支持扩展能力,比如支持 VLSM、认证等。

network <*network-address*>命令可用于在 RIP 中通告网络,*network-address* 必须是一个自然网段的地址。只有处于此网络中的接口,才能进行 RIP 报文的接收和发送。例如,

```
[RTA]rip
[RTA-rip-1]version 2
[RTA-rip-1]network 10.0.0.0
```

命令 display rip 可以比较全面地显示路由器上的 RIP 信息,包括全局参数以及部分接口参数。此例中显示 RTC 的 GigabitEthernet0/0/0 接口配置了 RIPv2。

```
[RTD] display rip
Public VPN-instance
    RIP process : 1
      RIP version    : 2
      Preference     : 100
      Checkzero      : Enabled
      Default-cost   : 0
      Summary        : Enabled
      Host-route     : Enabled
      Maximum number of balanced paths : 8
      Update time   : 30 sec           Age time : 180 sec
      Garbage-collect time : 120 sec
      Graceful restart  : Disabled
      BFD               : Disabled
      Silent-interfaces : GigabitEthernet0/0/1
```

3. 配置 OSPF

采用如下的思路配置 OSPF 基本功能:
(1) 在各路由器上使能 OSPF;
(2) 指定不同区域内的网段。

每个路由器的操作步骤如下:
(1) 配置各接口的 IP 地址;
(2) 配置 OSPF 基本功能。

在配置 OSPF 时,需要首先使能 OSPF 进程。

命令 ospf [*process-id*]用来使能 OSPF,在该命令中可以配置进程 ID。如果没有配置进程 ID,则使用 1 作为缺省进程 ID。

命令 ospf [*process-id*] [router-id <*router-id*>]既可以使能 OSPF 进程,同时还可以

用于配置 Router ID。在该命令中，*router-id* 代表路由器的 ID。命令 network 用于指定运行 OSPF 协议的接口，在该命令中需要指定一个反掩码。反掩码中，"0"表示此位必须严格匹配，"1"表示该地址可以为任意值。例如，

```
[RTA]ospf router-id 1.1.1.1
[RTA-ospf-1]area 0
[RTA-ospf-1-area-0.0.0.0]network 192.168.1.0 0.0.0.255
```

配置验证使用命令 display ospf peer，它可以用于查看邻居相关的属性，包括区域、邻居的状态、邻接协商的主从状态以及 DR 和 BDR 情况。例如，

```
[RTA]display ospf peer
         OSPF Process 1 with Router ID 1.1.1.1
              Neighbors
Area 0.0.0.0 interface 192.168.1.2(GigabitEthernet0/0/0)'s neighbors
Router ID: 2.2.2.2       Address: 192.168.1.1
  State: Full  Mode:Nbr is  Slave  Priority: 1
  DR: 192.168.1.2  BDR: 192.168.1.1  MTU: 0
  Dead timer due in 40  sec
  Retrans timer interval: 5
  Neighbor is up for 00:00:31
  Authentication Sequence: [ 0 ]
```

6.3.4 路由器配置案例

1. 静态路由配置案例

图 6-3-1 是静态路由案例拓扑图，用户网络出口使用路由器连接互联网，对内部通过防火墙连接网络。重点设计出口路由器到达网络内部的路由。这是一个典型的单个分支机构。从拓扑图上看，内部网络形成一条汇总路由，那么路由器相当于连接了两个网络，因此选择静态路由的设计。其优点是稳定，便于配置和维护。

主要是在出口路由器上进行路由配置，通过此配置就能完成到达网络的静态路由配置。

```
ip route 172.16.0.0 255.255.0.0 192.168.10.30
```

图 6-3-2 是缺省路由案例拓扑图，案例中，用户网络出口使用电信链路联入互联网。就出口部分在做路由设计时考虑配置、维护的便利性，到达外部的路由使用默认路由。即在出口路由器上除了有到达网络内部的静态路由外，其他任何的流量都送往互联网。

主要是在出口路由器上进行如下路由配置，通过此配置就能完成到达互联网的默认路由

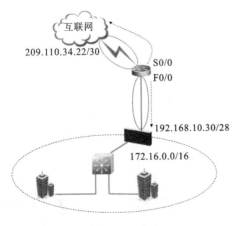

图 6-3-1 静态路由配置案例拓扑图

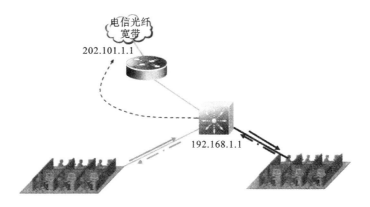

图 6-3-2　缺省路由配置案例拓扑图

配置。

```
ip route 0.0.0.0 0.0.0.0 202.101.1.1
```

2. RIP 动态路由配置案例

图 6-3-3 是 RIP 路由案例拓扑图,本案例是一个城域网拓扑,构成城域网核心的三台交换机分别接入一个城区的局域网。局域网使用两台路由器连接城域网核心,其中一台路由器是冗余链路,正常情况下各个分支的流量都通过图例中粗线链路。当粗线链路或链路所在路由器出现故障时,流量从细线链路发送。

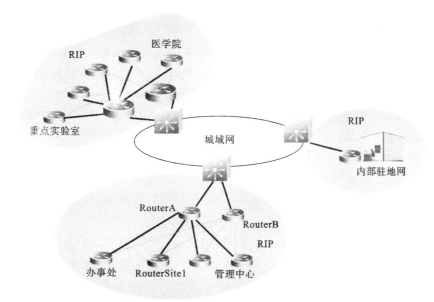

图 6-3-3　RIP 动态路由配置案例拓扑图

在进行路由设计时考虑以下问题及解决方法:
(1) 网络直径不超过 14;
(2) 存在冗余链路,为满足冗余需求,需要调整路由开销;

（3）支持 VLSM,选择 RIPv2 路由协议；

（4）设计使用路由过滤的方式,避免路由环路出现。

主要是在出口路由器上进行如下路由配置。

路由器 RouterA 配置：

```
router rip
version 2
network 192.168.16.0
ip access-list standard site2A
deny    172.16.0.0 0.0.255.255
deny    10.0.0.0 0.255.255.255
permit 192.168.16.0 0.0.0.255
```

路由器 RouterB 配置：

```
router rip
version 2
network 192.168.16.0
no auto-sumary
```

6.4 NAT 技术

6.4.1 NAT 简介

通常情况下,出于安全的考虑,不允许外部网络主动访问内部网络。但是在某些情况下,还是希望能够为外部网络访问内部网络提供一种途径。例如,公司需要将内部网络中的资源提供给外部网络中的客户和出差员工访问。另外,随着接入 Internet 的计算机数量的不断增加,IP 地址资源也就愈加显得不够用。NAT 是作为一种解决 IPv4 地址短缺以避免保留 IP 地址困难的方案。

NAT(Network Address Translation)属于接入广域网技术,是一种将私有地址转化为合法 IP 地址的转换技术。NAT 就是把在内部网络中使用的 IP 地址转换成外部网络中使用的 IP 地址,把原本不可路由的 IP 地址转化成可路由的 IP 地址,并对外部网络隐蔽内部网络的结构。

NAT 将 IP 数据报报头中的 IP 地址转换为另一个 IP 地址的过程,主要用于实现位于内部网络(私有 IP 地址)的主机访问外部网络(公有 IP 地址)的功能。企业或家庭所使用的网络为私有网络,使用的是私有地址；运营商维护的网络为公共网络,使用的是公有地址。私有地址不能在公网中路由。在学校、公司中经常会有多个用户共享少量公网地址访问 Internet 的需求,通常情况下可以使用源 NAT 技术来实现。源 NAT 技术只对报文的源地址进行转换。通过源 NAT 策略对 IPv4 报文头中的源地址进行转换,可以实现私网用户通过公网 IP 地址访问 Internet 的目的。

NAT 一般部署在连接内网和外网的网关设备上。NAT 技术通过对 IP 报文头中的源地址或目的地址进行转换，可以使大量的私网 IP 地址通过共享少量的公网 IP 地址来访问公网。当收到的报文源地址为私网地址、目的地址为公网地址时，NAT 可以将源私网地址转换成一个公网地址。这样公网目的地就能够收到报文，并做出响应。此外，网关上还会创建一个 NAT 映射表，以便判断从公网收到的报文应该发往的私网目的地址。

NAT 具体有三个方面的作用：

（1）内部网络中的主机 IP 地址对外部网络无效，向外界隐藏内部网络主机的 IP 地址。通过地址翻译，外部网络不能直接访问内部网络的主机，但内部网络的主机之间可以相互访问。地址翻译技术提供了一种实现单向路由的方法，即内部网络的主机可以访问外部网络，而外部网络的主机不能直接访问内部网络的主机，从而对内部网络进行保护。地址翻译技术也可以更加灵活地应用，即有选择地隐藏内部网络的主机，而将一部分主机映射为外部网络可见的。

（2）解决内部网络 IP 地址不足的问题。因此，NAT 广泛应用于各种类型 Internet 接入方式和各种类型的网络中。

（3）在一些特定的情况中，还可以解决资金和网络速度不足的问题。例如，在一个校园网络中，存在两条包月费用链路，其中一条为教育科研网（教育网内包流量，教育网外按实际流量收费），另外一条为电信网络（包所有流量）的情况。如果以教育网地址直接访问教育网资源，没有费用产生，但是如果通过教育网访问教育网外的地址，就会产生费用，而且由于现实的一些情况，通过教育网访问电信的地址，网速也较慢。而以电信的地址访问不会有费用的问题，但会造成教育网的有些免费资源无法访问（一般这些资源只允许教育网的 IP 地址访问），同时速度也会较慢。这类问题便可以通过地址翻译来解决，例如，如果访问教育网内地址，则以教育网地址出去，否则翻译成电信的地址出去。

注意：NAT 本身并不是一种有安全保证的方案，它仅仅在包的最外层改变 IP 地址，所以通常要把 NAT 集成在防火墙系统中。

6.4.2 NAT 分类

NAT 是基于网络层的应用，按照不同的理解角度（实现方式/数据流向）分类也不同。NAT 应用有三种方式：静态转换（Static NAT）、动态转换（Pooled NAT）和端口多路复用（PAT）。另外，根据转换的对象不同，NAT 又可分为源（Source）网络地址转换和目标（Destination）网络地址转换。NAT 的实现方式有多种，适用于不同的场景。

1. 静态转换

静态 NAT 实现了私有地址和公有地址的一对一映射，一个公网 IP 只会分配给唯一且固定的内网主机。这种模式下，一个指定的内部主机有一个从不改变的固定的翻译表，一般静态翻译将内部地址翻译成防火墙的外部网接口地址。如果希望一台主机优先使用某个关联地址，或者想要外部网络使用一个指定的公网地址访问内部服务器时，可以使用静态 NAT。但是在大型网络中，这种一对一的 IP 地址映射无法缓解公用地址短缺的问题。当外部网络需要通过固定的全局可路由地址访问内部主机时，静态 NAT 就显得十分重要。

静态转换是采用固定分配的方法映射内部网络和外部网络的 IP 地址，IP 地址对是一对一的，是一成不变的，借助于静态转换，可以实现外部网络对内部网络中某些特定设备（如服务器)的访问。

2. 动态转换

动态转换则是采用动态分配的方法映射内部网络和外部网络的 IP 地址，IP 地址是不确定的，是随机的。所有被授权访问 Internet 的私有 IP 地址可随机转换为任何指定的合法 IP 地址。相当于 M 个内部地址翻译到 N 个 IP 地址池(NAT 池)。动态 NAT 设置外网使用的 IP 地址池，对一定范围的实际存在的内部 IP 地址，按请求顺序动态分配外部用的 IP 地址。这种模式下，为了隐藏内部主机的身份或扩展内部网络的地址空间，一个大的 Internet 客户群共享一个或一组小的 Internet 的 IP 地址。

动态 NAT 是建立内部本地地址和内部全球地址池的临时对应关系，如果经过一段时间，内部本地地址没有向外的请求或者数据流，该对应关系将被删除。动态 NAT 基于地址池来实现私有地址和公有地址的转换。对于能够访问外部网的内部主机来说，动态转换的最大缺点就是它们并行向外发出连接的数量有限，可用的合法 IP 地址是一个范围，而内部网络地址的范围大于合法 IP 地址的范围，在做地址转换时，如果合法 IP 地址都被占用，此时从内部网络的新的请求会由于没有合法地址可以分配而失败。

应用场合主要在外网使用的 IP 地址数(公网地址)少于内网实际的主机数时或者需要固定分配所有内部 IP 地址时使用。

3. 端口转换

端口地址转换/翻译(Port Address Translation，PAT)是把多个内部网络 IP 地址映射到外部网络的同一个 IP 地址的不同端口上。内部网络的所有主机均可共享一个合法外部 IP 地址实现对 Internet 的访问，从而可以最大限度地节约 IP 地址资源，又可隐藏网络内部的所有主机，有效避免来自 Internet 的攻击。因此，目前网络中应用最多的就是端口多路复用方式。当多个内部 IP 地址共享一个或者一个以上外部 IP 地址的时候，使用 PAT 的功能，此时转换为外部 IP 地址，同时转换端口。在 Internet 中使用 PAT 时，所有不同的 TCP 和 UDP 信息流看起来好像来源于同一个 IP 地址。这个优点在小型办公室内非常实用，通过从 ISP 处申请一个 IP 地址，可能将多个连接通过 PAT 接入 Internet。

PAT 是基于端口的转换，而不是基于 IP 地址的转换。端口转换是通过修改端口地址并且维护一张开放连接表来实现的。由于内部网的所有主机发出的连接都能映射到一个单独的 Internet IP 地址上，从而节省了地址空间。同时由于端口转换禁止了向内的直接连接，对内部网提供了更加可靠的安全性。

使用场合：一般适用于私网用户较多的大中型网络环境，多个私网用户可以共同使用一个公网 IP 地址，根据端口区分不同用户，所以可以支持同时上网的用户数量更多。PAT 普遍应用于接入设备中。

几类 NAT 技术比较：
- 静态地址转换：不需要维护地址转换状态表，功能简单，性能较好。
- 动态转换和端口转换：必须维护一个转换表，以保证能够对返回的数据包进行正确的反向转换，功能强大，但是需要的资源较多。
- 源网络地址转换：修改数据报中 IP 头部中的数据源地址(通常发生在使用私有地址

的用户访问 Internet 的情况下,把私有地址翻译成合法的 Internet IP 地址)。
● 目标网络地址转换:修改数据报中 IP 头部中的数据目的地址(通常发生在防火墙之后的服务器上)。

6.4.3 锐捷 NAT 配置

在特权模式下,配置步骤如下:
(1) configure terminal　　//进入全局配置模式
(2) interface fastethernet1/0　　//进入连接内网的快速以太网接口
(3) ip nat inside　　//将该接口定义为内部接口
(4) interface serial1/2　　//进入连接外网的同步串口
(5) ip nat outside　　//将该接口定义为外部接口
(6) ip nat inside source static 192.168.1.2　200.8.7.3　　//将服务器的原本的私有地址和一个公网地址映射起来,该服务器被外界用户访问时,外界用户将访问这个公网地址,而不知道该服务器的真正的内网地址

路由器的 NAT 配置:

```
Router(config-if)# ip nat inside        //当前接口指定为内部接口
Router(config-if)# ip nat outside       //当前接口指定为外部接口
Router(config)# ip nat inside source static [p] <私有 IP> <公网 IP> [port]
Router(config)# ip nat inside source static 10.65.1.2 60.1.1.1
Router(config)# ip nat inside source static tcp 10.65.1.3 80 60.1.1.1 80
Router(config)# ip nat pool p1 60.1.1.1 60.1.1.20 255.255.255.0
Router(config)# ip nat inside source list 1 pool p1
Router(config)# ip nat inside destination list 2 pool p2
Router(config)# ip nat inside source list 2 interface s0/0 overload
Router(config)# ip nat pool p2 10.65.1.2 10.65.1.4 255.255.255.0 type rotary
Router# show ip nat translation
```

rotary 参数是轮流的意思,地址池中的 IP 地址轮流与 NAT 分配的地址匹配。
overload 参数用于 PAT 将内部 IP 地址映射到一个公网 IP 不同的端口上。

6.4.4 华为 NAT 配置

1. 静态 NAT 配置

nat static　global {*global-address*} inside {*host-address*} 命令用于创建静态 NAT。Global IP/Port 表示公网地址和服务端口号。Inside IP/Port 表示私有地址和服务端口号。例如,

　　[RTA-Serial1/0/0]nat static global 202.10.10.1 inside 192.168.1.1

命令 display nat static 用于查看静态 NAT 的配置。

2. 动态 NAT 配置

ACL 还可用于网络地址转换操作,以便在存在多个地址池的情况下,确定哪些内网地

址是通过哪些特定外网地址池进行地址转换的。

执行 nat outbound <*acl-number*> address-group <*address-group number*> 命令用来将一个访问控制列表 ACL 和一个地址池关联起来,表示 ACL 中规定的地址可以使用地址池进行地址转换。ACL 用于指定一个规则,用来过滤特定流量。后续将会介绍有关 ACL 的详细信息。

nat address-group 命令用来配置 NAT 地址池。

本示例中使用 nat outbound 命令将 ACL 2000 与待转换的 192.168.1.0/24 网段的流量关联起来,并使用地址池 1(address-group 1)中的地址进行地址转换。命令如下:

```
[RTA]nat address-group 1 200.10.10.1 200.10.10.200
[RTA]acl 2000
[RTA-acl-basic-2000]rule 5 permit source 192.168.1.0 0.0.0.255
[RTA-acl-basic-2000]quit
[RTA]interface serial1/0/0
[RTA-Serial1/0/0]nat outbound 2000 address-group 1 no-pat
```

该例子中,参数 no-pat 可以称为"一对一地址转换",只对报文的地址进行转换,不转换端口。

配置验证使用 display nat address-group *group-index* 命令用查看 NAT 地址池配置信息。

```
[RTA]display nat address-group 1
NAT Address-Group Information:
--------------------------------
Index    Start-address      End-address
1        200.10.10.1        200.10.10.200
```

命令 display nat outbound 用来查看动态 NAT 配置信息。例如,

```
[RTA]display nat outbound
NAT Outbound Information:
--------------------------------------------------
Interface       Acl      Address-group/IP/Interface       Type

Serial1/0/0     2000                 1                    no-pat
--------------------------------------------------
 Total : 1
```

可以用这两条命令验证动态 NAT 的详细配置。在本示例中,指定接口 Serial 1/0/0 与 ACL 关联在一起,并定义了用于地址转换的地址池 1。

3. 基于源 IP 地址和端口转换的配置(NAPT)

NAPT 属于"多对一的地址转换",在转换过程中同时转换报文的地址和端口,用于多对一或多对多 IP 地址转换,涉及端口转换。在系统视图下,配置 NAT 地址池:

nat address-group group-number [group-name] start-address end-address

在系统视图下,进入域间 NAT 策略视图:

nat-policy interzone zone-name1 zone-name2 {inbound | outbound}

创建 NAT 策略,进入策略 ID 视图:

policy[policy-id]
Policy   source { source-address source-wildcard |……}
Policy   destination { source-address source-wildcard |……}
Policy   service service-set {service-set-name}
action{ source-nat |no-nat}
Address-group{number | name}

4. NAT Server 配置(NAT 服务器配置)

NAT Server 也称静态映射,是一种转换报文目的 IP 地址的方式,它提供了公网地址和私网地址的映射关系,将报文中的公网地址转换为与之对应的私网地址。NAT Server 功能是最常用的基于目的地址的 NAT 技术。NAT Server 功能用于外网用户访问内网服务器。当内网部署了一台服务器,其真实 IP 地址是私网地址,但是希望公网用户可以通过一个公网地址来访问该服务器,这时可以配置 NAT Server,使设备将公网用户访问该公网地址的报文自动转发给内网服务器。

在系统视图下,nat server [protocol {*protocol-number* | icmp | tcp | udp} global {*global-address* | current-interface *global-port*} inside {*host-address host-port*} vpn-instance *vpn-instance-name* acl *acl-number* description *description*]命令用来定义一个内部服务器的映射表,外部用户可以通过公网地址和端口来访问内部服务器。参数 protocol 指定一个需要地址转换的协议;参数 global-address 指定需要转换的公网地址;参数 inside 指定内网服务器的地址。例如,全局地址 202.10.10.1 和关联的端口号 80(www)分别被转换成内部服务器地址 192.168.1.1 和端口号 8080,命令如下:

[RTA] nat server protocol tcp global 202.10.10.1 80 inside 192.168.1.1 8080
[RTA]interface GigabitEthernet0/0/1
[RTA-GigabitEthernet0/0/1]ip address 192.168.1.254 24
[RTA-GigabitEthernet0/0/1]interface Serial1/0/0
[RTA-Serial1/0/0]ip address 200.10.10.2 24
[RTA-Serial1/0/0]nat server protocol tcp global 202.10.10.1 www inside 192.168.1.1 8080

配置验证使用 display nat server 命令用于查看详细的 NAT 服务器配置结果。可以通过此命令验证地址转换的接口、全局和内部 IP 地址以及关联的端口号。可以通过此命令验证地址转换的接口、全局和内部 IP 地址以及关联的端口号。例如,

[RTA]display nat server
  Nat Server Information:
  Interface   : Serial1/0/0
    Global IP/Port   : 202.10.10.1/80(www)
    Inside IP/Port   : 192.168.1.1/8080

```
Protocol : 6(tcp)
VPN instance-name   : ----
Acl number          : ----
Description : ----
 Total :    1
```

5. Easy IP 配置

Easy IP 允许将多个内部地址映射到网关出接口地址上的不同端口。Easy IP 适用于小规模局域网中的主机访问 Internet 的场景。小规模局域网通常部署在小型的网吧或者办公室中,这些地方内部主机不多,出接口可以通过拨号方式获取一个临时公网 IP 地址。Easy IP 可以实现内部主机使用这个临时公网 IP 地址访问 Internet。

nat outbound *acl-number* 命令用来配置 Easy IP 地址转换。Easy IP 的配置与动态 NAT 的配置类似,需要定义 ACL 和 nat outbound 命令,主要区别是 Easy IP 不需要配置地址池,所以 nat outbound 命令中不需要配置参数 address-group。例如,命令 nat outbound 2000 表示对 ACL 2000 定义的地址段进行地址转换,并且直接使用 Serial1/0/0 接口的 IP 地址作为 NAT 转换后的地址。

```
[RTA]acl 2000
[RTA-acl-basic-2000]rule 5 permit source 192.168.1.0 0.0.0.255
[RTA-acl-basic-2000]quit
[RTA]interface serial1/0/0
[RTA-Serial1/0/0]nat outbound 2000
```

命令 display nat outbound 用于查看命令 nat outbound 的配置结果。

6.5　路由器的基本实验

实验 6-1　锐捷路由器的基本配置

【实验目的】

掌握路由器几种常用配置方法;掌握采用 Console 线缆配置路由器的方法;掌握采用 Telnet 方式配置路由器的方法;熟悉路由器不同的命令行操作模式以及各种模式之间的切换;掌握路由器的基本配置命令;掌握测试两台直连路由器连通性的方法;掌握设备系统参数的配置方法。

【组网需求】

你是某公司新进的网管,公司要求你熟悉网络产品,首先要求你登录路由器,了解、掌握路由器的命令行操作;作为网络管理员,你第一次在设备机房对路由器进行了初次配置后,希望以后在办公室或出差时也可以对设备进行远程管理,现要在路由器上做适当配置。

【实验拓扑图】

设备基础配置拓扑图如图 6-5-1 所示。

图 6-5-1　设备基础配置拓扑图 1

通过命令行接口配置路由器是一般的配置方法。在不同的命令行模式下，能够使用的配置命令是不同的，即不同的命令行模式下能实现的配置功能是不同的。对路由器进行新的配置或更改配置，需要进入全局模式。对特权用户模式和使用终端通过 con、aux 或局域网口登录路由器，均可设置口令保护。

【实验设备】

路由器 1 台、PC 2 台、网线。

【实验步骤】

(1) 用计算机连接路由器 Console 口，配置超级终端的参数，进入配置界面。

(2) 登录路由器的必要配置。

```
Router> enable
Router# configure terminal
Router(config)# no ip domain lookup          //关闭动态的域名解析
Router(config)# line console 0
Router(config-line)# exec-timeout 0 0        //关闭控制台的会话超时，以保证不会被踢出
Router(config-line)# logging synchronous     //关闭日志同步，阻止控制台的一些提示信息
Router(config-line)# exit
Router(config)#
```

(3) 路由器基本配置，更改路由器的主机名。

```
Router(config)# hostname R1                  //修改路由器的标识
R1(config)# banner motd #                    //配置日期信息标志区(MOTD)，登录到路由器时显示
R1(config)#
R1(config)# banner exec#                     //配置执行标志区，如 Telnet 到路由器时显示的欢迎信息
Telnet to Router 2620!
#
R1(config)# end
R1# clock set 15:05:33 25 February 2006       //配置时钟
R1#
```

(4) 查看路由器的信息。

```
R1# show clock                    //查看配置的时钟
R1# sh history                    //查看在路由器上最近输入的命令
R1# sh terminal                   //查看终端历史记录的大小
R1# terminal history size 22      //将历史记录的大小改为 22 条
R1# sh version                    //显示路由器的版本信息
R1# sh session                    //显示会话记录，经常在终端上使用
R1# sh startup-config             //显示下次路由器重新加载时将要使用的配置
```

```
R1# sh running-config              //显示当前的配置信息
R1# copy run star                  //保存当前的配置作为启动时的配置
```

(5) 设置口令。

设置用户登录密码,并判断是否能成功登录。

```
R1# conf t
R1(config)# enable password tree   //配置进入特权模式的密码、明文
R1(config)# enable secret tree1    //功能同上,权限更高,密文
R1(config)# line con 0
R1(config-line)# password tree     //设置登录到路由器的密码,出现在进用户模式之前
```

设置远程登录密码,并允许它正常登录。

```
R1(config-line)# login             //启用登录
R1(config-line)# line vty 0 4      //为Telnet访问路由器设置5条线路0~4
R1(config-line)# pass tree         //设置Telnet到路由器的密码,如果不设置Tel-
                                     net服务将无法启用
R1(config-line)# login
R1(config-line)# line aux 0
R1(config-line)# pass tree         //设置辅助接口密码
R1(config-line)# login
R1(config-line)# end
R1#
R1# sh run                         //查看配置
R1# conf t
R1(config)# service password-encryption    //加密口令
R1(config)# Ctrl+Z                 //end、exit、Ctrl+Z为三种退出命令
R1# sh run                         //显示结果,口令已被加密
R1# logout                         //退出控制台,验证密码配置,也可使用exit
```

(6) 按如下参数配置计算机的 IP 地址,路由器和 PC 建立连接。

```
IP:192.168.1.2
Submask:255.255.255.0
Gageway:192.168.1.1
```

(7) 为 Telnet 用户配置用户名和登录口令。通过 Telnet 命令,使用密码远程登录路由器,在路由器上对交换机进行查看。

实验 6-2 华为路由基础配置

【实验目的】

掌握设备系统参数的配置方法,包括设备名称、系统时间及系统时区;掌握 Console 口空闲超时时长的配置方法;掌握登录信息的配置方法;掌握登录密码的配置方法;掌握保存配置文件的方法;掌握配置路由器接口 IP 地址的方法;掌握测试两台直连路由器连通性的方法;掌握重启设备的方法。

【组网需求】

你是公司的网络管理员,现在公司购买了两台华为 AR1220 系列路由器。路由器在使用之前,需要先配置路由器的设备名称、系统时间及登录密码等管理信息。

【实验拓扑图】

设备基础配置拓扑图如图 6-5-2 所示。

图 6-5-2　设备基础配置拓扑图 2

【实验设备】

AR1220 2 台、PC 2 台。

【实验步骤】

(1) 查看系统信息。

执行 display version 命令,查看路由器的软件版本与硬件信息。

　　< Huawei> display version

命令回显信息中包含了 VRP 版本、设备型号和启动时间等信息。

(2) 修改系统时间。

VRP 系统会自动保存时间,但如果时间不正确,可以在用户视图下执行 clock timezone 命令和 clock datetime 命令修改系统时间。

　　< Huawei> clock timezone Local add 08:00:00
　　< Huawei> clock datetime 12:00:00 2013-09-15

可以修改 Local 字段为当前地区的时区名称。如果当前时区位于 UTC＋0 时区的西部,需要把 add 字段修改为 minus。执行 display clock 命令查看生效的新系统时间。

　　< Huawei> display clock

(3) 帮助功能和命令自动补全功能。

在系统中输入命令时,问号是通配符,Tab 键是自动联想并补全命令的快捷键。

　　< Huawei> display ?

在输入信息后输入"?",可查看以输入字母开头的命令。如输入"dis?",设备将输出所有以 dis 开头的命令。

在输入的信息后增加空格,再输入"?",这时设备将尝试识别输入的信息所对应的命令,然后输出该命令的其他参数。例如,输入"dis ?",如果只有 display 命令是以 dis 开头的,那么设备将输出 display 命令的参数;如果以 dis 开头的命令还有其他的,设备将报错。另外可以使用键盘上 Tab 键补全命令,比如键入"dis"后,按键盘"Tab"键可以将命令补全为"display"。如果有多个以"dis"开头的命令存在,则在多个命令之间循环切换。

命令在不发生歧义的情况下可以使用简写,如"display"可以简写为"dis"或"disp"等,

"interface"可以简写为"int"或"inter"等。

(4) 进入系统视图。

使用 system-view 命令可以进入系统视图，这样才可以配置接口、协议等内容。

```
<Huawei> system-view
Enter system view, return user view with Ctrl+Z.
[Huawei]
```

(5) 修改设备名称。

配置设备时，为了便于区分，往往给设备定义不同的名称。如下我们依照实验拓扑图，修改设备名称。修改 R1 路由器的设备名称为 R1。

```
[Huawei]sysname R1
[R1]
```

修改 R3 路由器的设备名称为 R3。

```
[Huawei]sysname R3
[R3]
```

(6) 配置登录信息。

配置登录标志信息来进行提示并进行登录警告。执行 header shell information 命令配置登录信息。

```
[R1]header shell information "Welcome to the Huawei certification lab."
```

退出路由器命令行界面，再重新登录命令行界面，查看登录信息是否已经修改。

```
[R1]quit
<R1>
```

(7) 配置 Console 口参数。

默认情况下，通过 Console 口登录无需输入密码，任何人都可以直接连接到设备，进行配置。为避免由此带来的风险，可以将 Console 口登录方式配置为密码认证方式，密码为明文形式的"huawei"。空闲时间指的是经过没有任何操作的一定时间后，会自动退出该配置界面，再次登录会根据系统要求，提示输入密码进行验证。设置空闲超时时间为 20 min，默认为 10 min。

```
[R1]user-interface console 0
[R1-ui-console0]authentication-mode password
[R1-ui-console0]set authentication password cipher huawei
[R1-ui-console0]idle-timeout 20 0
```

执行 display this 命令查看配置结果。

```
[R1-ui-console0]display this
```

退出系统，并使用新配置的密码登录系统。需要注意的是，在路由器一次初始化启动时，也需要配置密码。

```
[R1-ui-console0]return
< R1> quit
```

(8) 配置接口 IP 地址和描述信息。

配置 R1 上 GigabitEthernet0/0/0 接口的 IP 地址。使用点分十进制格式(如 255.255.255.0)并根据子网掩码前缀长度配置子网掩码。

```
[R1]interface GigabitEthernet0/0/0
[R1-GigabitEthernet0/0/0]ip address 10.0.13.1 24
[R1-GigabitEthernet0/0/0]description This interface connects to R3-G0/0/0
```

在当前接口视图下,执行 display this 命令查看配置结果。

```
[R1-GigabitEthernet0/0/0]display this
```

执行 display interface 命令查看接口信息。

```
[R1]display interface GigabitEthernet0/0/0
```

从命令回显信息中可以看到,接口的物理状态和协议状态均为 up,表示对应的物理层和数据链路层均可用。

配置 R3 上 GigabitEthernet0/0/0 接口的 IP 地址和描述信息。

```
[R3]interface GigabitEthernet0/0/0
[R3-GigabitEthernet0/0/0]ip address 10.0.13.3 255.255.255.0
[R3-GigabitEthernet0/0/0]description This interface connects to R1-G0/0/0
```

配置完成后,通过执行 ping 命令测试 R1 和 R3 间的连通性。

```
< R1> ping 10.0.13.3
```

(9) 查看当前设备上存储的文件列表。

在用户视图下执行 dir 命令,查看当前目录下的文件列表。

```
< R1> dir
< R3> dir
```

(10) 管理设备配置文件。

执行 display saved-configuration 命令查看保存的配置文件。

```
< R1> display saved-configuration
```

系统中没有已保存的配置文件。执行 save 命令保存当前配置文件。

```
< R1> save
```

重新执行 display saved-configuration 命令查看已保存的配置信息。

```
< R1> display saved-configuration
```

执行 display current-configuration 命令查看当前配置信息。

```
< R1> display current-configuration
```

一台路由器可以存储多个配置文件。执行 display startup 命令查看下次启动时使用的配置文件。

```
< R3> display startup
< R1> reset saved-configuration
```

（11）重启设备。

执行 reboot 命令重启路由器。

```
< R1> reboot
Info: The system is now comparing the configuration, please wait.
Warning: All the configuration will be saved to the next startup configuration. Continue ?[y/n]:n
System will reboot! Continue ?[y/n]:y
Info: system is rebooting ,please wait...
< R3> reboot
Info: The system is now comparing the configuration, please wait.
Warning: All the configuration will be saved to the next startup configuration. Continue ?[y/n]:n
System will reboot! Continue ?[y/n]:y
```

系统提示是否保存当前配置，可根据实验要求决定是否保存当前配置。如果无法确定是否保存，则先保存当前配置。

实验 6-3　锐捷路由器静态路由、缺省路由的配置

【实验目的】

本实验主要用来练习默认路由的配置，验证默认路由的工作原理；掌握静态路由的配置方法和技巧；掌握通过静态路由方式实现网络的连通性。通过本次实验，读者对路由器的配置方式有一个初步的认识，对路由器各端口和手工建立路由表的方法有一个大概了解，同时能够理解计算机网络中数据包的传递过程和路由器的转发机制。

【实验内容】

用所学的配置命令完成路由器静态路由的配置。实验具体要求如下：

（1）给路由器命名；

（2）在路由器 R1、R2 上配置接口的 IP 地址和 R1 串口上的时钟频率；

（3）在路由器 R1、R2 上配置静态路由，分别查看路由器 R1 和 R2 的路由表；

（4）分别配置 PC1 和 PC2 的 IP 地址，将 PC1、PC2 默认网关分别设置为路由器接口 fa 1/0 的 IP 地址；

（5）验证 R1、R2 上的静态路由配置；

（6）PC1、PC2 之间可以相互通信。

【组网需求】

学校有新旧两个校区，每个校区各有一个独立的局域网。为了使新旧校区能够正常通信，共享资源，每个校区出口利用一台路由器进行连接，两台路由器间学校申请了一条 2M

的 DDN(数字数据网)专线进行相连,要求做适当配置实现两个校区的正常通信。

实验内容:在多台路由器上配置静态路由实现不同网段相互通信。

【实验设备】

PC 2 台、路由器 2 台。

【实验拓扑图】

在网络中配置默认路由,使得 PC1 和 PC2 之间或者路由器之间都可以相互 ping 通,实验的拓扑图如图 6-5-3 所示。路由器 R1 和 R2 之间通过串口 S0 直接用电缆连接起来,构成子网 10.0.0.0/8,其中,路由器 R1 配置为 DCE,路由器 R2 配置为 DTE。PC1 连接到路由器 R1 的以太网端口 E0,子网为 192.168.1.0/24,PC2 连接到路由器 R2 的以太网端口 E0,子网为 192.168.2.0/24。

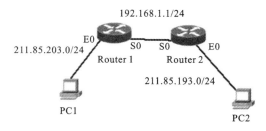

图 6-5-3 实验拓扑图

【实验步骤】

PC1 和 PC2 的接口的 IP 地址分配如表 6-5-1 所示。

表 6-5-1 IP 地址分配表 1

设备	端口	IP	掩码
Router1	S0	192.168.1.1	255.255.255.0
	E0	211.85.203.254	255.255.255.0
Router2	S0	192.168.1.2	255.255.255.0
	E0	211.85.193.254	255.255.255.0
PC1		211.85.203.22	255.255.255.0
DEFAULT GATEWAY		211.85.203.254	255.255.255.0
PC2		211.85.193.150	255.255.255.0
DEFAULT GATEWAY		211.85.193.254	255.255.255.0

配置步骤如下:

(1) 首先按图 6-5-3 把各设备连接完成。

(2) 配置 PC 基本参数。

配置 PC1 上的第二块网卡的 IP 地址、子网掩码和默认网关。

```
IP address:211.85.203.22
Sub mask: 255.255.255.0
```

Gateway:211.85.203.254

配置 PC2 上的第二块网卡的 IP 地址、子网掩码和默认网关。

  IP address:211.85.193.150
  Sub mask: 255.255.255.0
  Gateway:211.85.193.254

（3）配置 R1 路由器。配置路由器 Router1，使用命令如下：

```
Router>
Router> enable                    //进入特权命令状态
Router# configure terminal        //进入全局设置状态
Router(config)# hostname R1       //给路由器重命名
```

为路由器各接口分配 IP 地址，配置广域网接口 Fa0/0：

```
R1(config-if)# interface s0/0    //进入 s0 口
R1(config-if)# ip address 192.168.1.1 255.255.255.0
                                  //配置 IP 地址为 192.168.1.1,掩码为 24 位
R1(config-if)# clock rate 64000  //设置 DCE 端线路速度为 64000
R1(config-if)# no shutdown       //激活 s0 口
R1(config-if)# exit
```
//设置路由器 0 的 FastEthernet0/0 端口的 IP 地址和子网掩码，进入 fa0 口
```
R1(config)# interface fastethernet0/0
R1(config-if)# ip address 222.85.203.254  255.255.255.0
                                  //配置 IP 地址为 222.85.203.254,掩码为 24 位
R1(config-if)# no shutdown       //启动端口,确保该端口没有关闭
Exit                              //退出接口模式,回到全局设置状态
```

配置 R1 静态路由，设置静态跳转，路由器配置静态路由表：

```
R1(config)# ip route 222.85.193.0  255.255.255.0 192.168.1.2   //添加静态路由
R1(config)# ip route 192.168.1.0 255.255.255.0 192.168.31.1
R1(config)# end
show ip interface brief           //查看串口
```

（4）配置 R2 路由器。
使用命令如下：

```
Enable                            //进入特权命令状态
    configure terminal            //进入全局设置状态
hostname R2                       //给路由器重命名
interface serial 0                //进入 s0 口,为路由器各接口分配 IP 地址
ip address 192.168.1.2 255.255.255.0//配置 IP 地址为 192.168.1.2,掩码为 24 位
no shutdown                       //激活 s0 口
interface fastEthernet0           //进入 fa0 口
ip address 222.85.193.254  255.255.255.0
                                  //配置 IP 地址为 222.85.193.254,掩码为 24 位
```

```
       no shutdown                        //激活 fa0 口
       exit                                //退出接口模式,回到全局设置状态
       ip  route  222.85.203.0  255.255.255.0 192.168.1.1    //添加默认路由
       ip  route  0.0.0.0   0.0.0.0   192.168.1.1
```

(5) 查看默认路由。

给出路由器 R1、R2 的路由表,在特权模式下使用 show ip route 命令,或者是 show int 命令查看。

查看 R1 默认路由:

```
       R1# show ip route
```

查看 R2 默认路由:

```
       R2# show ip route
```

下面来查看通过上面的设置,路由器 Router1 和 Router2 所生成的路由表,分别如图 6-5-4 和图 6-5-5 所示。

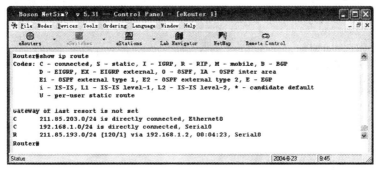

图 6-5-4 Router1 生成的路由表

图 6-5-5 Router2 的生成路由表

下面来说明图 6-5-4 中 Route1 路由表情况。路由表第一条

```
       C    222.85.203.0/24   is directly connected, Ethernet0
```

表示的含义是路由器的以太网 E0 口与子网 222.85.203.0/24 的目的网络直接相连；路由表第二条表示的含义是路由器的串行口 S0 与子网 192.168.1.0/24 的目的网络直接相连；路由表第三条表示的含义是路由器可经过下一跳地址 192.168.1.2 与子网 222.85.193.0/24 的目的网络相连。

在图 6-5-5 中，路由器 Router2 的路由表中多了一条默认路由，其含义是路由器可经过下一跳地址 192.168.1.1 与其他目的网络相连。

(6) 测试默认路由。

测试 PC1 和 PC2 的连通性，给出从一个 PC ping 另一个 PC 的屏幕截图，通过 PC1 和 PC2 使用 ping 命令来测试网络的连通性，如图 6-5-6 所示。

```
C:>ping 211.85.193.150
Pinging 211.85.193.150 with 32 bytes of data:

Reply from 211.85.193.150: bytes=32 time=60ms TTL=241
Reply from 211.85.193.150: bytes=32 time=60ms TTL=241
Reply from 211.85.193.150: bytes=32 time=60ms TTL=241
Reply from 211.85.193.150: bytes=32 time=60ms TTL=241
Reply from 211.85.193.150: bytes=32 time=60ms TTL=241

Ping statistics for 211.85.193.150:    Packets: Sent = 5, Received = 5,
Lost = 0 (0% loss),
Approximate round trip times in milli-seconds:
    Minimum = 50ms, Maximum = 60ms, Average = 55ms

C:>
```

图 6-5-6　测试 PC1 和 PC2 的连通性

【思考题】

在路由器中，如果同时存在去往同一网段的静态路由信息与动态路由信息，路由器会采用哪一个？

实验 6-4　华为路由器配置静态路由和缺省路由

【实验目的】

掌握静态路由的配置方法；掌握测试静态路由连通性的方法；掌握通过配置缺省路由实现本地网络和外部网络间的访问；掌握静态备份路由的配置方法。

【实验拓扑图】

静态路由器缺省路由实验拓扑图如图 6-5-7 所示。

【组网需求】

你是公司的网络管理员。现在公司有一个总部和两个分支机构。其中总部 R1 有 44 部路由器，R2、R3 为分支机构，总部和分支机构间通过以太网实现互联，且当前公司网络中没有配置任何路由协议。由于网络的规模比较小，您可以配置通过静态路由和缺省路由来实现网络互通。IP 编址信息如图 6-5-7 所示。

【实验设备】

AR1220 3 台、PC 2 台。

第 6 章 路由器技术

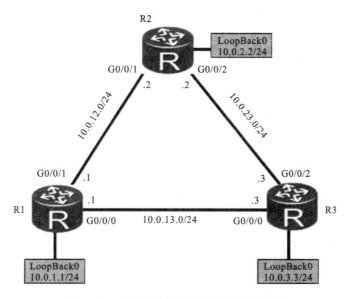

图 6-5-7　静态路由和缺省路由实验拓扑图

【实验步骤】

（1）基础配置和 IP 编址。

在 R1、R2 和 R3 上配置设备名称和 IP 地址。

```
< Huawei> system-view
Enter system view, return user view with Ctrl+Z.
[Huawei]sysname R1
[R1]int GigabitEthernet0/0/8
[R1-GigabitEthernet0/0/8]ip address 10.0.13.1 24
[R1-GigabitEthernet0/0/8]quit
[R1]int GigabitEthernet0/0/9
[R1-GigabitEthernet0/0/9]ip address 10.0.12.1 24
[R1-GigabitEthernet0/0/9]quit
[R1]interface LoopBack 0
[R1-LoopBack0]ip address 10.0.1.1 24
```

执行 display current-configuration 命令，检查配置情况。

```
< R1> display ip interface brief
< Huawei> system-view
Enter system view, return user view with Ctrl+Z.
[Huawei]sysname R2
[R2]int GigabitEthernet0/0/8
[R2-GigabitEthernet0/0/8]ip address 10.0.12.2 24
[R2-GigabitEthernet0/0/8]quit
[R2]interface GigabitEthernet0/0/9
[R2-GigabitEthernet0/0/9]ip address 10.0.23.2 24
[R2-GigabitEthernet0/0/9]quit
```

```
[R2]interface LoopBack0
[R2-LoopBack0]ip address 10.0.2.2 24
<R2> display ip interface brief
<Huawei> system-view
Enter system view, return user view with Ctrl+Z.
[Huawei]sysname R3
[R3]interface GigabitEthernet0/0/9
[R3-GigabitEthernet0/0/9]ip address 10.0.23.3 24
[R3-GigabitEthernet0/0/9]quit
[R3]int GigabitEthernet0/0/8
[R3-GigabitEthernet0/0/8]IP address 10.0.13.3 24
[R3-GigabitEthernet0/0/8]quit
[R3]interface LoopBack 0
[R3-LoopBack0]ip address 10.0.3.3 24
<R3> display ip interface brief
```

执行 ping 命令，检测 R1 和其他设备间的连通性。

```
<R1> ping 10.0.12.2
<R1> ping 10.0.13.3
```

执行 ping 命令，检测 R2 和其他设备间的连通性。

```
<R2> ping 10.0.23.3
```

(2) 测试 R2 到目的网络 10.0.13.0/24、10.0.3.0/24 的连通性。

```
<R2> ping 10.0.13.3
<R2> ping 10.0.3.3
```

R2 如果要与 10.0.3.0/24 网络通信，需要 R2 上有去往该网段的路由信息，并且 R3 上也需要有到 R2 相应接口所在 IP 网段的路由信息。上述检测结果表明，R2 不能与 10.0.3.3 和 10.0.13.3 网络通信。执行 display ip routing-table 命令，查看 R2 上的路由表，可以发现路由表中没有到这两个网段的路由信息。

```
<R2> display ip routing-table
Route Flags: R - relay, D - download to fib
Routing Tables: Public
Destinations : 13   Routes : 13
Destination/Mask  Proto  Pre  Cost  Flags  NextHop  Interface
10.0.2.0/24     Direct 0 0 D 10.0.2.2 LoopBack0
10.0.2.2/32     Direct 0 0 D 127.0.0.1 LoopBack0
10.0.2.255/32   Direct 0 0 D 127.0.0.1 LoopBack0
10.0.12.0/24    Direct 0 0 D 10.0.12.2 GigabitEthernet0/0/8
10.0.12.2/32    Direct 0 0 D 127.0.0.1 GigabitEthernet0/0/8
10.0.12.255/32  Direct 0 0 D 127.0.0.1 GigabitEthernet0/0/8
10.0.23.0/24    Direct 0 0 D 10.0.23.2 GigabitEthernet0/0/9
10.0.23.2/32    Direct 0 0 D 127.0.0.1 GigabitEthernet0/0/9
```

```
10.0.23.255/32   Direct 0 0 D 127.0.0.1 GigabitEthernet0/0/9
127.0.0.0/8      Direct 0 0 D 127.0.0.1 InLoopBack0
127.0.0.1/32     Direct 0 0 D 127.0.0.1 InLoopBack0
127.255.255.255/32 Direct 0 0 D 127.0.0.1 InLoopBack0
255.255.255.255/32 Direct 0 0 D 127.0.0.1 InLoopBack0
```

(3) 在 R2 上配置静态路由。

配置目的地址为 10.0.13.0/24 和 10.0.3.0/24 的静态路由，路由的下一跳配置为 R3 的 G0/0/0 接口 IP 地址 10.0.23.3。默认静态路由优先级为 60，无需额外配置路由优先级信息。

```
[R2]ip route-static 10.0.13.0 24 10.0.23.3
[R2]ip route-static 10.0.3.0 24 10.0.23.3
[R3]ip route-static 10.0.2.0 24 10.0.23.2
```

注意：在 ip route-static 命令中，24 代表子网掩码长度，也可以写成完整的掩码形式，如 255.255.255.0。

```
< R2> display ip routing-table
Route Flags: R - relay, D - download to fib
-------------------------------------------
Routing Tables: Public
         Destinations : 15    Routes : 15
Destination/Mask Proto Pre Cost Flags NextHop Interface
10.0.2.0/24 Direct 0 0 D 10.0.2.2 LoopBack0
10.0.2.2/32 Direct 0 0 D 127.0.0.1 LoopBack0
10.0.2.255/32 Direct 0 0 D 127.0.0.1 LoopBack0
10.0.3.0/24 Static 60 0 RD 10.0.23.3 GigabitEthernet0/0/9
10.0.12.0/24 Direct 0 0 D 10.0.12.2 GigabitEthernet0/0/8
10.0.12.2/32 Direct 0 0 D 127.0.0.1 GigabitEthernet0/0/8
10.0.12.255/32 Direct 0 0 D 127.0.0.1 GigabitEthernet0/0/8
10.0.13.0/24 Static 60 0 RD 10.0.23.3 GigabitEthernet0/0/9
10.0.23.0/24 Direct 0 0 D 10.0.23.2 GigabitEthernet0/0/9
10.0.23.2/32 Direct 0 0 D 127.0.0.1 GigabitEthernet0/0/9
10.0.23.255/32 Direct 0 0 D 127.0.0.1 GigabitEthernet0/0/9
127.0.0.0/8 Direct 0 0 D 127.0.0.1 InLoopBack0
127.0.0.1/32 Direct 0 0 D 127.0.0.1 InLoopBack0
127.255.255.255/32 Direct 0 0 D  127.0.0.1 InLoopBack0
255.255.255.255/32 Direct 0 0 D  127.0.0.1 InLoopBack0
```

(4) 配置备份静态路由。

R2 与网络 10.0.13.3 和 10.0.3.3 之间交互的数据通过 R2 与 R3 间的链路传输。如果 R2 和 R3 间的链路发生故障，R2 将不能与网络 10.0.13.3 和 10.0.3.3 通信。但是根据拓扑图可以看出，当 R2 和 R3 间的链路发生故障时，R2 还可以通过 R1 与 R3 通信，所以可以通过配置一条备份静态路由实现路由的冗余备份。正常情况下，备份静态路由不生效。

当 R2 和 R3 间的链路发生故障时,才使用备份静态路由传输数据。

配置备份静态路由时,需要修改备份静态路由的优先级,确保只有主链路故障时才使用备份路由。本任务中,需要将备份静态路由的优先级修改为 80。

```
[R1]ip route-static 10.0.3.0 24 10.0.13.3
[R2]ip route-static 10.0.13.0 255.255.255.0 10.0.12.1 preference 80
[R2]ip route-static 10.0.3.0 24 10.0.12.1 preference 80
[R3]ip route-static 10.0.12.0 24 10.0.13.1
```

(5) 验证静态路由。

在 R2 的路由表中,查看当前的静态路由配置。

```
< R2> display ip routing-table
Route Flags: R - relay, D - download to fib
------------------------------------------------------------------
Routing Tables: Public
Destinations : 15 Routes : 15
Destination/Mask Proto Pre Cost Flags NextHop Interface
10.0.2.0/24    Direct   0 0 D 10.0.2.2 LoopBack0
10.0.2.2/32    Direct   0 0 D 127.0.0.1 LoopBack0
10.0.2.255/32  Direct   0 0 D 127.0.0.1 LoopBack0
10.0.3.0/24    Static  60 0 RD 10.0.23.3 GigabitEthernet0/0/9
               Static  60 0 RD 10.0.13.3 GigabitEthernet0/0/9
10.0.12.0/24 Direct 0 0 D 10.0.12.2 GigabitEthernet0/0/8
10.0.12.2/32    Direct 0 0 D 127.0.0.1 GigabitEthernet0/0/8
10.0.12.255/32  Direct 0 0  D 127.0.0.1 GigabitEthernet0/0/8
10.0.13.0/24   Static 60 0 RD 10.0.23.3 GigabitEthernet0/0/9
10.0.23.0/24   Direct 0 0 D 10.0.23.2 GigabitEthernet0/0/9
10.0.23.2/32   Direct 0 0 D 127.0.0.1 GigabitEthernet0/0/9
10.0.23.255/32 Direct 0 0 D 127.0.0.1 GigabitEthernet0/0/9
127.0.0.0/8 Direct 0 0 D   127.0.0.1 InLoopBack0
127.0.0.1/32 Direct 0 0 D   127.0.0.1 InLoopBack0
127.255.255.255/32   Direct 0 0 D 127.0.0.1 InLoopBack0
255.255.255.255/32   Direct 0 0 D 127.0.0.1 InLoopBack0
```

路由表中包含两条静态路由。其中,Protocol 字段的值是 Static,表明该路由是静态路由。Preference 字段的值是 60,表明该路由使用的是默认优先级。在 R2 和 R3 之间链路正常时,R2 到网络 10.0.13.3 和 10.0.3.3 之间交互的数据通过 R2 和 R3 间的链路传输。执行 tracert 命令,可以查看数据的传输路径。

```
< R2> tracert 10.0.13.3
traceroute to 10.0.13.3(10.0.13.3), max hops: 30 ,packet length: 40,
press CTRL_C to break
1 10.0.23.3 40 ms 31 ms 30 ms
< R2> tracert 10.0.3.3
```

命令的回显信息证实 R2 将数据直接发送给 R3,未经过其他设备。

(6) 验证备份静态路由。

关闭 R2 上的 G0/0/9 接口,模拟 R2 和 R3 间的链路发生故障,然后查看 IP 路由表的变化。

```
[R2]intface GigabitEthernet0/0/9
[R2-GigabitEthernet0/0/9]shutdown
[R2-GigabitEthernet0/0/9]quit
```

注意比较不关闭接口前后的路由表情况。

```
< R2> display ip routing-table
Route Flags: R - relay, D - download to fib
------------------------------------------------------------
Routing Tables: Public
Destinations : 12 Routes : 12
Destination/Mask Proto Pre Cost Flags NextHop Interface
10.0.2.0/24 Direct 0 0 D 10.0.2.2 LoopBack0
10.0.2.2/32 Direct 0 0 D 127.0.0.1 LoopBack0
10.0.2.255/32 Direct 0 0 D 127.0.0.1 LoopBack0
10.0.3.0/24 Static 80 0 RD 10.0.12.1 GigabitEthernet0/0/8
10.0.12.0/24 Direct 0 0 D 10.0.12.2 GigabitEthernet0/0/8
10.0.12.2/32 Direct 0 0 D 127.0.0.1 GigabitEthernet0/0/8
10.0.12.255/32 Direct 0 0 D 127.0.0.1 GigabitEthernet0/0/8
10.0.13.0/24 Static 80 0 RD 10.0.12.1 GigabitEthernet0/0/8
127.0.0.0/8 Direct 0 0 D 127.0.0.1 InLoopBack0
127.0.0.1/32 Direct 0 0 D 127.0.0.1 InLoopBack0
127.255.255.255/32 Direct 0 0 D 127.0.0.1 InLoopBack0
255.255.255.255/32 Direct 0 0 D 127.0.0.1 InLoopBack0
```

在 R2 的路由表中,灰色所标记出的两条路由的下一跳和优先级均已发生发化。检测 R2 到目的地址 10.0.13.3 以及 R3 上的 10.0.3.3 的连通性。

```
[R2]ping 10.0.3.3
[R2]ping 10.0.13.3
```

网络并未因为 R2 和 R3 间的链路被关闭而中断。执行 tracert 命令,查看数据包的转发路径。

```
< R2> tracert 10.0.13.3
< R2> tracert 10.0.3.3
```

命令的回显信息表明,R2 发送的数据经过 R1 抵达 R3 设备。

(7) 配置缺省路由实现网络的互通。

打开 R2 上在步骤 6 中关闭的接口。

```
[R2]intface GigabitEthernet0/0/9
[R2-GigabitEthernet0/0/9]undo shutdown
```

验证从 R1 到 10.0.23.3 网络的连通性。

　　[R1]ping 10.0.23.3

因为 R1 上没有去往 10.0.23.0 网段的路由信息,所以报文无法到达 R3。

　　< R1> display ip routing-table

可以在 R1 上配置一条下一跳为 10.0.13.3 的缺省路由来实现网络的连通。

　　[R1]ip route-static 0.0.0.0 0.0.0.0 10.0.13.3

配置完成后,检测 R1 和 10.0.23.3 网络间的连通性。

　　< R1> ping 10.0.23.3

R1 通过缺省路由实现了与网段 10.0.23.3 间的通信。

(8) 配置备份缺省路由。

当 R1 和 R3 间的链路发生故障时,R1 可以使用备份缺省路由通过 R2 实现与10.0.23.3 和 10.0.3.3 网络间通信。

配置两条备份路由,确保数据来回都有路由。

　　[R1]ip route-static 0.0.0.0 0.0.0.0 10.0.12.2 preference 80
　　[R3]ip route-static 10.0.12.0 24 10.0.23.2 preference 80

(9) 验证备份缺省路由。

查看链路正常时 R1 上的路由条目。

```
< R1> display ip routing-table
Route Flags: R - relay, D - download to fib
------------------------------------------------------------------
Routing Tables: Public
Destinations : 15 Routes : 15
Destination/Mask  Proto  Pre  Cost  Flags  NextHop    Interface
0.0.0.0/0         Static 60   0     RD     10.0.13.3  GigabitEthernet0/0/8
10.0.1.0/24       Direct 0    0     D      10.0.1.1   LoopBack0
10.0.1.1/32       Direct 0    0     D      127.0.0.1  LoopBack0
10.0.1.255/32     Direct 0    0     D      127.0.0.1  LoopBack0
10.0.3.0/24       Static 60   0     RD     10.0.13.3  GigabitEthernet0/0/8
10.0.12.0/24      Direct 0    0     D      10.0.12.1  GigabitEthernet0/0/9
10.0.12.1/32      Direct 0    0     D      127.0.0.1  GigabitEthernet0/0/9
10.0.12.255/32    Direct 0    0     D      127.0.0.1  GigabitEthernet0/0/9
10.0.13.0/24      Direct 0    0     D      10.0.13.1  GigabitEthernet0/0/8
10.0.13.1/32      Direct 0    0     D      127.0.0.1  GigabitEthernet0/0/8
10.0.13.255/32    Direct 0    0     D      127.0.0.1  GigabitEthernet0/0/8
127.0.0.0/8       Direct 0    0     D      127.0.0.1  InLoopBack0
127.0.0.1/32      Direct 0    0     D      127.0.0.1  InLoopBack0
127.255.255.255/32 Direct 0   0     D      127.0.0.1  InLoopBack0
255.255.255.255/32 Direct 0   0     D      127.0.0.1  InLoopBack0
```

关闭 R1 和 R3 上的 G0/0/8 接口模拟链路故障,然后查看 R1 的路由表。比较关闭接口前后的路由表的变化情况。

```
[R1]interface GigabitEthernet0/0/8
[R1-GigabitEthernet0/0/8]shutdown
[R1-GigabitEthernet0/0/8]quit
[R3]interface GigabitEthernet0/0/8
[R3-GigabitEthernet0/0/8]shutdown
[R3-GigabitEthernet0/0/8]quit
< R1> display ip routing-table
Route Flags: R - relay, D - download to fib
------------------------------------------------------------
Routing Tables: Public
Destinations : 11 Routes : 11
Destination/Mask Proto Pre Cost Flags NextHop Interface
0.0.0.0/0 Static 80 0 RD 10.0.12.2 GigabitEthernet0/0/9
10.0.1.0/24 Direct 0 0 D 10.0.1.1 LoopBack0
10.0.1.1/32 Direct 0 0 D 127.0.0.1 LoopBack0
10.0.1.255/32 Direct 0 0 D 127.0.0.1 LoopBack0
10.0.12.0/24 Direct 0 0 D 10.0.12.1 GigabitEthernet0/0/9
10.0.12.1/32   Direct 0 0 D 127.0.0.1 GigabitEthernet0/0/9
10.0.12.255/32   Direct 0 0 D 127.0.0.1 GigabitEthernet0/0/9
127.0.0.0/8   Direct 0 0 D 127.0.0.1 InLoopBack0
127.0.0.1/32   Direct 0 0 D 127.0.0.1 InLoopBack0
127.255.255.255/32   Direct 0 0 D 127.0.0.1 InLoopBack0
255.255.255.255/32   Direct 0 0   D 127.0.0.1 InLoopBack0
```

上述路由表中,缺省路由 0.0.0.0 的 Preference 值为 80,表明备用的缺省路由已生效。

```
< R1> ping 10.0.23.3
```

网络并未因为 R1 和 R3 间的链路被关闭而中断。执行 tracert 命令,查看数据包的转发路径。

```
< R1> tracert 10.0.23.3
traceroute to 10.0.23.3(10.0.23.2), max hops: 30 ,packet length: 40,press CTRL
_C to break
1 10.0.12.2 30 ms 26 ms 26 ms
2 10.0.23.3 60 ms 53 ms 56 ms
```

结果显示报文通过 R2(10.0.12.2)到达 R3(10.0.23.3)。

实验 6-5　锐捷路由器 VLAN 配置-单臂路由

【实验内容】

VLAN 配置—单臂路由拓扑图如图 6-5-8 所示。

【实验步骤】

(1) 交换机的配置。

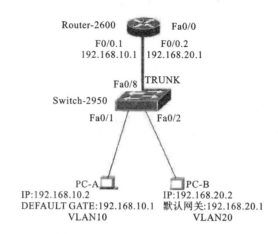

图 6-5-8　锐捷路由器 VLAN 配置-单臂路由拓扑图

交换机划分三个 VLAN，对应的子网如下：

```
VLAN 10    192.168.10.0/24
VLAN 20    192.168.20.0/24
VLAN 30    192.168.310.0/24
```

（2）路由器的配置。

Router 的 fa0/0 接口划分三个子接口：

```
fa0/0.1  192.168.10.1/24
fa0/0.2  192.168.20.1/24
fa0/0.3  192.168.310.1/24
    int fa0/0.1
    encapsulation isl 10
    ip address 192.168.10.1 255.255.255.0
```

必须把接口配置成 Trunk 接口，并允许相应 VLAN 的数据通过。

（3）验证。

用 show ip route 查看路由表验证。

在 PC-A 上 ping PC-B。

【思考题】

配置单臂路由时，交换机连接路由器的接口需要哪些配置？

实验 6-6　华为路由器 VLAN 间路由（单臂路由）

【实验目的】

掌握用于 VLAN 间路由的 Trunk 接口的配置方法；掌握在单个物理接口上配置多个子接口的方法；掌握在 VLAN 间实现 ARP 通信的配置方法。

【实验拓扑图】

单臂路由实验拓扑图如图 6-5-9 所示。

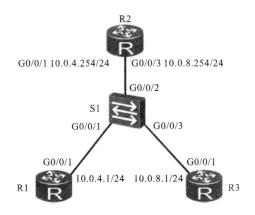

图 6-5-9 单臂路由实验拓扑图

【组网需求】

企业内部网络通常会通过划分不同的 VLAN 来隔离不同部门之间的二层通信,并保证各部门间的信息安全。但是由于业务需要,部门之间需要实现跨 VLAN 通信,网络管理员决定借助路由器,通过配置单臂路由实现 R1 和 R3 间跨 VLAN 通信需求。

【实验设备】

AR1220 3 台、S3700 1 台、PC 2 台。

【实验步骤】

(1) 实验环境准备。

配置 R1、R3 和 S1 的设备名称,并按照拓扑图配置 R1 的 G0/0/1 接口的 IP 地址。

```
< Huawei> system-view
[Huawei]sysname R1
[R1]interface GigabitEthernet0/0/1
[R1-GigabitEthernet0/0/1]ip address 10.0.4.1 24
< Huawei> system-view
[Huawei]sysname R3
< Quidway> system-view
[Quidway]sysname S1
```

(2) 为 R3 配置 IP 地址。

按照拓扑图配置 R3 上的 G0/0/1 接口的 IP 地址。

```
[R3]interface GigabitEthernet0/0/1
[R3-GigabitEthernet0/0/1]ip address 10.0.8.1 24
```

(3) 创建 VLAN。

在 S1 上创建 VLAN 4 和 VLAN 8,将端口 G0/0/1 加入 VLAN 4 中,将端口 G0/0/3 加入 VLAN 8 中。

```
[S1]vlan batch 4 8
Info: This operation may take a few seconds. Please wait for a moment...done.
[S1]interface GigabitEthernet0/0/1
```

```
[S1-GigabitEthernet0/0/1]port link-type access
[S1-GigabitEthernet0/0/1]port default vlan 4
[S1-GigabitEthernet0/0/1]quit
[S1]interface GigabitEthernet0/0/3
[S1-GigabitEthernet0/0/3]port link-type access
[S1-GigabitEthernet0/0/3]port default vlan 8
[S1-GigabitEthernet0/0/3]quit
```

将 S1 连接路由器的 G0/0/2 端口配置为 Trunk 接口,并允许 VLAN 4 和 VLAN 8 的报文通过。

```
[S1]interface GigabitEthernet0/0/2
[S1-GigabitEthernet0/0/2]port link-type trunk
[S1-GigabitEthernet0/0/2]port trunk allow-pass vlan 4 8
```

(4) 配置 R2 上的子接口实现 VLAN 间路由。

由于路由器只有一个实际的物理接口和交换机 S1 相连,而实际上不同部门属于不同 VLAN 和不同网段,所以在路由器上配置不同的逻辑子接口来扮演不同的网关角色,在 R2 上配置子接口 G0/0/1 和 G0/0/3,并作为 VLAN 4 和 VLAN 8 的网关。

```
< Huawei> system-view
Enter system view, return user view with Ctrl+Z.
[Huawei]sysname R2
[R2]interface GigabitEthernet0/0/1.1
[R2-GigabitEthernet0/0/1]ip address 10.0.4.254 24
[R2-GigabitEthernet0/0/1]dot1q termination vid 4
[R2-GigabitEthernet0/0/1]arp broadcast enable
[R2-GigabitEthernet0/0/1]quit
[R2]interface GigabitEthernet0/0/1.3
[R2-GigabitEthernet0/0/3]ip address 10.0.8.254 24
[R2-GigabitEthernet0/0/3]dot1q termination vid 8
[R2-GigabitEthernet0/0/3]arp broadcast enable
```

在 R1 和 R3 上各配置一条默认路由指向各自的网关。

```
[R1]ip route-static 0.0.0.0 0.0.0.0 10.0.4.254
[R3]ip route-static 0.0.0.0 0.0.0.0 10.0.8.254
```

配置完成后,检测 R1 和 R3 间的连通性。

```
< R1> ping 10.0.8.1
[R2]display ip routing-table
Route Flags: R - relay, D - download to fib
------------------------------------------------------------------
Routing Tables: Public
Destinations : 10   Routes : 10
Destination/Mask  Proto  Pre  Cost  Flags  NextHop  Interface
```

```
10.0.4.0/24 Direct 0 0 D 10.0.4.254 GigabitEthernet0/0/1.1
10.0.4.254/32 Direct 0 0 D 127.0.0.1 GigabitEthernet0/0/1.1
10.0.4.255/32 Direct 0 0 D 127.0.0.1 GigabitEthernet0/0/1.1
10.0.8.0/24 Direct 0 0 D 10.0.8.254 GigabitEthernet0/0/1.3
10.0.8.254/32 Direct 0 0 D 127.0.0.1 GigabitEthernet0/0/1.3
10.0.8.255/32 Direct 0 0 D 127.0.0.1 GigabitEthernet0/0/1.3
127.0.0.0/8 Direct 0 0 D 127.0.0.1 InLoopBack0
127.0.0.1/32 Direct 0 0 D 127.0.0.1 InLoopBack0
127.255.255.255/32 Direct 0 0 D 127.0.0.1 InLoopBack0
255.255.255.255/32 Direct 0 0 D 127.0.0.1 InLoopBack0
```

实验 6-7　锐捷路由器 RIP 路由协议配置

【实验目的】

通过本次实验，读者应了解 RIP 协议的工作过程，并能对这两种协议通过路由器进行设置，同时查看所生成的路由表，是否和按照工作原理所生成的路由表相同，对路由器的路由表有一个深刻的认识。

【实验内容】

启用 RIP 协议，使 R1 路由表学到 R2 的路由表信息。

【实验拓扑图】

RIP 实验拓扑图如图 6-5-10 所示。说明：路由器 Router1、Router2、PC1 和 PC2 的接口的 IP 地址分配如表 6-5-2 所示。

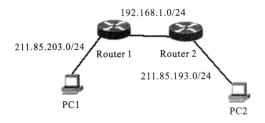

图 6-5-10　RIP 路由拓扑图

表 6-5-2　IP 地址分配表 2

设备	端口	IP	掩码
Router1	S0	192.168.1.1	255.255.255.0
	E0	211.85.203.254	255.255.255.0
Router2	S0	192.168.1.2	255.255.255.0
	E0	211.85.193.254	255.255.255.0
PC1		211.85.203.22	255.255.255.0
DEFAULT GATEWAY		211.85.203.254	255.255.255.0
PC2		211.85.193.150	255.255.255.0
DEFAULT GATEWAY		211.85.193.254	255.255.255.0

【实验步骤】

(1) 首先按图 6-5-10 把各设备连接完成,配置 PC1 上的第二块网卡的 IP 地址、子网掩码和默认网关。

(2) 配置 PC2 上的第二块网卡的 IP 地址、子网掩码和默认网关。

(3) 配置路由器 Router1,使用命令如下:

  enable   //进入特权命令状态
  configure terminal //进入全局设置状态

配置局域网接口 Fa0/0 和广域网接口 S0/0。

E0 口的设置方法与静态路由中 Router1 的配置方法相同,这里就不再写出。

R1 上:

  int Fa0/0
  Ip add 211.85.203.254 255.255.255.0

S0 口的设置方法与静态路由中 Router1 的配置方法相同,这里就不再写出。

  Int s0
  Ip add 192.168.1.1 255.255.255.0

配置 RIPv1 协议:

  router rip   //启用 RIP 路由协议
  network 211.85.203.0 //指定直接相连的网络 222.85.203.0
  network 192.168.1.0 //指定直接相连的网络 192.168.1.0

(4) 配置路由器 Router2,使用命令如下:

  enable   //进入特权命令状态
  configure terminal //进入全局设置状态

配置广域网接口 S0/0 和局域网接口 Fa0/1。

E0 口的设置方法与静态路由中 Router2 的配置方法相同,这里就不再写出。

R1 上:

  int Fa0/0
  ip add 211.85.193.254 255.255.255.0

S0 口的设置方法与静态路由中 Router2 的配置方法相同,这里就不再写出。

  int s0
  ip add 192.168.1.2 255.255.255.0
  router rip   //启用 RIP 路由协议

配置 RIPv1 协议。

  router rip   //启用 RIP 路由协议
  network 222.85.193.0 //指定直接相连的网络 222.85.193.0
  network 192.168.1.0 //指定直接相连的网络 192.168.1.0

（5）PC1、PC2 的连通性测试。

① PC1 ping PC2 及各个路由器端口。

② PC2 ping PC1 及各个路由器端口。

（6）测试路由协议的配置。

下面利用 show ip route，查看路由器 Router1 所生成的路由表，如图 6-5-11 所示。

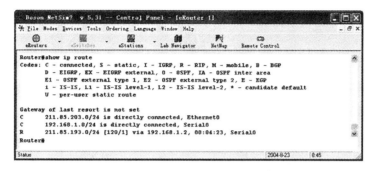

图 6-5-11 查看 Router 所生成的路由表

从图 6-5-11 所示的结果可知，在路由器的路由表中已经学习到了三条记录，其中前两条代码为 C-connected，这两条信息都是与路由器直接相连的网络，最后一条代码为 R-rip，它是由 RIP 路由协议学习到的。

还是在特权模式下用 show ip protocol 命令可看到如图 6-5-12 所示的结果。

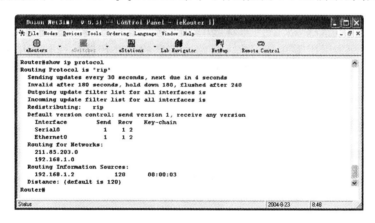

图 6-5-12 查看 Router 路由器的路由协议

从显示的结果可知，路由器采用的是 RIP 路由协议，路由每 30 s 更新一次，下次更新在 26 s 后，路由信息保持在 180 s 内等。

【思考题】

请对比说明 RIPv1 与 RIPv2 两个协议之间的差异。

实验 6-8 华为路由器配置 RIPv1 和 RIPv2

【实验目的】

理解 RIP 的路由协议的防环机制；掌握 RIPv1 的配置方法；掌握在特定网络和接口上

启用 RIP 的方法;掌握 display 和 debugging 命令测试 RIP 的方法;掌握测试 RIP 路由网络连通性的方法;掌握 RIPv2 的配置方法;掌握 RIPv1 和 RIPv2 的兼容特性;掌握在网络中部署 RIP 协议时的故障排除方法。

【实验拓扑图】

配置 RIPv1 和 RIPv2 实验拓扑图如图 6-5-13 所示。

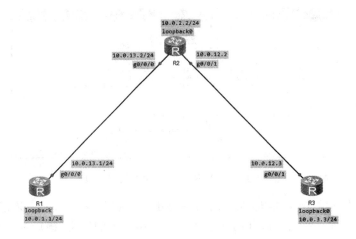

图 6-5-13　配置 RIPv1 和 RIPv2 实验拓扑图

【组网需求】

你是公司的网络管理员。你所管理的小型网络中包含三台路由器,并规划了三个网络。您需要在网络中配置 RIP 路由协议来实现路由信息的相互传输。最初使用的是 RIPv1,后来发现 RIPv2 更有优势,于是决定优化网络,使用 RIPv2。

【实验设备】

AR1220 3 台、PC 2 台。

【实验步骤】

(1) 实验环境准备。

如果本任务中使用的是空配置设备,需要从步骤(1)开始配置,然后跳过步骤(2)。如果使用的设备包含上一个实验的配置,请直接从步骤(2)开始。

```
< Huawei> system-view
[Huawei]sysname R1
[R1]interface GigabitEthernet0/0/8
[R1-GigabitEthernet0/0/8]ip address 10.0.13.1 24
[R1-GigabitEthernet0/0/8]quit
[R1]interface LoopBack 0
[R1-LoopBack0]ip address 10.0.1.1 24
[R1-LoopBack0]quit
< Huawei> system-view
[Huawei]sysname R2
[R2]interface GigabitEthernet0/0/8
```

```
[R2-GigabitEthernet0/0/8]ip address 10.0.13.2 24
[R2-GigabitEthernet0/0/8]quit
[R2]interface GigabitEthernet0/0/9
[R2-GigabitEthernet0/0/9]ip address 10.0.12.2 24
[R2-GigabitEthernet0/0/9]quit
[R2]interface LoopBack 0
[R2-LoopBack0]ip address 10.0.2.2 24
[R2-LoopBack0]quit
< Huawei> system-view
[Huawei]sysname R3
[R3]interface LoopBack 0
[R3-LoopBack0]ip address 10.0.3.3 24
```

(2) 配置 IP 地址。

为 R2 和 R3 配置如下 IP 地址。

```
[R2]interface GigabitEthernet0/0/0
[R2-GigabitEthernet0/0/0]ip address 10.0.13.2 24
[R3]interface GigabitEthernet0/0/1
[R3-GigabitEthernet0/0/1]ip address 10.0.12.3 24
```

测试 R1 和 R2 间的连通性。

```
< R1> ping 10.0.13.2
```

测试 R2 和 R3 间的连通性。

```
< R2> ping 10.0.12.3
```

(3) 配置 RIPv1 协议。

在 R1 上启动 RIP 协议,并将 10.0.0.0 网段发布到 RIP 协议中。

```
[R1]rip 1
[R1-rip-1]network 10.0.0.0
```

在 R2 上启动 RIP 协议,并将 10.0.0.0 网段发布到 RIP 协议中。

```
[R2]rip 1
[R2-rip-1]network 10.0.0.0
```

在 R3 上启动 RIP 协议,并将 10.0.0.0 网段发布到 RIP 协议中。

```
[R3]rip 1
[R3-rip-1]network 10.0.0.0
```

(4) 验证 RIPv1 路由。

查看 R1、R2 和 R3 的路由表,确保路由器已经学习到了如下显示信息中灰色阴影标注的 RIP 路由。

```
< R1> display ip routing-table
```

```
Route Flags: R - relay, D - download to fib
------------------------------------------------------------------------

Routing Tables: Public
        Destinations : 13    Routes : 13
Destination/Mask    Proto   Pre  Cost   Flags  NextHop        Interface
     10.0.1.0/24    Direct  0    0        D    10.0.1.1       LoopBack0
     10.0.1.1/32    Direct  0    0        D    127.0.0.1      LoopBack0
     10.0.1.255/32  Direct  0    0        D    127.0.0.1      LoopBack0
     10.0.2.0/24    RIP     100  1        D    10.0.13.2      GigabitEthernet0/0/8
     10.0.3.0/24    RIP     100  2        D    10.0.13.2      GigabitEthernet0/0/8
     10.0.12.0/24   RIP     100  1        D    10.0.13.2      GigabitEthernet0/0/8
     10.0.13.0/24   Direct  0    0        D    10.0.13.1      GigabitEthernet0/0/8
     10.0.13.1/32   Direct  0    0        D    127.0.0.1      GigabitEthernet0/0/8
     10.0.13.255/32 Direct  0    0        D    127.0.0.1      GigabitEthernet0/0/8
     127.0.0.0/8    Direct  0    0        D    127.0.0.1      InLoopBack0
     127.0.0.1/32   Direct  0    0        D    127.0.0.1      InLoopBack0
     127.255.255.255/32 Direct 0 0        D    127.0.0.1      InLoopBack0
     255.255.255.255/32 Direct 0 0        D    127.0.0.1      InLoopBack0
< R2> display ip routing-table
Route Flags: R - relay, D - download to fib
------------------------------------------------------------------------

Routing Tables: Public
        Destinations : 15    Routes : 15
Destination/Mask    Proto   Pre  Cost   Flags  NextHop        Interface
     10.0.1.0/24    RIP     100  1        D    10.0.13.1      GigabitEthernet0/0/8
     10.0.2.0/24    Direct  0    0        D    10.0.2.2       LoopBack0
     10.0.2.2/32    Direct  0    0        D    127.0.0.1      LoopBack0
     10.0.2.255/32  Direct  0    0        D    127.0.0.1      LoopBack0
     10.0.3.0/24    RIP     100  1        D    10.0.12.3      GigabitEthernet0/0/9
     10.0.12.0/24   Direct  0    0        D    10.0.12.2      GigabitEthernet0/0/9
     10.0.12.2/32   Direct  0    0        D    127.0.0.1      GigabitEthernet0/0/9
     10.0.12.255/32 Direct  0    0        D    127.0.0.1      GigabitEthernet0/0/9
     10.0.13.0/24   Direct  0    0        D    10.0.13.2      GigabitEthernet0/0/8
     10.0.13.2/32   Direct  0    0        D    127.0.0.1      GigabitEthernet0/0/8
     10.0.13.255/32 Direct  0    0        D    127.0.0.1      GigabitEthernet0/0/8
     127.0.0.0/8    Direct  0    0        D    127.0.0.1      InLoopBack0
     127.0.0.1/32   Direct  0    0        D    127.0.0.1      InLoopBack0
     127.255.255.255/32 Direct 0 0        D    127.0.0.1      InLoopBack0
     255.255.255.255/32 Direct 0 0        D    127.0.0.1      InLoopBack0
< R3> display ip routing-table
Route Flags: R - relay, D - download to fib
------------------------------------------------------------------------

Routing Tables: Public
        Destinations : 13    Routes : 13
```

```
Destination/Mask Proto Pre Cost Flags NextHop    Interface
10.0.1.0/24       RIP   100 2     D     10.0.12.2    GigabitEthernet0/0/1
10.0.2.0/24       RIP   100 1     D     10.0.12.2    GigabitEthernet0/0/1
10.0.3.0/24       Direct 0   0    D     10.0.3.3     LoopBack0
10.0.3.3/32       Direct 0   0    D     127.0.0.1    LoopBack0
10.0.3.255/32     Direct 0   0    D     127.0.0.1    LoopBack0
10.0.12.0/24      Direct 0   0    D     10.0.12.3    GigabitEthernet0/0/1
10.0.12.3/32      Direct 0   0    D     127.0.0.1    GigabitEthernet0/0/1
10.0.12.255/32    Direct 0   0    D     127.0.0.1    GigabitEthernet0/0/1
10.0.13.0/24      RIP   100 1     D     10.0.12.2    GigabitEthernet0/0/1
127.0.0.0/8       Direct 0   0    D     127.0.0.1    InLoopBack0
127.0.0.1/32      Direct 0   0    D     127.0.0.1    InLoopBack0
127.255.255.255/32 Direct 0  0    D     127.0.0.1    InLoopBack0
255.255.255.255/32 Direct 0  0    D     127.0.0.1    InLoopBack0
```

检测 R1 到 IP 地址 10.0.12.3 的连通性。R1 和 R3 能够互通。

[R1]ping 10.0.12.3

执行 debugging 命令，查看 RIPv1 协议的定期更新情况。执行 debugging 命令开启 RIP 调试功能。注意只能在用户视图下执行 debugging 命令。执行 display debugging 命令，查看当前的调试信息。执行 terminal debugging 命令，开启 debug 信息在终端屏幕上显示的功能。路由器间的 RIP 交互信息显示如下：

```
< R1> debugging rip 1
< R1> display debugging
RIP Process id: 1
Debugs ON: SEND, RECEIVE, PACKET, TIMER, EVENT, BRIEF,
JOB, ROUTE-PROCESSING, ERROR,
REPLAY-PROTECT, GR
< R1> terminal debugging
Info: Current terminal debugging is on.
< R1>
Jul 9 2018 16:44:15.150.1+ 00:00 R1 RIP/7/DBG: 6: 14226: RIP 1: Receiving v1 res
ponse on GigabitEthernet0/0/8 from 10.0.13.2 with 3 RTEs
< R1>
Jul 9 2018 16:44:15.150.2+ 00:00 R1 RIP/7/DBG: 6: 14272: RIP 1: Receive response
from 10.0.13.2 on GigabitEthernet0/0/8
< R1>
Jul 9 2018 16:44:15.150.3+ 00:00 R1 RIP/7/DBG: 6: 14283: Packet: Version 1, Cmd
response, Length 64
< R1>
Jul 9 2018 16:44:15.150.4+ 00:00 R1 RIP/7/DBG: 6: 14334: Dest 10.0.2.0, Cost 1
< R1>
Jul 9 2018 16:44:15.150.5+ 00:00 R1 RIP/7/DBG: 6: 14334: Dest 10.0.3.0, Cost 2
< R1>
```

```
Jul 9 2018 16:44:15.150.6+ 00:00 R1 RIP/7/DBG: 6: 14334: Dest 10.0.12.0, Cost 1
< R1>
Jul 9 2018 16:44:18.10.1+ 00:00 R1 RIP/7/DBG: 25: 5075: RIP 1: Periodic timer ex
pired for interface GigabitEthernet0/0/8
< R1>
Jul  9 2018 16:44:18.10.2+ 00:00 R1 RIP/7/DBG: 25: 6283: RIP 1: Job Periodic Upda
te is created
```

执行 undo debugging rip <*process-id*> or undo debugging all 命令，关闭调测功能。

```
< R1> undo debugging rip 1
```

也可以使用带更多参数的命令查看某类型的调试信息，如 debug rip 1 event 查看路由器发出和收到的定期更新事件。其他参数可以使用"?"获取帮助。

```
< R1>
Jul  9 2018 16:46:27.140.1+ 00:00 R1 RIP/7/DBG: 25: 5723: RIP 1: Periodic timer e
xpired for interface GigabitEthernet0/0/8 (10.0.13.1) and its added to periodic
update queue
< R1>
Jul  9 2018 16:46:27.150.1+ 00:00 R1 RIP/7/DBG: 25: 6053: RIP 1: Interface Gigabi
tEthernet0/0/8 (10.0.13.1) is deleted from the periodic update queue
< R1> undo debugging all
Info: All possible debugging has been turned off
```

警告：开启过多的调试功能将消耗路由器的大量资源，甚至可能导致宕机。因而，请慎重使用开启批量 debug 功能的命令，如 debug all。

(5) 配置 RIPv2 协议。

基于前面的配置，只需在 RIP 子视图模式下配置 version 2 即可。

```
[R1]rip 1
[R1-rip-1]version 2
[R2]rip 1
[R2-rip-1]version 2
[R3]rip 1
[R3-rip-1]version 2
```

(6) 验证 RIPv2 路由。

执行 display ip routing-table 命令，查看 R1、R2 和 R3 上的路由表。注意比较灰色标注部分路由条目后之前 RIPv1 路由条目的不同之处。

```
< R1> display ip routing-table
Route Flags: R - relay, D - download to fib
------------------------------------------------------------------------
Routing Tables: Public
Destinations : 13 Routes : 13
Destination/Mask Proto Pre Cost Flags NextHop Interface
```

```
10.0.1.0/24 Direct 0 0 D 10.0.1.1 LoopBack0
10.0.1.1/32 Direct 0 0 D 127.0.0.1 LoopBack0
10.0.1.255/32 Direct 0 0 D 127.0.0.1 LoopBack0
10.0.2.0/24 RIP 100 1 D 10.0.13.2 GigabitEthernet0/0/8
10.0.3.0/24 RIP 100 2 D 10.0.13.2 GigabitEthernet0/0/8
10.0.12.0/24 RIP 100 1 D 10.0.13.2 GigabitEthernet0/0/8
10.0.13.0/24 Direct 0 0 D 10.0.13.1 GigabitEthernet0/0/8
10.0.13.1/32 Direct 0 0 D 127.0.0.1 GigabitEthernet0/0/8
10.0.13.255/32 Direct 0 0 D 127.0.0.1 GigabitEthernet0/0/8
127.0.0.0/8 Direct 0 0 D 127.0.0.1 InLoopBack0
127.0.0.1/32 Direct 0 0 D 127.0.0.1 InLoopBack0
127.255.255.255/32 Direct 0 0 D 127.0.0.1 InLoopBack0
255.255.255.255/32 Direct 0 0 D 127.0.0.1 InLoopBack0
< R2> display ip routing-table
Route Flags: R - relay, D - download to fib
------------------------------------------------------------------------
Routing Tables: Public
Destinations : 15    Routes : 15
Destination/Mask Proto Pre Cost Flags NextHop Interface
10.0.1.0/24 RIP 100 1 D 10.0.13.1 GigabitEthernet0/0/0
10.0.2.0/24 Direct 0 0 D 10.0.2.2 LoopBack0
10.0.2.2/32 Direct 0 0 D 127.0.0.1 LoopBack0
10.0.2.255/32 Direct 0 0 D 127.0.0.1 LoopBack0
10.0.3.0/24 RIP 100 1 D 10.0.12.3 GigabitEthernet0/0/9
10.0.12.0/24 Direct 0 0 D 10.0.12.2 GigabitEthernet0/0/9
10.0.12.2/32 Direct 0 0 D 127.0.0.1 GigabitEthernet0/0/9
10.0.12.255/32 Direct 0 0 D 127.0.0.1 GigabitEthernet0/0/9
10.0.13.0/24 Direct 0 0 D 10.0.13.2 GigabitEthernet0/0/8
10.0.13.2/32 Direct 0 0 D 127.0.0.1 GigabitEthernet0/0/8
10.0.13.255/32 Direct 0 0 D 127.0.0.1 GigabitEthernet0/0/8
127.0.0.0/8 Direct 0 0 D 127.0.0.1 InLoopBack0
127.0.0.1/32 Direct 0 0 D 127.0.0.1 InLoopBack0
127.255.255.255/32 Direct 0 0 D 127.0.0.1 InLoopBack0
255.255.255.255/32 Direct 0 0 D 127.0.0.1 InLoopBack0
[R3]display ip routing-table
Route Flags: R - relay, D - download to fib
------------------------------------------------------------------------
Routing Tables: Public
Destinations : 13    Routes : 13
Destination/Mask Proto Pre Cost Flags NextHop Interface
10.0.1.0/24 RIP 100 2 D 10.0.12.2 GigabitEthernet0/0/1
10.0.2.0/24 RIP 100 1 D 10.0.12.2 GigabitEthernet0/0/1
10.0.3.0/24 Direct 0 0 D 10.0.3.3 LoopBack0
10.0.3.3/32 Direct 0 0 D 127.0.0.1 LoopBack0
10.0.3.255/32 Direct 0 0 D 127.0.0.1 LoopBack0
10.0.12.0/24 Direct 0 0 D 10.0.12.3 GigabitEthernet0/0/1
10.0.12.3/32 Direct 0 0 D 127.0.0.1 GigabitEthernet0/0/1
```

```
10.0.12.255/32 Direct 0 0 D 127.0.0.1 GigabitEthernet0/0/1
10.0.13.0/24 RIP 100 1 D 10.0.12.2 GigabitEthernet0/0/1
127.0.0.0/8 Direct 0 0 D 127.0.0.1 InLoopBack0
127.0.0.1/32 Direct 0 0 D 127.0.0.1 InLoopBack0
127.255.255.255/32 Direct 0 0 D 127.0.0.1 InLoopBack0
255.255.255.255/32 Direct 0 0 D 127.0.0.1 InLoopBack0
```

检测 R1 到 R3 的 G0/0/1 接口(IP 地址为 10.0.12.3)的连通性。

```
< R1> ping 10.0.12.3
```

执行 debugging 命令,查看 RIPv2 协议定期更新情况。

```
< R1> terminal debugging
Info: Current terminal debugging is on.
< R1> debugging rip 1 event
< R1>
Jul  9 2018 16:53:00.410.1+ 00:00 R1 RIP/7/DBG: 25: 5723: RIP 1: Periodic timer expired for interface GigabitEthernet0/0/8 (10.0.13.1) and its added to periodic update queue
< R1>
Jul  9 2018 16:53:00.420.1+ 00:00 R1 RIP/7/DBG: 25: 6053: RIP 1: Interface GigabitEthernet0/0/8 (10.0.13.1) is deleted from the periodic update queue
< R1> undo debugging rip 1
< R1> debugging rip 1 packet
< R1>
Jul  9 2018 16:53:36.600.1+ 00:00 R1 RIP/7/DBG: 6: 14263: RIP 1: Sending response on interface GigabitEthernet0/0/8 from 10.0.13.1 to 224.0.0.9
< R1>
Jul  9 2018 16:53:36.600.2+ 00:00 R1 RIP/7/DBG: 6: 14283: Packet: Version 2, Cmd response, Length 24
< R1>
Jul  9 2018 16:53:36.600.3+ 00:00 R1 RIP/7/DBG: 6: 14353: Dest 10.0.1.0/24, Nexthop 0.0.0.0, Cost 1, Tag 0
< R1> undo debugging rip 1
```

附加练习:分析并验证

(1) 思考一下,在使用 RIPv1 时,一台路由器向它的邻居路由器发送路由更新时,仅发送网络号码信息,不发送掩码。这样接到路由更新的路由器可以依据哪些条件进行处理,生成对应的掩码信息?

(2) RIPv1 和 RIPv2 分别有哪些优缺点?

实验 6-9 华为路由器 RIPv2 路由汇总和认证

【实验目的】

掌握 RIPv2 路由汇总的配置方法;掌握配置 RIP 认证的方法;掌握 RIP 认证失败时故障排除的方法。

【实验拓扑图】

RIPv2 路由汇总和认证实验拓扑图如图 6-5-14 所示。

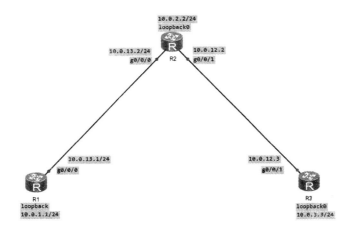

图 6-5-14 RIPv2 路由汇总和认证实验拓扑图

【组网需求】

你是企业的网络管理员。为了更好地管理网络和优化路由表，需要在 RIPv2 网络中配置路由汇总来进行路由信息的控制和传递。另外，为了防止恶意破坏者伪装成合法路由器，接收并修改路由信息，你还需要配置 RIP 认证功能来提高网络安全性。

【实验步骤】

（1）实验环境准备。

R1、R2 和 R3 的基础配置以及 IP 地址的配置。

```
< Huawei> system-view
[Huawei]sysname R1
[R1]interface GigabitEthernet0/0/8
[R1-GigabitEthernet0/0/8]ip address 10.0.13.1 24
[R1-GigabitEthernet0/0/8]quit
[R1]interface LoopBack 0
[R1-LoopBack0]ip address 10.0.1.1 24
< Huawei> system-view
[Huawei]sysname R2
[R2]interface GigabitEthernet0/0/8
[R2-GigabitEthernet0/0/8]ip address 10.0.13.2 24
[R2-GigabitEthernet0/0/8]quit
[R2]interface GigabitEthernet0/0/9
[R2-GigabitEthernet0/0/9]ip address 10.0.12.2 24
[R2-GigabitEthernet0/0/9]quit
[R2]interface LoopBack 0
[R2-LoopBack0]ip address 10.0.2.2 24
< Huawei> system-view
```

```
[Huawei]sysname R3
[R3]interface GigabitEthernet0/0/1
[R3-GigabitEthernet0/0/1]ip address 10.0.12.3 24
[R3-GigabitEthernet0/0/1]quit
[R3]interface LoopBack 0
[R3-LoopBack0]ip address 10.0.3.3 24
```

配置完成后,检测网络连通性。

```
< R1> ping 10.0.13.2
< R2> ping 10.0.12.3
```

在 R1、R2 和 R3 上配置 RIPv2 路由协议。

```
[R1]rip 1
[R1-rip-1]version 2
[R1-rip-1]network 10.0.0.0
[R2]rip 1
[R2-rip-1]version 2
[R2-rip-1]network 10.0.0.0
[R3]rip 1
[R3-rip-1]version 2
[R3-rip-1]network 10.0.0.0
```

(2) 配置环回地址。

在 R3 上创建多个环回接口并按照拓扑图配置 IP 地址。

```
[R3-LoopBack0]interface LoopBack 2
[R3-LoopBack2]ip address 172.16.0.1 24
[R3-LoopBack2]interface LoopBack 3
[R3-LoopBack3]ip address 172.16.1.1 24
[R3-LoopBack3]interface LoopBack 4
[R3-LoopBack4]ip address 172.16.2.1 24
[R3-LoopBack4]interface LoopBack 5
[R3-LoopBack5]ip address 172.16.3.1 24
```

(3) 在 RIP 中发布环回接口地址。

在 R3 上将环回接口的网段 172.16.0.0 发布到 RIP 协议中。

```
[R3]rip
[R3-rip-1]network 172.16.0.0
```

在 R1 上查看路由表。

```
< R1> display ip routing-table
Route Flags: R - relay, D - download to fib
------------------------------------------------------------
Routing Tables: Public
        Destinations : 17       Routes : 17
```

```
Destination/Mask Proto Pre Cost Flags NextHop Interface
10.0.1.0/24 Direct 0 0 D 10.0.1.1 LoopBack0
10.0.1.1/32 Direct 0 0 D 127.0.0.1 LoopBack0
10.0.1.255/32 Direct 0 0 D 127.0.0.1 LoopBack0
10.0.2.0/24 RIP 100 1 D 10.0.13.2 GigabitEthernet0/0/0
10.0.3.0/24 RIP 100 2 D 10.0.13.2 GigabitEthernet0/0/8
10.0.12.0/24 RIP 100 1 D 10.0.13.2 GigabitEthernet0/0/8
10.0.13.0/24 Direct 0 0 D 10.0.13.1 GigabitEthernet0/0/8
10.0.13.1/32 Direct 0 0 D 127.0.0.1 GigabitEthernet0/0/8
10.0.13.255/32 Direct 0 0 D 127.0.0.1 GigabitEthernet0/0/8
127.0.0.0/8 Direct 0 0 D 127.0.0.1 InLoopBack0
127.0.0.1/32 Direct 0 0 D 127.0.0.1 InLoopBack0
127.255.255.255/32 Direct 0 0 D 127.0.0.1 InLoopBack0
172.16.0.0/24 RIP 100 2 D 10.0.13.2 GigabitEthernet0/0/8
172.16.1.0/24 RIP 100 2 D 10.0.13.2 GigabitEthernet0/0/8
172.16.2.0/24 RIP 100 2 D 10.0.13.2 GigabitEthernet0/0/8
172.16.3.0/24 RIP 100 2 D 10.0.13.2 GigabitEthernet0/0/8
255.255.255.255/32 Direct 0 0 D 127.0.0.1 InLoopBack0
```

路由表中灰色阴影标注的部分表明，R1 已经学习到了指定路由，但是这些路由是没有汇总的明细路由。测试 R1 到网段 172.16.0.0 的连通性。

```
< R1> ping 172.16.0.1
```

(4) 在 R2 上配置 RIP 手动路由汇总。

在 R2 的 G0/0/8 接口执行 rip summary-address 命令，配置 RIP 路由汇总。四条路由 172.16.0.0/24、172.16.1.0/24、172.16.2.0/24 和 172.16.3.0/24 汇总成了一条，即 172.16.0.0/16。

```
[R2]interface GigabitEthernet0/0/8
[R2-GigabitEthernet0/0/8]rip summary-address 172.16.0.0 255.255.0.0
```

查看 R1 的路由表中是否包含该汇总路由。

```
< R1> display ip routing-table
Route Flags: R - relay, D - download to fib
----------------------------------------------------------------
Routing Tables: Public
Destinations : 14 Routes : 14
Destination/Mask Proto Pre Cost Flags NextHop Interface
10.0.1.0/24 Direct 0 0 D 10.0.1.1 LoopBack0
10.0.1.1/32 Direct 0 0 D 127.0.0.1 LoopBack0
10.0.1.255/32 Direct 0 0 D 127.0.0.1 LoopBack0
10.0.2.0/24 RIP 100 1 D 10.0.13.2 GigabitEthernet0/0/8
10.0.3.0/24 RIP 100 2 D 10.0.13.2 GigabitEthernet0/0/8
10.0.12.0/24 RIP 100 1 D 10.0.13.2 GigabitEthernet0/0/8
```

```
10.0.13.0/24 Direct 0 0 D 10.0.13.1 GigabitEthernet0/0/8
10.0.13.1/32 Direct 0 0 D 127.0.0.1 GigabitEthernet0/0/8
10.0.13.255/32 Direct 0 0 D 127.0.0.1 GigabitEthernet0/0/8
127.0.0.0/8 Direct 0 0 D 127.0.0.1 InLoopBack0
127.0.0.1/32 Direct 0 0 D 127.0.0.1 InLoopBack0
127.255.255.255/32 Direct 0 0 D 127.0.0.1 InLoopBack0
172.16.0.0/16 RIP 100 2 D 10.0.13.2 GigabitEthernet0/0/8
255.255.255.255/32 Direct 0 0 D 127.0.0.1 InLoopBack0
```

从路由表中灰色阴影标注部分可以看出,此时路由表中只显示了汇总路由,不再显示明细路由了。测试 R1 到网段 172.16.0.0 的连通性。

```
< R1> ping 172.16.0.1
```

上述信息表明,路由汇总减小了路由表的规模,并且不影响网络的连通性。

(5) 配置 RIP 认证。

在 R1 和 R2 间配置明文认证,在 R2 和 R3 间配置 MD5 认证。认证密码均为"huawei"。

```
[R1]interface GigabitEthernet0/0/8
[R1-GigabitEthernet0/0/8]rip authentication-mode simple huawei
[R2]interface GigabitEthernet0/0/8
[R2-GigabitEthernet0/0/8]rip authentication-mode simple huawei
[R2-GigabitEthernet0/0/8]quit
[R2]interface GigabitEthernet0/0/9
[R2-GigabitEthernet0/0/9]rip authentication-mode md5 usual huawei
[R3]interface GigabitEthernet0/0/1
[R3-GigabitEthernet0/0/1]rip authentication-mode md5 usual huawei
```

配置完成后,验证路由是否受到了影响。

```
Routing Tables: Public
Destinations : 14 Routes : 14
Destination/Mask Proto Pre Cost Flags NextHop Interface
10.0.1.0/24 Direct 0 0 D 10.0.1.1 LoopBack0
10.0.1.1/32 Direct 0 0 D 127.0.0.1 LoopBack0
10.0.1.255/32 Direct 0 0 D 127.0.0.1 LoopBack0
10.0.2.0/24 RIP 100 1 D 10.0.13.2 GigabitEthernet0/0/8
10.0.3.0/24 RIP 100 2 D 10.0.13.2 GigabitEthernet0/0/8
10.0.12.0/24 RIP 100 1 D 10.0.13.2 GigabitEthernet0/0/8
10.0.13.0/24 Direct 0 0 D 10.0.13.1 GigabitEthernet0/0/8
10.0.13.1/32 Direct 0 0 D 127.0.0.1 GigabitEthernet0/0/8
10.0.13.255/32 Direct 0 0 D 127.0.0.1 GigabitEthernet0/0/8
127.0.0.0/8 Direct 0 0 D 127.0.0.1 InLoopBack0
127.0.0.1/32 Direct 0 0 D 127.0.0.1 InLoopBack0
127.255.255.255/32 Direct 0 0 D 127.0.0.1 InLoopBack0
172.16.0.0/16 RIP 100 2 D 10.0.13.2 GigabitEthernet0/0/8
255.255.255.255/32 Direct 0 0 D 127.0.0.1 InLoopBack0
```

```
<R2> display ip routing-table
Route Flags: R - relay, D - download to fib
-----------------------------------------------------------------
Routing Tables: Public
Destinations : 19 Routes : 19
Destination/Mask Proto Pre Cost Flags NextHop Interface
10.0.1.0/24 RIP 100 1 D 10.0.13.1 GigabitEthernet0/0/8
10.0.2.0/24 Direct 0 0 D 10.0.2.2 LoopBack0
10.0.2.2/32 Direct 0 0 D 127.0.0.1 LoopBack0
10.0.2.255/32 Direct 0 0 D 127.0.0.1 LoopBack0
10.0.3.0/24 RIP 100 1 D 10.0.12.3 GigabitEthernet0/0/9
10.0.12.0/24 Direct 0 0 D 10.0.12.2 GigabitEthernet0/0/9
10.0.12.2/32 Direct 0 0 D 127.0.0.1 GigabitEthernet0/0/9
10.0.12.255/32 Direct 0 0 D 127.0.0.1 GigabitEthernet0/0/9
10.0.13.0/24 Direct 0 0 D 10.0.13.2 GigabitEthernet0/0/8
10.0.13.2/32 Direct 0 0 D 127.0.0.1 GigabitEthernet0/0/8
10.0.13.255/32 Direct 0 0 D 127.0.0.1 GigabitEthernet0/0/8
127.0.0.0/8 Direct 0 0 D 127.0.0.1 InLoopBack0
127.0.0.1/32 Direct 0 0 D 127.0.0.1 InLoopBack0
127.255.255.255/32 Direct 0 0 D 127.0.0.1 InLoopBack0
172.16.0.0/24 RIP 100 1 D 10.0.12.3 GigabitEthernet0/0/9
172.16.1.0/24 RIP 100 1 D 10.0.12.3 GigabitEthernet0/0/9
172.16.2.0/24 RIP 100 1 D 10.0.12.3 GigabitEthernet0/0/9
172.16.3.0/24 RIP 100 1 D 10.0.12.3 GigabitEthernet0/0/9
255.255.255.255/32 Direct 0 0 D 127.0.0.1 InLoopBack0
<R3> display ip routing-table
Route Flags: R - relay, D - download to fib
-----------------------------------------------------------------
Routing Tables: Public
Destinations : 25 Routes : 25
Destination/Mask Proto Pre Cost Flags NextHop Interface
10.0.1.0/24 RIP 100 2 D 10.0.12.2 GigabitEthernet0/0/1
10.0.2.0/24 RIP 100 1 D 10.0.12.2 GigabitEthernet0/0/1
10.0.3.0/24 Direct 0 0 D 10.0.3.3 LoopBack0
10.0.3.3/32 Direct 0 0 D 127.0.0.1 LoopBack0
10.0.3.255/32 Direct 0 0 D 127.0.0.1 LoopBack0
10.0.12.0/24 Direct 0 0 D 10.0.12.3 GigabitEthernet0/0/1
10.0.12.3/32 Direct 0 0 D 127.0.0.1 GigabitEthernet0/0/1
10.0.12.255/32 Direct 0 0 D 127.0.0.1 GigabitEthernet0/0/1
10.0.13.0/24 RIP 100 1 D 10.0.12.2 GigabitEthernet0/0/1
127.0.0.0/8 Direct 0 0 D 127.0.0.1 InLoopBack0
127.0.0.1/32 Direct 0 0 D 127.0.0.1 InLoopBack0
127.255.255.255/32 Direct 0 0 D 127.0.0.1 InLoopBack0
172.16.0.0/24 Direct 0 0 D 172.16.0.1 LoopBack2
```

```
172.16.0.1/32 Direct 0 0 D 127.0.0.1 LoopBack2
172.16.0.255/32 Direct 0 0 D 127.0.0.1 LoopBack2
172.16.1.0/24 Direct 0 0 D 172.16.1.1 LoopBack3
172.16.1.1/32 Direct 0 0 D 127.0.0.1 LoopBack3
172.16.1.255/32 Direct 0 0 D 127.0.0.1 LoopBack3
172.16.2.0/24 Direct 0 0 D 172.16.2.1 LoopBack4
172.16.2.1/32 Direct 0 0 D 127.0.0.1 LoopBack4
172.16.2.255/32 Direct 0 0 D 127.0.0.1 LoopBack4
172.16.3.0/24 Direct 0 0 D 172.16.3.1 LoopBack5
172.16.3.1/32 Direct 0 0 D 127.0.0.1 LoopBack5
172.16.3.255/32 Direct 0 0 D 127.0.0.1 LoopBack5
255.255.255.255/32 Direct 0 0 D 127.0.0.1 InLoopBack0
```

(6) RIPv2 认证失败时故障排除。

在 R2 的 G0/0/8 接口将认证密码修改为"huawei2"。

```
[R2]interface GigabitEthernet0/0/8
[R2-GigabitEthernet0/0/0]rip authentication-mode simple huawei2
```

然后查看 R1 的路由表,确认路由信息的学习情况。

```
< R1> display ip routing-table
< R1> display ip routing-table
Route Flags: R - relay, D - download to fib
------------------------------------------------------------------------
Routing Tables: Public
Destinations : 10    Routes : 10
Destination/Mask  Proto  Pre  Cost  Flags  NextHop  Interface
10.0.1.0/24 Direct 0 0 D 10.0.1.1 LoopBack0
10.0.1.1/32 Direct 0 0 D 127.0.0.1 LoopBack0
10.0.1.255/32 Direct 0 0 D 127.0.0.1 LoopBack0
10.0.13.0/24 Direct 0 0 D 10.0.13.1 GigabitEthernet0/0/8
10.0.13.1/32 Direct 0 0 D 127.0.0.1 GigabitEthernet0/0/8
10.0.13.255/32 Direct 0 0 D 127.0.0.1 GigabitEthernet0/0/8
127.0.0.0/8 Direct 0 0 D 127.0.0.1 InLoopBack0
127.0.0.1/32 Direct 0 0 D 127.0.0.1 InLoopBack0
127.255.255.255/32 Direct 0 0 D 127.0.0.1 InLoopBack0
255.255.255.255/32 Direct 0 0 D 127.0.0.1 InLoopBack0
```

由于 R1 和 R2 之间的 RIP 认证密码不匹配,所以 R1 收不到从 R2 发来的任何 RIP 路由信息。

在 R2 的 G0/0/8 接口将认证密码恢复为"huawei"。

```
[R2]interface GigabitEthernet0/0/8
[R2-GigabitEthernet0/0/0]rip authentication-mode simple huawei
```

在 R2 的 G0/0/9 接口将认证模式修改为明文认证。

[R2]interface GigabitEthernet0/0/9
[R2-GigabitEthernet0/0/1]rip authentication-mode simple huawei

使用如下命令清除 R3 在密码错误之前从 R2 学到的路由信息。

＜R3＞ reset ip routing-table statistics protocol rip

查看 R3 的路由表。

＜R3＞ display ip routing-table
＜R3＞ display ip routing-table
Route Flags: R - relay, D - download to fib

Routing Tables: Public
Destinations : 22 Routes : 22
Destination/Mask Proto Pre Cost Flags NextHop Interface
10.0.3.0/24 Direct 0 0 D 10.0.3.3 LoopBack0
10.0.3.3/32 Direct 0 0 D 127.0.0.1 LoopBack0
10.0.3.255/32 Direct 0 0 D 127.0.0.1 LoopBack0
10.0.12.0/24 Direct 0 0 D 10.0.12.3 GigabitEthernet0/0/1
10.0.12.3/32 Direct 0 0 D 127.0.0.1 GigabitEthernet0/0/1
10.0.12.255/32 Direct 0 0 D 127.0.0.1 GigabitEthernet0/0/1
127.0.0.0/8 Direct 0 0 D 127.0.0.1 InLoopBack0
127.0.0.1/32 Direct 0 0 D 127.0.0.1 InLoopBack0
127.255.255.255/32 Direct 0 0 D 127.0.0.1 InLoopBack0
172.16.0.0/24 Direct 0 0 D 172.16.0.1 LoopBack2
172.16.0.1/32 Direct 0 0 D 127.0.0.1 LoopBack2
172.16.0.255/32 Direct 0 0 D 127.0.0.1 LoopBack2
172.16.1.0/24 Direct 0 0 D 172.16.1.1 LoopBack3
172.16.1.1/32 Direct 0 0 D 127.0.0.1 LoopBack3
172.16.1.255/32 Direct 0 0 D 127.0.0.1 LoopBack3
172.16.2.0/24 Direct 0 0 D 172.16.2.1 LoopBack4
172.16.2.1/32 Direct 0 0 D 127.0.0.1 LoopBack4
172.16.2.255/32 Direct 0 0 D 127.0.0.1 LoopBack4
172.16.3.0/24 Direct 0 0 D 172.16.3.1 LoopBack5
172.16.3.1/32 Direct 0 0 D 127.0.0.1 LoopBack5
172.16.3.255/32 Direct 0 0 D 127.0.0.1 LoopBack5
255.255.255.255/32 Direct 0 0 D 127.0.0.1 InLoopBack0

由于 R2 和 R3 使用不同的 RIP 认证模式，R3 无法接收 R2 发布的 RIP 路由。在 R2 的 G0/0/9 接口将认证模式恢复为 MD5。

[R2]interface GigabitEthernet0/0/1
[R2-GigabitEthernet0/0/1]rip authentication-mode md5 usual huawei

验证 R1、R2 和 R3 的路由表中的路由条目是否已经恢复。注意，由于 RIP 是周期更新，因此可能需要稍等片刻才能恢复。

```
< R1> display ip routing-table
Route Flags: R - relay, D - download to fib
----------------------------------------------------------------
Routing Tables: Public
Destinations : 14 Routes : 14
Destination/Mask Proto Pre Cost Flags NextHop Interface
10.0.1.0/24 Direct 0 0 D 10.0.1.1 LoopBack0
10.0.1.1/32 Direct 0 0 D 127.0.0.1 LoopBack0
10.0.1.255/32 Direct 0 0 D 127.0.0.1 LoopBack0
10.0.2.0/24 RIP 100 1 D 10.0.13.2 GigabitEthernet0/0/8
10.0.3.0/24 RIP 100 2 D 10.0.13.2 GigabitEthernet0/0/8
10.0.12.0/24 RIP 100 1 D 10.0.13.2 GigabitEthernet0/0/8
10.0.13.0/24 Direct 0 0 D 10.0.13.1 GigabitEthernet0/0/8
10.0.13.1/32 Direct 0 0 D 127.0.0.1 GigabitEthernet0/0/8
10.0.13.255/32 Direct 0 0 D 127.0.0.1 GigabitEthernet0/0/8
127.0.0.0/8 Direct 0 0 D 127.0.0.1 InLoopBack0
127.0.0.1/32 Direct 0 0 D 127.0.0.1 InLoopBack0
127.255.255.255/32 Direct 0 0 D 127.0.0.1 InLoopBack0
172.16.0.0/16 RIP 100 2 D 10.0.13.2 GigabitEthernet0/0/8
255.255.255.255/32 Direct 0 0 D 127.0.0.1 InLoopBack0
[R2]display ip routing-table
Route Flags: R - relay, D - download to fib
----------------------------------------------------------------
Routing Tables: Public
Destinations : 19 Routes : 19
Destination/Mask Proto Pre Cost Flags NextHop Interface
10.0.1.0/24 RIP 100 1 D 10.0.13.1 GigabitEthernet0/0/0
10.0.2.0/24 Direct 0 0 D 10.0.2.2 LoopBack0
10.0.2.2/32 Direct 0 0 D 127.0.0.1 LoopBack0
10.0.2.255/32 Direct 0 0 D 127.0.0.1 LoopBack0
10.0.3.0/24 RIP 100 1 D 10.0.12.3 GigabitEthernet0/0/9
10.0.12.0/24 Direct 0 0 D 10.0.12.2 GigabitEthernet0/0/9
10.0.12.2/32 Direct 0 0 D 127.0.0.1 GigabitEthernet0/0/9
10.0.12.255/32 Direct 0 0 D 127.0.0.1 GigabitEthernet0/0/9
10.0.13.0/24 Direct 0 0 D 10.0.13.2 GigabitEthernet0/0/8
10.0.13.2/32 Direct 0 0 D 127.0.0.1 GigabitEthernet0/0/8
10.0.13.255/32 Direct 0 0 D 127.0.0.1 GigabitEthernet0/0/8
127.0.0.0/8 Direct 0 0 D 127.0.0.1 InLoopBack0
127.0.0.1/32 Direct 0 0 D 127.0.0.1 InLoopBack0
127.255.255.255/32 Direct 0 0 D 127.0.0.1 InLoopBack0
172.16.0.0/24 RIP 100 1 D 10.0.12.3 GigabitEthernet0/0/9
172.16.1.0/24 RIP 100 1 D 10.0.12.3 GigabitEthernet0/0/9
172.16.2.0/24 RIP 100 1 D 10.0.12.3 GigabitEthernet0/0/9
172.16.3.0/24 RIP 100 1 D 10.0.12.3 GigabitEthernet0/0/9
```

```
255.255.255.255/32 Direct 0 0 D 127.0.0.1 InLoopBack0
< R3> display ip routing-table
Route Flags: R - relay, D - download to fib
------------------------------------------------------------------

Routing Tables: Public
Destinations : 25 Routes : 25
Destination/Mask Proto Pre Cost Flags NextHop Interface
10.0.1.0/24 RIP 100 2 D 10.0.12.2 GigabitEthernet0/0/1
10.0.2.0/24 RIP 100 1 D 10.0.12.2 GigabitEthernet0/0/1
10.0.3.0/24 Direct 0 0 D 10.0.3.3 LoopBack0 84
10.0.3.3/32 Direct 0 0 D 127.0.0.1 LoopBack0
10.0.3.255/32 Direct 0 0 D 127.0.0.1 LoopBack0
10.0.12.0/24 Direct 0 0 D 10.0.12.3 GigabitEthernet0/0/1
10.0.12.3/32 Direct 0 0 D 127.0.0.1 GigabitEthernet0/0/1
10.0.12.255/32 Direct 0 0 D 127.0.0.1 GigabitEthernet0/0/1
10.0.13.0/24 RIP 100 1 D 10.0.12.2 GigabitEthernet0/0/1
127.0.0.0/8 Direct 0 0 D 127.0.0.1 InLoopBack0
127.0.0.1/32 Direct 0 0 D 127.0.0.1 InLoopBack0
127.255.255.255/32 Direct 0 0 D 127.0.0.1 InLoopBack0
172.16.0.0/24 Direct 0 0 D 172.16.0.1 LoopBack2
172.16.0.1/32 Direct 0 0 D 127.0.0.1 LoopBack2
172.16.0.255/32 Direct 0 0 D 127.0.0.1 LoopBack2
172.16.1.0/24 Direct 0 0 D 172.16.1.1 LoopBack3
172.16.1.1/32 Direct 0 0 D 127.0.0.1 LoopBack3
172.16.1.255/32 Direct 0 0 D 127.0.0.1 LoopBack3
172.16.2.0/24 Direct 0 0 D 172.16.2.1 LoopBack4
172.16.2.1/32 Direct 0 0 D 127.0.0.1 LoopBack4
172.16.2.255/32 Direct 0 0 D 127.0.0.1 LoopBack4
172.16.3.0/24 Direct 0 0 D 172.16.3.1 LoopBack5
172.16.3.1/32 Direct 0 0 D 127.0.0.1 LoopBack5
172.16.3.255/32 Direct 0 0 D 127.0.0.1 LoopBack5
255.255.255.255/32 Direct 0 0 D 127.0.0.1 InLoopBack0
```

实验 6-10　锐捷路由器单区域 OSPF 广播多路访问配置

【实验目的】

掌握 OSPF 基本配置技术。

【实验设备】

路由器 3 台、PC 2 台。

【实验内容】

使用 OSPF 在路由器上实现不同网段相互通信。

【实验拓扑图】

实验拓扑图如图 6-5-15 所示。

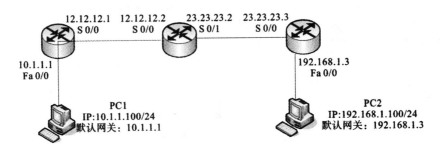

图 6-5-15　实验拓扑图

【实验步骤】

(1) 配置路由器 Router1，使用命令如下：

```
enable                          //进入特权命令状态
configure terminal              //进入全局设置状态
```

配置局域网接口 Fa0/0、广域网接口 S0/0。

//E0 口的设置方法与静态路由中 Router1 的配置方法相同，这里就不再写出。R1 上：

```
int Fa0/0
ip add 10.10.10.1 255.255.255.0
```

S0 口的设置方法与静态路由中 Router1 的配置方法相同，这里就不再写出。

```
int s0
ip add 12.12.12.1 255.255.255.0
```

配置 OSPF 协议：

```
router ospf 1                                      //启用 OSPF 路由协议
network 10.10.10.0 0.0.0.255 area 0                //指定相连的网络 10.10.10.0
network 12.12.12.0 0.0.0.255 area 0                //指定相连的网络 12.12.12.0
```

(2) 配置路由器 Router2，使用命令如下：

```
enable                          //进入特权命令状态
configure terminal              //进入全局设置状态
```

(3) 配置 R2。

配置广域网接口 S0/0、局域网接口 Fa0/1。

E0 口的设置方法与静态路由中 Router2 的配置方法相同，这里就不再写出。R1 上：

```
int s0
ip add 12.12.12.2 255.255.255.0
```

S0 口的设置方法与静态路由中 Router2 的配置方法相同，这里就不再写出。

```
int s1
ip add 23.23.23.2 255.255.255.0
```

配置 OSPF 协议：

```
router ospf 1                           //启用 OSPF 路由协议
network 23.23.23.0 0.0.0.255 area 0     //指定相连的网络 23.23.23.0
network 12.12.12.0 0.0.0.255 area 0     //指定相连的网络 12.12.12.0
```

（4）配置 R3。

配置广域网接口 S0/0、局域网接口 Fa0/1。

E0 口的设置方法与静态路由中 Router2 的配置方法相同，这里就不再写出。

R1 上

```
int s0
ip add 23.23.23.3 255.255.255.0
```

S0 口的设置方法与静态路由中 Router2 的配置方法相同，这里就不再写出。

```
int fa0/0
ip add 192.168.1.3 255.255.255.0
```

配置 OSPF 协议：

```
router ospf 1                            //启用 OSPF 路由协议
network 23.23.23.0 0.0.0.255 area 0      //指定相连的网络 23.23.23.0
network 192.168.1.0 0.0.0.255 area 0     //指定相连的网络 192.168.1.0
```

（5）测试路由协议的配置。

PC1 ping PC2 及各个路由器端口。PC2 ping PC1 及各个路由器端口。

```
R1# show ip route
R1# show ip protocols
R1# show ip ospf
```

【实验总结】

实验结果：

（1）PC1 能 ping 通 PC2，PC2 能 ping 通 PC1；

（2）通过 show ip route\show ip protocols\show ip ospf 指令可以正确查看路由表，每种协议有用信息的汇总情况及 OSPF 进程及细节。

实验 6-11 华为路由器 OSPF 单区域配置

【实验目的】

掌握 OSPF 中 Router ID 的配置方法；掌握 OSPF 的配置方法；掌握通过 display 命令查看 OSPF 运行状态的方法；掌握使用 OSPF 发布缺省路由的方法；掌握修改 OSPF hello 和 dead 时间的配置方法；理解多路访问网络中的 DR 和 BDR 选择；掌握 OSPF 单区域及多区域的基本配置；掌握 OSPF 路由汇总的配置方法。

【实验拓扑图】

OSPF 单域配置实验拓扑图如图 6-5-16 所示。

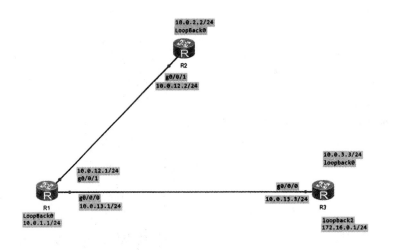

图 6-5-16　OSPF 单域配置实验拓扑图

【组网需求】

你是公司的网络管理员。现在公司网络中需要使用 OSPF 协议来进行路由信息的传递。规划网络中所有路由器属于 OSPF 的区域 0。实际使用中需要向 OSPF 发布默认路由，此外也希望通过这次部署了解 DR/BDR 选择的机制。

【实验设备】

AR1220 3 台、PC 2 台。

【实验步骤】

本实验主要的实验步骤有两步：配置接口的 VLAN、VLANIF；在设备上使能 OSPF。具体配置步骤如下。

(1) 实验环境准备。

基本配置以及 IP 地址。

```
< Huawei > system-view
[Huawei]sysname R1
[R1]interface GigabitEthernet0/0/8
[R1-GigabitEthernet0/0/8]ip address 10.0.12.1 24
[R1-GigabitEthernet0/0/8]quit
[R1]interface GigabitEthernet0/0/9
[R1-GigabitEthernet0/0/9]ip address 10.0.13.1 24
[R1-GigabitEthernet0/0/9]quit
[R1]interface LoopBack 0
[R1-LoopBack0]ip address 10.0.1.1 24
[R1-LoopBack0]quit
< Huawei > system-view
[Huawei]sysname R2
[R2]interface GigabitEthernet0/0/8
[R2-GigabitEthernet0/0/8]ip address 10.0.12.2 24
```

```
[R2-GigabitEthernet0/0/8]quit
[R2]interface LoopBack 0
[R2-LoopBack0]ip address 10.0.2.2 24
[R2-LoopBack0]quit
< Huawei> system-view
Enter system view, return user view with Ctrl+ Z.
[Huawei]sysname R3
[R3]interface GigabitEthernet0/0/0
[R3-GigabitEthernet0/0/0]ip address 10.0.13.3 24
[R3-GigabitEthernet0/0/0]quit
[R3]interface LoopBack 0
[R3-LoopBack0]ip address 10.0.3.3 24
[R3-LoopBack0]quit
[R3]interface LoopBack 2
[R3-LoopBack2]ip address 172.16.0.1 24
[R3-LoopBack2]quit
```

(2) 配置OSPF。

将R1的Router ID配置为10.0.1.1(逻辑接口Loopback 0的地址),开启OSPF进程1(缺省进程),并将网段10.0.1.0/24、10.0.12.0/24和10.0.13.0/24发布到OSPF区域0。

```
[R1]ospf 1 router id 10.0.1.1
[R1-ospf-1]area 0
[R1-ospf-1-area-0.0.0.0]network 10.0.1.0 0.0.0.255
[R1-ospf-1-area-0.0.0.0]network 10.0.13.0 0.0.0.255
[R1-ospf-1-area-0.0.0.0]network 10.0.12.0 0.0.0.255
```

注意:同一个路由器可以开启多个OSPF进程,默认进程号为1,由于进程号只具有本地意义,所以同一路由域的不同路由器可以使用相同或不同的OSPF进程号。另外network命令后面需使用反掩码。将R2的Router ID配置为10.0.2.2,开启OSPF进程1,并将网段10.0.12.0/24和10.0.2.0/24发布到OSPF区域0。

```
[R2]ospf 1 router-id 10.0.2.2
[R2-ospf-1]area 0
[R2-ospf-1-area-0.0.0.0]network 10.0.2.0 0.0.0.255
[R2-ospf-1-area-0.0.0.0]network 10.0.12.0 0.0.0.255
[R2-ospf-1-area-0.0.0.0]
Jul 10 2018 09:49:34+ 00:00 R2 %% 01OSPF/4/NBR_CHANGE_E(1)[5]:Neighbor changes eve
nt: neighbor status changed. (ProcessId= 1, NeighborAddress= 10.0.12.1, NeighborEv
ent= LoadingDone, NeighborPreviousState= Loading, NeighborCurrentState= Full)
```

当回显信息中包含"NeighborCurrentState=Full"信息时,表明邻接关系已经建立。将R3

的 Router ID 配置为 10.0.3.3，开启 OSPF 进程 1，并将网段 10.0.3.0/24 和 10.0.13.0/24 发布到 OSPF 区域 0。

```
[R3]ospf 1 router-id 10.0.3.3
[R3-ospf-1]area 0
[R3-ospf-1-area-0.0.0.0]network 10.0.3.0 0.0.0.255
[R3-ospf-1-area-0.0.0.0]network 10.0.13.0 0.0.0.255
[R3-ospf-1-area-0.0.0.0]
…output omitted…
[R3-ospf-1-area-0.0.0.0]
Jul 10 2018 10:54:39+00:00 R3 %%01OSPF/4/NBR_CHANGE_E(1)[5]:Neighbor changes eve
nt: neighbor status changed. (ProcessId=1, NeighborAddress=10.0.13.1, NeighborEv
ent=LoadingDone, NeighborPreviousState=Loading, NeighborCurrentState=Full).
```

（3）验证 OSPF 配置。

待 OSPF 收敛完成后，查看 R1、R2 和 R3 上的路由表。

```
<R1> display ip routing-table
Route Flags: R - relay, D - download to fib
------------------------------------------------------------
Routing Tables: Public
  Destinations : 15    Routes : 15
Destination/Mask    Proto  Pre  Cost  Flags  NextHop    Interface
10.0.1.0/24         Direct 0    0     D      10.0.1.1   LoopBack0
10.0.1.1/32         Direct 0    0     D      127.0.0.1  LoopBack0
10.0.1.255/32       Direct 0    0     D      127.0.0.1  LoopBack0
10.0.2.2/32         OSPF   10   1     D      10.0.12.2  GigabitEthernet0/0/8
10.0.3.3/32         OSPF   10   1     D      10.0.13.3  GigabitEthernet0/0/9
10.0.12.0/24        Direct 0    0     D      10.0.12.1  GigabitEthernet0/0/8
10.0.12.1/32        Direct 0    0     D      127.0.0.1  GigabitEthernet0/0/8
10.0.12.255/32      Direct 0    0     D      127.0.0.1  GigabitEthernet0/0/8
10.0.13.0/24        Direct 0    0     D      10.0.13.1  GigabitEthernet0/0/9
10.0.13.1/32        Direct 0    0     D      127.0.0.1  GigabitEthernet0/0/9
10.0.13.255/32      Direct 0    0     D      127.0.0.1  GigabitEthernet0/0/9
127.0.0.0/8         Direct 0    0     D      127.0.0.1  InLoopBack0
127.0.0.1/32        Direct 0    0     D      127.0.0.1  InLoopBack0
127.255.255.255/32  Direct 0    0     D      127.0.0.1  InLoopBack0
255.255.255.255/32  Direct 0    0     D      127.0.0.1  InLoopBack0
<R2> display ip routing-table
Route Flags: R - relay, D - download to fib
------------------------------------------------------------
Routing Tables: Public
  Destinations : 13    Routes : 13
```

```
Destination/Mask    Proto  Pre  Cost Flags NextHop     Interface
10.0.1.1/32         OSPF   10   1    D     10.0.12.1   GigabitEthernet0/0/8
10.0.2.0/24         Direct 0    0    D     10.0.2.2    LoopBack0
10.0.2.2/32         Direct 0    0    D     127.0.0.1   LoopBack0
10.0.2.255/32       Direct 0    0    D     127.0.0.1   LoopBack0
10.0.3.3/32         OSPF   10   2    D     10.0.12.1   GigabitEthernet0/0/8
10.0.12.0/24        Direct 0    0    D     10.0.12.2   GigabitEthernet0/0/8
10.0.12.2/32        Direct 0    0    D     127.0.0.1   GigabitEthernet0/0/8
10.0.12.255/32      Direct 0    0    D     127.0.0.1   GigabitEthernet0/0/8
10.0.13.0/24        OSPF   10   2    D     10.0.12.1   GigabitEthernet0/0/8
127.0.0.0/8         Direct 0    0    D     127.0.0.1   InLoopBack0
127.0.0.1/32        Direct 0    0    D     127.0.0.1   InLoopBack0
127.255.255.255/32  Direct 0    0    D     127.0.0.1   InLoopBack0
255.255.255.255/32  Direct 0    0    D     127.0.0.1   InLoopBack0
< R3> display ip routing-table
Route Flags: R - relay, D - download to fib
----------------------------------------------------------------
Routing Tables: Public
        Destinations : 16    Routes : 16
Destination/Mask    Proto  Pre  Cost Flags NextHop     Interface
10.0.1.1/32         OSPF   10   1    D     10.0.13.1   GigabitEthernet0/0/0
10.0.2.2/32         OSPF   10   2    D     10.0.13.1   GigabitEthernet0/0/0
10.0.3.0/24         Direct 0    0    D     10.0.3.3    LoopBack0
10.0.3.3/32         Direct 0    0    D     127.0.0.1   LoopBack0
10.0.3.255/32       Direct 0    0    D     127.0.0.1   LoopBack0
10.0.12.0/24        OSPF   10   2    D     10.0.13.1   GigabitEthernet0/0/0
10.0.13.0/24        Direct 0    0    D     10.0.13.3   GigabitEthernet0/0/0
10.0.13.3/32        Direct 0    0    D     127.0.0.1   GigabitEthernet0/0/0
10.0.13.255/32      Direct 0    0    D     127.0.0.1   GigabitEthernet0/0/0
127.0.0.0/8         Direct 0    0    D     127.0.0.1   InLoopBack0
127.0.0.1/32        Direct 0    0    D     127.0.0.1   InLoopBack0
127.255.255.255/32  Direct 0    0    D     127.0.0.1   InLoopBack0
172.16.0.0/24       Direct 0    0    D     172.16.0.1  LoopBack2
172.16.0.1/32       Direct 0    0    D     127.0.0.1   LoopBack2
172.16.0.255/32     Direct 0    0    D     127.0.0.1   LoopBack2
255.255.255.255/32  Direct 0    0    D     127.0.0.1   InLoopBack0
```

检测 R2 和 R1(10.0.1.1)以及 R2 和 R3(10.0.3.3)间的连通性。

```
< R2> ping 10.0.1.1
< R2> ping 10.0.3.3
```

执行 display ospf peer 命令,查看 OSPF 邻居状态。

```
< R1> display ospf peer
    OSPF Process 1 with Router ID 10.0.1.1
```

```
Neighbors
Area 0.0.0.0 interface 10.0.12.1(GigabitEthernet0/0/8)'s neighbors
Router ID: 10.0.2.2          Address: 10.0.12.2
   State: Full  Mode:Nbr is  Master  Priority: 1
   DR: 10.0.12.1  BDR: 10.0.12.2  MTU: 0
   Dead timer due in 33   sec
   Retrans timer interval: 5
   Neighbor is up for 00:13:40
   Authentication Sequence: [ 0 ]
Neighbors
Area 0.0.0.0 interface 10.0.13.1(GigabitEthernet0/0/9)'s neighbors
Router ID: 10.0.3.3          Address: 10.0.13.3
   State: Full  Mode:Nbr is  Master  Priority: 1
   DR: 10.0.13.1  BDR: 10.0.13.3  MTU: 0
   Dead timer due in 38   sec
   Retrans timer interval: 5
   Neighbor is up for 00:08:45
   Authentication Sequence: [ 0 ]
```

display ospf peer 命令显示所有 OSPF 邻居的详细信息。本任务中，10.0.13.0 网段上 R1 是 DR。由于 DR 选择是非抢占模式，如果 OSPF 进程不重启，R3 将不会取代 R1 的 DR 角色。执行 display ospf peer brief 命令，可以查看简要的 OSPF 邻居信息。

```
< R1> display ospf peer brief
OSPF Process 1 with Router ID 10.0.1.1
Peer Statistic Information
-----------------------------------------------------------------
Area Id          Interface              Neighbor id      State
0.0.0.0          GigabitEthernet0/0/8   10.0.2.2         Full
0.0.0.0          GigabitEthernet0/0/9   10.0.3.3         Full
-----------------------------------------------------------------
Total Peer(s):     2
< R2> display ospf peer brief
OSPF Process 1 with Router ID 10.0.2.2
Peer Statistic Information
-----------------------------------------------------------------
Area Id          Interface              Neighbor id      State
0.0.0.0          GigabitEthernet0/0/8   10.0.1.1         Full
-----------------------------------------------------------------
Total Peer(s):     1
< R3> display ospf peer brief
OSPF Process 1 with Router ID 10.0.3.3
Peer Statistic Information
-----------------------------------------------------------------
Area Id          Interface              Neighbor id      State
```

```
0.0.0.0            GigabitEthernet0/0/0            10.0.1.1            Full
------------------------------------------------------------------------
```

(4) 修改 OSPF hello 和 dead 时间参数。

在 R1 上执行 display ospf interface GigabitEthernet0/0/9 命令,查看 OSPF 默认的 hello 和 dead 时间。

```
< R1> display ospf interface GigabitEthernet0/0/9
OSPF Process 1 with Router ID 10.0.1.1
Interfaces
Interface: 10.0.13.1 (GigabitEthernet0/0/9)
Cost: 1 State: DR Type: Broadcast MTU: 1500
Priority: 1
Designated Router: 10.0.13.1
Backup Designated Router: 10.0.13.3
Timers: Hello 10 , Dead 40 , Poll 120 , Retransmit 5 , Transmit Delay 1
```

在 R1 的 GE0/0/9 接口执行 ospf timer 命令,将 OSPF hello 和 dead 时间分别修改为 15 s 和 60 s。

```
[R1]interface GigabitEthernet0/0/9
[R1-GigabitEthernet0/0/9]ospf timer hello 15
[R1-GigabitEthernet0/0/9]ospf timer dead 60
< R1> display ospf interface GigabitEthernet0/0/9
Jul 10 2018 10:21:48+ 00:00 R1 %% 01OSPF/3/NBR_DOWN_REASON(1)[1]:Neighbor
state leaves full or changed to Down. (ProcessId= 1, NeighborRouterId= 10.0.
3.3, NeighborAreaId= 0,NeighborInterface= GigabitEthernet0/0/9, Neighbor-
DownImmediate reason= Neighbor Down Due to Inactivity, NeighborDownPrimeRea-
son= Interface Parameter Mismatch, NeighborChangeTime= 2018-07-10 10:21:48)
```

在 R1 上查看 OSPF 邻居状态。

```
< R1> display ospf peer brief
OSPF Process 1 with Router ID 10.0.1.1
Peer Statistic Information
------------------------------------------------------------------------
Area Id            Interface                        Neighbor id         State
0.0.0.0            GigabitEthernet0/0/8             10.0.2.2            Full
------------------------------------------------------------------------
Total Peer(s):     1
```

上述回显信息表明,R1 只有一个邻居,那就是 R2。因为 R1 和 R3 上的 OSPF hello 和 dead 时间数值不同,所以 R1 无法和 R3 建立 OSPF 邻居关系。

在 R3 的 GE0/0/0 接口执行 ospf timer 命令,将 OSPF hello 和 dead 时间分别修改为 15 s 和 60 s。

```
[R3]interface GigabitEthernet0/0/0
```

```
[R3-GigabitEthernet0/0/0]ospf timer hello 15
[R3-GigabitEthernet0/0/0]ospf timer dead 60
...output omitted...
Jul 10 2018 11:25:54+ 00:00 R3 %% 01OSPF/4/NBR_CHANGE_E(1)[4]:Neighbor chan-
ges eve
nt: neighbor status changed. (ProcessId = 1, NeighborAddress = 10.0.13.
1, NeighborEv
ent = LoadingDone, NeighborPreviousState = Loading, NeighborCurrentState =
Full)
< R3> display ospf interface GigabitEthernet0/0/0
OSPF Process 1 with Router ID 10.0.3.3
Interfaces
Interface: 10.0.13.3 (GigabitEthernet0/0/0)
Cost: 1 State: DR Type: Broadcast MTU: 1500
Priority: 1
Designated Router: 10.0.13.3
Backup Designated Router: 10.0.13.1
Timers: Hello 15 , Dead 60 , Poll 120 , Retransmit 5 , Transmit Delay 1
```

再次在 R1 上查看 OSPF 邻居状态。

```
< R1> display ospf peer brief
OSPF Process 1 with Router ID 10.0.1.1
Peer Statistic Information
----------------------------------------------------------------
Area Id         Interface                Neighbor id       State
0.0.0.0         GigabitEthernet0/0/8     10.0.2.2          Full
0.0.0.0         GigabitEthernet0/0/9     10.0.3.3          Full
----------------------------------------------------------------
Total Peer(s):     2
```

(5) OSPF 缺省路由发布及验证。

在 R3 上配置缺省路由并发布到 OSPF 域内。

```
[R3]ip route-static 0.0.0.0 0.0.0.0 LoopBack 2
[R3]ospf 1
[R3-ospf-1]default-route-advertise
```

查看 R1 和 R2 的路由表。可以看到，R1 和 R2 均已经学习到了 R3 发布的缺省路由。

```
< R1> display ip routing-table
Route Flags: R - relay, D - download to fib
----------------------------------------------------------------
Routing Tables: Public
Destinations : 16 Routes : 16
Destination/Mask Proto Pre Cost Flags NextHop Interface
0.0.0.0/0 O_ASE 150 1 D 10.0.13.3 GigabitEthernet0/0/9
```

```
10.0.1.0/24 Direct 0 0 D 10.0.1.1 LoopBack0
10.0.1.1/32 Direct 0 0 D 127.0.0.1 LoopBack0
10.0.1.255/32 Direct 0 0 D 127.0.0.1 LoopBack0
10.0.2.2/32 OSPF 10 1 D 10.0.12.2 GigabitEthernet0/0/8
10.0.3.3/32 OSPF 10 1 D 10.0.13.3 GigabitEthernet0/0/9
10.0.12.0/24 Direct 0 0 D 10.0.12.1 GigabitEthernet0/0/8
10.0.12.1/32 Direct 0 0 D 127.0.0.1 GigabitEthernet0/0/8
10.0.12.255/32 Direct 0 0 D 127.0.0.1 GigabitEthernet0/0/8
10.0.13.0/24 Direct 0 0 D 10.0.13.1 GigabitEthernet0/0/9
10.0.13.1/32 Direct 0 0 D 127.0.0.1 GigabitEthernet0/0/9
10.0.13.255/32 Direct 0 0 D 127.0.0.1 GigabitEthernet0/0/9
127.0.0.0/8 Direct 0 0 D 127.0.0.1 InLoopBack0
127.0.0.1/32 Direct 0 0 D 127.0.0.1 InLoopBack0
127.255.255.255/32 Direct 0 0 D 127.0.0.1 InLoopBack0
255.255.255.255/32 Direct 0 0 D 127.0.0.1 InLoopBack0
< R2> display ip routing-table
Route Flags: R - relay, D - download to fib
Routing Tables: Public
Destinations : 14 Routes : 14
Destination/Mask Proto Pre Cost Flags NextHop Interface
0.0.0.0/0 O_ASE 150 1 D 10.0.12.1 GigabitEthernet0/0/8
10.0.1.1/32 OSPF1 0 1 D 10.0.12.1 GigabitEthernet0/0/8
10.0.2.0/24 Direct 0 0 D 10.0.2.2 LoopBack0
10.0.2.2/32 Direct 0 0 D 127.0.0.1 LoopBack0
10.0.2.255/32 Direct 0 0 D 127.0.0.1 LoopBack0
10.0.3.3/32 OSPF 10 2 D 10.0.12.1 GigabitEthernet0/0/8
10.0.12.0/24 Direct 0 0 D 10.0.12.2 GigabitEthernet0/0/8
10.0.12.2/32 Direct 0 0 D 127.0.0.1 GigabitEthernet0/0/8
10.0.12.255/32 Direct 0 0 D 127.0.0.1 GigabitEthernet0/0/8
10.0.13.0/24 OSPF 10 2 D 10.0.12.1 GigabitEthernet0/0/8
127.0.0.0/8 Direct 0 0 D 127.0.0.1 InLoopBack0
127.0.0.1/32 Direct 0 0 D 127.0.0.1 InLoopBack0
127.255.255.255/32 Direct 0 0 D 127.0.0.1 InLoopBack0
255.255.255.255/32 Direct 0 0 D 127.0.0.1 InLoopBack0
< R3> display ip routing-table
Route Flags: R - relay, D - download to fib
Routing Tables: Public
Destinations : 17 Routes : 17
Destination/Mask Proto Pre Cost Flags NextHop Interface
0.0.0.0/0 Static 60 0 D 172.16.0.1 LoopBack2
10.0.1.1/32 OSPF 10 1 D 10.0.13.1 GigabitEthernet0/0/0
10.0.2.2/32 OSPF 10 2 D 10.0.13.1 GigabitEthernet0/0/0
10.0.3.0/24 Direct 0 0 D 10.0.3.3 LoopBack0
10.0.3.3/32 Direct 0 0 D 127.0.0.1 LoopBack0
```

```
10.0.3.255/32  Direct 0 0 D 127.0.0.1 LoopBack0
10.0.12.0/24   OSPF 10 2 D 10.0.13.1 GigabitEthernet0/0/0
10.0.13.0/24   Direct 0 0 D 10.0.13.3 GigabitEthernet0/0/0
10.0.13.3/32   Direct 0 0 D 127.0.0.1 GigabitEthernet0/0/0
10.0.13.255/32 Direct 0 0 D 127.0.0.1 GigabitEthernet0/0/0
127.0.0.0/8    Direct 0 0 D 127.0.0.1 InLoopBack0
127.0.0.1/32   Direct 0 0 D 127.0.0.1 InLoopBack0
127.255.255.255/32 Direct 0 0 D 127.0.0.1 InLoopBack0
172.16.0.0/24  Direct 0 0 D 172.16.0.1 LoopBack2
172.16.0.1/32  Direct 0 0 D 127.0.0.1 LoopBack2
172.16.0.255/32 Direct0 0 D 127.0.0.1 LoopBack2
255.255.255.255/32 Direct0 0 D 127.0.0.1 InLoopBack0
```

使用 ping 命令，检测 R2 和 172.16.0.1/24 网段之间的连通性。

```
< R2> ping 172.16.0.1
```

(6) 控制 OSPF DR/BDR 的选举。

执行 display ospf peer 命令，查看 R1 和 R3 的 DR/BDR 角色。

```
< R1> dis ospf peer 10.0.3.3
```

上述回显信息表明，由于默认路由器优先级（数值为 1）相同，但 R3 的 Router ID 10.0.3.3 大于 R1 的 Router ID 10.0.1.1，所以 R3 为 DR，R1 为 BDR。

执行 ospf dr-priority 命令，修改 R1 和 R3 的 DR 优先级。

```
[R1]interface GigabitEthernet0/0/9
[R1-GigabitEthernet0/0/0]ospf dr-priority 200
[R3]interface GigabitEthernet0/0/0
[R3-GigabitEthernet0/0/0]ospf dr-priority 100
```

默认情况下，DR/BDR 的选择采用的是非抢占模式。路由器优先级修改后，不会自动重新选择 DR。因此，需要重置 R1 和 R3 间的 OSPF 邻居关系。先关闭然后再打开 R1 的 GigabitEthernet0/0/9 接口和 R3 上的 GigabitEthernet0/0/0 接口，重置 R1 和 R3 之间的 OSPF 邻居关系。

```
[R1]interface GigabitEthernet0/0/9
[R1-GigabitEthernet0/0/9]shutdown
[R3]interface GigabitEthernet0/0/0
[R3-GigabitEthernet0/0/0]shutdown
[R1-GigabitEthernet0/0/9]undo shutdown
[R3-GigabitEthernet0/0/0]undo shutdown
```

执行 display ospf peer 命令，查看 R1 和 R3 的 DR/BDR 角色。

```
[R1]display ospf peer 10.0.3.3
 OSPF Process 1 with Router ID 10.0.1.1
         Neighbors
```

```
Area 0.0.0.0 interface 10.0.13.1(GigabitEthernet0/0/9)'s neighbors
Router ID: 10.0.3.3 Address: 10.0.13.3
State: Full Mode:Nbr is Master Priority: 100
DR: 10.0.13.1 BDR: 10.0.13.3 MTU: 0
Dead timer due in 55 sec
Retrans timer interval: 5
Neighbor is up for 00:00:33
Authentication Sequence:[ 0 ]
```

上述信息表明，R1 的 DR 优先级高于 R3，因此 R1 被选择为 DR，而 R3 成为 BDR。

实验 6-12　锐捷路由器静态 NAT 的配置

【实验目的】

理解 NAT 网络地址转换的原理及功能；通过本实验，掌握静态 NAT 的特征及其基本配置和调试，实现局域网访问互联网；熟悉 NAT 的配置，实现局域网访问互联网。

【实验拓扑图】

路由器静态 NAT 的配置拓扑图如图 6-5-17 所示。

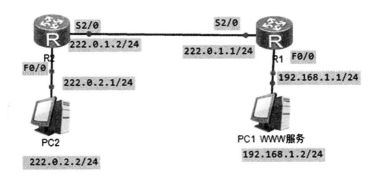

图 6-5-17　路由器静态 NAT 的配置拓扑图

【实验设备】

路由器 2 台、PC 2 台。

【组网需求】

公司欲发布 WWW 服务，现要求将内网 Web 服务器 IP 地址映射为全局 IP 地址，实现外部网络可访问公司内部 Web 服务器。

【实验步骤】

注意：交换机与 PC 用直通线，交换机与路由器用直通线。

（1）配置 PC、服务器接口 IP 地址及网关。

（2）配置路由器 R1 提供 NAT 服务。

R1：

```
Router> en
Router# conf t
```

Router(config)# hostname r1

配置路由器接口 IP 地址以及静态路由协议，让 PC 间能相互 ping 通。

r1(config)# int f0/0
r1(config-if)# ip address 192.168.1.1 255.255.255.0
r1(config-if)# no shut
r1(config-if)#
r1(config-if)# exit
r1(config)# int s2/0
r1(config-if)# ip address 222.0.1.1 255.255.255.0
r1(config-if)# no shut
r1(config-if)# exit
r1(config)# ip route 222.0.2.0 255.255.255.0 222.0.1.2 //配置到 222.0.2.0 网段的静态路由
r1(config)# end

(3) 配置路由器 R2。

R2：

Router> en
Router# conf t
Router(config)# hostname r2
r2(config)# int f0/0
r2(config-if)# ip address 222.0.2.1 255.255.255.0
r2(config-if)# no shut
r2(config-if)#
r2(config-if)# int s2/0
r2(config-if)# ip address 222.0.1.2 255.255.255.0
r2(config-if)# no shut
r2(config-if)#
r2(config-if)# exit
r2(config)#
r2(config)# end
r2#
r2# show ip route
Codes: C - connected, S - static, I - IGRP, R - RIP, M - mobile, B - BGP
       D - EIGRP, EX - EIGRP external, O - OSPF, IA - OSPF inter area
       N1 - OSPF NSSA external type 1, N2 - OSPF NSSA external type 2
       E1 - OSPF external type 1, E2 - OSPF external type 2, E - EGP
       i - IS-IS, L1 - IS-IS level-1, L2 - IS-IS level-2, ia - IS-IS inter area
       * - candidate default, U - per-user static route, o - ODR
       P - periodic downloaded static route
Gateway of last resort is not set
S 192.168.1.0/24 [1/0] via 222.0.1.1
C 222.0.1.0/24 is directly connected, Serial2/0

C 222.0.2.0/24 is directly connected, FastEthernet0/0

(4) 查看 R1 路由表。

```
r1> show ip route
Codes: C - connected, S - static, I - IGRP, R - RIP, M - mobile, B - BGP
       D - EIGRP, EX - EIGRP external, O - OSPF, IA - OSPF inter area
       N1 - OSPF NSSA external type 1, N2 - OSPF NSSA external type 2
       E1 - OSPF external type 1, E2 - OSPF external type 2, E - EGP
       i - IS-IS, L1 - IS-IS level-1, L2 - IS-IS level-2, ia - IS-IS inter area
       * - candidate default, U - per-user static route, o - ODR
       P - periodic downloaded static route
Gateway of last resort is not set
C 192.168.1.0/24 is directly connected, FastEthernet0/0
C 222.0.1.0/24 is directly connected, Serial2/0
S 222.0.2.0/24 [1/0] via 222.0.1.2
```

测试内网服务器与外网主机的连通性。

(5) 在 R1 上配置静态 NAT，定义内外部网络接口。

```
r1> en
r1# conf t
r1(config)# int f0/0
r1(config-if)# ip nat inside
r1(config-if)# exit
r1(config)# int s2/0
r1(config-if)# ip nat outside
r1(config-if)# exit
r1(config)# ip nat inside source static 192.168.1.2 222.0.1.3
```
　　　　　　　　　　　　　　　　　　　　　　　//配置内网到外网的静态 NAT 映射

```
r1(config)# end
r1#
r1# show ip nat translations
Pro Inside global Inside local Outside local Outside global
--- 222.0.1.3 192.168.1.2 --- ---
r1# show running-config
```

(6) 验证主机之间的互通性。

PC1 和 PC2 去 ping 200.200.200.2。用 R2 去 ping PC1 和 PC2。

无法 ping 通，软件有问题！

PC：

```
PC> ipconfig
PC> ping 192.168.1.2
PC1-WEB：
```

此时查看 R1 的 NAT 列表，用 show ip nat translation 命令查看地址翻译列表。

```
r1# show ip nat translations
Pro Inside global Inside local Outside local Outside global
--- 222.0.1.3 192.168.1.2 --- ---
tcp 222.0.1.3:80 192.168.1.2:80 222.0.2.2:1026 222.0.2.2:1026
r1(config)# ip nat pool qwe 200.1.1.3 200.1.1.3 netmask 255.255.255.0
r1(config)# ip nat inside source list 1 pool qwe overload
r1(config)# end
r1#
r1# show ip nat translations //没有主机访问 Web Server 的时候,没有记录
r1#
```

若此时 PC1 访问 Web 服务器,则

```
r1# show ip nat translations
Pro Inside global Inside local Outside local Outside global
tcp 200.1.1.3:1026 192.168.1.2:1026 200.1.2.2:80 200.1.2.2:80
```

若此时 PC2 也访问 Web 服务器,则

```
r1# show ip nat translations //来自 1.2 和 1.3 的主机访问
Pro Inside global Inside local Outside local Outside global
tcp 200.1.1.3:1026 192.168.1.2:1026 200.1.2.2:80 200.1.2.2:80
tcp 200.1.1.3:1024 192.168.1.3:1026 200.1.2.2:80 200.1.2.2:80
r1#
```

【实验总结】

结果:PC1、PC2 能 ping 通 R1,无法 ping 通 R2。

结论:静态 NAT 能将内部地址与内部合法地址进行一对一的转换,且需要指定和哪个合法地址进行转换。

实验 6-13 华为路由器 NAT 的配置

【实验目的】

掌握动态 NAT 的配置方法,掌握 Easy IP 的配置方法。

【实验拓扑图】

NAT 的配置拓扑图如图 6-5-18 所示。

【组网需求】

为了节省 IP 地址,通常企业内部使用的是私有地址。然而,企业用户不仅需要访问私网,也需要访问公网。作为企业的网络管理员,你需要在两个企业分支机构的边缘路由器 R1 和 R3 上通过配置 NAT 功能,使私网用户可以访问公网。本实验中,您需要在 R1 上配置动态 NAT,在 R3 上配置 Easy IP,实现地址转换。

【实验设备】

AR1220 2 台、S3700 2 台、PC 2 台。

【实验步骤】

(1) 实验环境准备。

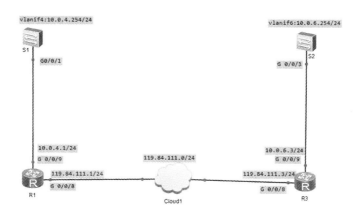

图 6-5-18 NAT 的配置拓扑图

如果本任务中使用的是空配置设备,需要从步骤(1)开始配置,然后跳过步骤(2)。如果使用的设备包含上一个实验的配置,请直接从步骤(2)开始。

```
[Huawei]sysname R1
[R1]inter GigabitEthernet0/0/9
[R1-GigabitEthernet0/0/9]ip address 10.0.4.1 24
[Huawei]sysname R3
[R3]interface GigabitEthernet0/0/9
[R3-GigabitEthernet0/0/9]ip address 10.0.6.3 24
[Huawei]sysname S1
[S1]vlan 4
[S1-vlan4]quit
[S1]interface vlanif 4
[S1-Vlanif4]ip address 10.0.4.254 24
[S1-Vlanif4]quit
[Huawei]sysname S2
[S2]vlan 6
[S2-vlan6]quit
[S2]interface vlanif 6
[S2-Vlanif6]ip address 10.0.6.254 24
[S2-Vlanif6]quit
```

(2) 配置 IP 地址。

在 S1 和 S2 上将连接路由器的端口配置为 Trunk 端口,并通过修改 PVID 使物理端口加入 VLANIF 三层逻辑口。

```
[S1]interface GigabitEthernet0/0/1
[S1-GigabitEthernet0/0/1]port link-type trunk
[S1-GigabitEthernet0/0/1]port trunk pvid vlan 4
[S1-GigabitEthernet0/0/1]port trunk allow-pass vlan all
```

```
[S1-GigabitEthernet0/0/1]quit
[S2]interface GigabitEthernet0/0/3
[S2-GigabitEthernet0/0/3]port link-type trunk
[S2-GigabitEthernet0/0/3]port trunk pvid vlan 6
[S2-GigabitEthernet0/0/3]port trunk allow-pass vlan all
[R1]interface GigabitEthernet0/0/8
[R1-GigabitEthernet0/0/8]ip address 119.84.111.1 24
[R3]interface GigabitEthernet0/0/8
[R3-GigabitEthernet0/0/8]ip address 119.84.111.3 24
```

测试 R1 与 S1 和 R3 的连通性。

```
<R1> ping 10.0.4.254
<R1> ping 119.84.111.3
```

(3) 配置 ACL。

在 R1 上配置高级 ACL,匹配特定的流量进行 NAT 地址转换,特定流量为 S1 向 R3 发起的 Telnet 连接的 TCP 流量,以及源 IP 地址为 10.0.4.0/24 网段的 IP 数据流。

```
[R1]acl 3000
[R1-acl-adv-3000]rule 5 permit tcp source 10.0.4.254 0.0.0.0 destination 119.84.111.3 0.0.0.0 destination-port eq 23
[R1-acl-adv-3000]rule 10 permit ip source 10.0.4.0 0.0.0.255 destination any
[R1-acl-adv-3000]rule 15 deny ip
```

在 R3 上配置基本 ACL,匹配需要进行 NAT 地址转换的流量为源 IP 地址为 10.0.6.0/24 网段的数据流。

```
[R3]acl 2000
[R3-acl-basic-2000]rule permit source 10.0.6.0 0.0.0.255
```

(4) 配置动态 NAT。

在 S1 和 S2 上配置缺省静态路由,指定下一跳为私网的网关。

```
[S1]ip route-static 0.0.0.0 0.0.0.0 10.0.4.1
[S2]ip route-static 0.0.0.0 0.0.0.0 10.0.6.3
```

在 R1 上配置动态 NAT,首先配置地址池,然后在 G0/0/0 接口下将 ACL 和地址池关联起来,使得匹配 ACL 3000 的数据报文的源地址选用地址池中的某个地址进行 NAT 转换。

```
[R1]nat address-group 1 119.84.111.240 119.84.111.243
[R1]interface GigabitEthernet0/0/0
[R1-GigabitEthernet0/0/0]nat outbound 3000 address-group 1
```

将 R3 配置为 Telnet 服务器。

```
[R3]user-interface vty 0 4
[R3-ui-vty0-4]authentication-mode password
[R3-ui-vty0-4]set authentication password cipher huawei
```

[R3-ui-vty0-4]quit

配置完成后,查看地址池配置是否正确。

< R1> display nat address-group
NAT Address-Group Information:

Index Start-address End-address
----
1 119.84.111.240 119.84.111.243

Total : 1

在 S1 上测试内网到外网的连通性。

[S1]ping 119.84.111.3

在 S1 上收起到达进端公网设备的 Telnet 连接。

[R3]telnet server enable
< S1> telnet 119.84.111.3
< R3> sys
< R3> system-view
[R3]quit

Telnet 成功后,不要结束该 Telnet 会话。此时,在 R1 上查看 ACL 和 NAT 会话的详细信息。

```
< R1> display acl 3000
< R1> dis acl 3000
Advanced ACL 3000, 3 rules
Acl's step is 5
rule 5 permit tcp source 10.0.4.254 0 destination 119.84.111.3 0 destination-po
rt eq telnet (9 matches)
rule 10 permit ip source 10.0.4.0 0.0.0.255 (3 matches)
rule 15 deny ip
< R1> display nat session all
NAT Session Table Information:
Protocol         : TCP(6)
SrcAddr   Port Vpn : 10.0.4.254      53225
DestAddr Port Vpn : 119.84.111.3    23
NAT-Info
New SrcAddr      : 119.84.111.242
New SrcPort      : 49146
New DestAddr     : ----
New DestPort     : ----
Total : 1
```

由于 ICMP 会话的生存周期只有 20 s,所以如果 NAT 会话的显示结果中没有 ICMP 会话的信息,可以执行以下的命令延长 ICMP 会话的生存周期,然后再执行 ping 命令后可查看到 ICMP 会话的信息。

```
[R1]firewall-nat session icmp aging-time 300
```

在 R3 的 G0/0/0 接口配置 Easy IP,并关联 ACL 2000。

```
[R3-GigabitEthernet0/0/0]nat outbound 2000
```

测试 S2 能否经过 R3 连通 R1,并查看配置的 NAT Outbound 的信息。

```
< S2> ping 119.84.111.1
< R3> display acl 2000
Basic ACL 2000, 1 rule
Acl's step is 5
 rule 5 permit source 10.0.6.0 0.0.0.255 (1 matches)
< R3> display nat outbound acl 2000
NAT Outbound Information: --------------------------------------------------
 Interface    Acl  Address-group/IP/Interface    Type
---------------------------------------------------------------------------
 GigabitEthernet0/0/8  2000  119.84.111.3        easyip
---------------------------------------------------------------------------
 Total : 1
```

实验 6-14　华为交换机路由器配置 ACL 过滤企业数据

【实验目的】

掌握高级 ACL 的配置方法;掌握 ACL 在接口下的应用方法。

【实验拓扑图】

配置 ACL 过滤企业数据实验拓扑图如图 6-5-19 所示。

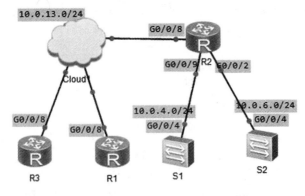

图 6-5-19　配置 ACL 过滤企业数据实验拓扑图

【组网需求】

企业部署了三个网络,其中 R2 连接的是公司总部网络,R1 和 R3 分别为两个不同分支网络的设备,这三台路由器通过广域网相连。你需要控制员工使用 Telnet 和 FTP 服务的权限,R1 所在分支的员工只允许访问公司总部网络中的 Telnet 服务器,R3 所在分支的员工只允许访问 FTP 服务器。

【实验设备】

AR1220 3 台、S3700 2 台、PC 3 台。

【实验步骤】

(1) 实验环境准备。

如果本任务中使用的是空配置设备,需要从步骤(1)开始配置,然后跳过步骤(2)。如果使用的设备包含上一个实验的配置,请直接从步骤(2)开始配置。

```
[Huawei]sysname R1
[Huawei]sysname R2
[Huawei]sysname R3
[Huawei]sysname S1
[S1]vlan 4
[S1-vlan4]quit
[S1]interface vlanif 4
[S1-Vlanif4]ip address 10.0.4.254 24
[Huawei]sysname S2
[S2]vlan 6
[S2-vlan6]quit
[S2]interface vlanif 6
[S2-Vlanif6]ip address 10.0.6.254 24
```

(2) 配置 IP 地址。

按照拓扑图所示网络的地址进行 IP 编址的配置。

```
[R1]interface GigabitEthernet0/0/8
[R1-GigabitEthernet0/0/8]ip address 10.0.13.1 24
[R2]interface GigabitEthernet0/0/8
[R2-GigabitEthernet0/0/8]ip address 10.0.13.2 24
[R2-GigabitEthernet0/0/8]interface GigabitEthernet0/0/9
[R2-GigabitEthernet0/0/9]ip address 10.0.4.2 24
[R2-GigabitEthernet0/0/9]interface GigabitEthernet0/0/2
[R2-GigabitEthernet0/0/2]ip address 10.0.6.2 24
[R2]vlan 2
[R2]interface vlanif 2
[R2-Vlanif2]ip address 10.0.6.2 24
[R2-Vlanif2]interface GigabitEthernet0/0/2
[R2-GigabitEthernet0/0/2]port link-type access
[R2-GigabitEthernet0/0/2]port default vlan 2
[R2-GigabitEthernet0/0/2]quit
[R3]interface GigabitEthernet0/0/8
[R3-GigabitEthernet0/0/8]ip address 10.0.13.3 24
```

配置 S1 和 S2 连接路由器的端口为 Trunk 端口，并通过修改 PVID 使物理端口加入三层 VLANIF 逻辑接口。

```
[S1]interface GigabitEthernet0/0/4
[S1-GigabitEthernet0/0/4]port link-type trunk
[S1-GigabitEthernet0/0/4]port trunk allow-pass vlan all
[S1-GigabitEthernet0/0/4]port trunk pvid vlan 4
[S1-GigabitEthernet0/0/4]quit
[S2]interface GigabitEthernet0/0/4
[S2-GigabitEthernet0/0/4]port link-type trunk
[S2-GigabitEthernet0/0/4]port trunk allow-pass vlan all
[S2-GigabitEthernet0/0/4]port trunk pvid vlan 6
[S2-GigabitEthernet0/0/4]quit
```

(3) 配置 OSPF 使网络互通。

在 R1、R2 和 R3 上配置 OSPF，三台设备均在区域 0 中，并收发各自的直连网段信息。

```
[R1]ospf
[R1-ospf-1]area 0
[R1-ospf-1-area-0.0.0.0]network 10.0.13.0 0.0.0.255
[R2]ospf
[R2-ospf-1]area 0
[R2-ospf-1-area-0.0.0.0]network 10.0.13.0 0.0.0.255
[R2-ospf-1-area-0.0.0.0]network 10.0.4.0 0.0.0.255
[R2-ospf-1-area-0.0.0.0]network 10.0.6.0 0.0.0.255
[R3]ospf
[R3-ospf-1]area 0
[R3-ospf-1-area-0.0.0.0]network 10.0.13.0 0.0.0.255
```

在 S1 和 S2 上配置缺省静态路由，指定下一跳为各自连接的路由器网关。

```
[S1]ip route-static 0.0.0.0 0.0.0.0 10.0.4.2
[S2]ip route-static 0.0.0.0 0.0.0.0 10.0.6.2
```

检测网络的连通性。

```
< R1> ping 10.0.4.254
< R1> ping 10.0.6.254
< R3> ping 10.0.4.254
< R3> ping 10.0.6.254
```

(4) 配置 ACL 过滤报文。

将 S1 配置为 Telnet 服务器。

```
[S1]user-interface vty 0 4
[S1-ui-vty0-4]authentication-mode password
[S1-ui-vty0-4]set authentication password cipher huawei
```

将 S2 配置为 FTP 服务器。

```
[S2]ftp server enable
[S2]aaa
[S2-aaa]local-user huawei password cipher huawei
[S2-aaa]local-user huawei service-type ftp
[S2-aaa]local-user huawei ftp-directory flash:
```

在 R2 上配置 ACL,只允许 R1 访问 Telnet 服务器,只允许 R3 访问 FTP 服务器。

```
[R2]acl 3000
[R2-acl-adv-3000]rule 5 permit tcp source 10.0.13.1 0.0.0.0 destination 10.0.4.254 0.0.0.0 destination-port eq 23
[R2-acl-adv-3000]rule 10 permit tcp source 10.0.13.3 0.0.0.0 destination 10.0.6.254 0.0.0.0 destination-port range 20 21
[R2-acl-adv-3000]rule 15 deny ip source any
[R2-acl-adv-3000]quit
```

在 R2 的 G0/0/8 接口应用 ACL。

```
[R2]interface GigabitEthernet0/0/8
[R2-GigabitEthernet0/0/8]traffic-filter inbound acl 3000
```

验证 ACL 的应用结果。

```
< R1> telnet 10.0.4.254
Press CTRL_] to quit telnet mode
Trying 10.0.4.254 ...
Connected to 10.0.4.254 ...
Login authentication
Password:
Info: The max number of VTY users is 5, and the number
of current VTY users on line is 1.
< S1>
```

注意:执行 quit 命令,可以结束 Telnet 会话。

```
< R1> ftp 10.0.6.254
Trying 10.0.6.254 ...
Press CTRL+ K to abort
Error: Failed to connect to the remote host.
```

注意:FTP 连接的响应时间约为 60 s。

```
< R3> telnet 10.0.4.254
```

注意:可以执行 bye 命令,关闭 FTP 连接。

【附加练习:分析并验证】

(1) 为什么 FTP 要求 ACL 定义两个端口?
(2) 应在源端网络还是目标网络配置基本和高级 ACL,为什么?

第 7 章　防火墙技术

本章学习目标：掌握防火墙基本概念、基本功能和构成。了解防火墙技术分类，包括应用代理型级、包过滤防火墙、状态检测防火墙等。熟悉锐捷网络防火墙使用，华为防火墙配置方式和配置步骤。了解 VPN 基本概念、关键技术、分类及应用。掌握防火墙动态地址转换（NAT）的技术原理和应用场景，重点掌握 IPSec VPN，熟悉华为 IPSec VPN 的配置和实验。掌握锐捷防火墙实验，包括 Web 基本实验、使用 Web 实现安全的访问控制和实现安全 NAT 功能。掌握华为防火墙实验，包括基本配置实验、配置 Site-to-Site IPSec VPN、配置采用 Manual 方式协商的 IPSec 隧道、配置域间 NAT 和内部服务器、防火墙安全区域及安全策略配置实验等。

7.1　防火墙简介

7.1.1　防火墙概念

防火墙技术就是一种保护计算机网络安全的技术性措施，是在内部网络和外部网络之间实现控制策略的一个或多个系统。防火墙作为不同网络或网络安全域之间信息的出入口，能根据安全策略（允许、拒绝、监测）控制出入网络的信息流，且本身具有较强的抗攻击能力。防火墙是建立在内外网络边界上的过滤封锁机制，内部网络被认为是安全和可信赖的，而外部网络（通常是 Internet）被认为是不安全和不可信赖的。防火墙置于可信网络与不可信网络（如内部网与外部网，专用网与公共网等）之间，实现对可信网络的保护和屏障作用。它是一个网关型的设备，所有进出的流量都必须经过防火墙。只有被允许或授权的合法数据，即符合防火墙安全策略的数据，才可以通过防火墙。防火墙的作用是防止不希望的、未经授权的通信进出被保护的内部网络，通过边界控制强化内部网络的安全政策。限制互联网用户对内部网络的访问并管理内部用户访问互联网的权限。从本质上说，防火墙遵从的是一种允许或阻止业务往来的网络通信安全机制，也就是提供可控的过滤网络通信，只允许授权的通信。图 7-1-1 简单地表示了防火墙在网络中的位置。

防火墙是一种非常有效的网络安全模型，通过它可以隔离内外网络，以达到网络中安全区域的连接，同时不妨碍人们对风险区域的访问。监控出入网络的信息，仅让安全的、符合规则的信息进入内部网络，为网络用户提供一个安全的网络环境。设置防火墙的目的是保护内部网络资源不被外部非授权用户使用，过滤不安全服务和非法用户，防止内部受到外部非法用户的攻击。通过检查所有进出内部网络的数据包，检查数据包的合法性，判断是否会对网络安全构成威胁，为内部网络建立安全边界；所有穿过防火墙的通信流都必须有安全策略和计划的确认及授权。防火墙是网络安全防护中的一个重要组成部分，通过部署防火墙能有效防范非法攻击，有效地保障内部网络的安全。

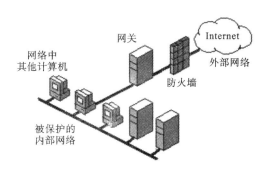

图 7-1-1 防火墙在网络中的位置

7.1.2 防火墙的基本功能

（1）防火墙的功能。

一个好的防火墙功能十分强大，它能够有效地防止病毒、黑客的攻击。概括地说，防火墙具有以下功能：

① 防止内部信息的外泄，这是防火墙的最基本功能。它通过隔离内、外部网络来确保内部网络的安全。使用防火墙就可以隐蔽那些透露内部细节如 Finger、DNS 等服务。

② 防火墙能够强化安全策略，通过对数据包进行检查，保护内部网络上脆弱的服务。通过架设防火墙可以制定安全规则，仅仅容许"认可的"和符合规则的请求通过防火墙。防火墙控制对特殊站点的访问，可以允许受保护网络的一部分主机被外部网访问，而另一部分被保护起来，防止不必要访问。

③ 防火墙可以对内、外部网络存取和访问进行监控审计。每当发生可疑动作时，防火墙能进行适当的报警，并提供网络是否受到监测和攻击的详细信息。防火墙是审计和记费用的最佳地点。

④ 防火墙可以通过网络地址转换功能（NAT）方便地部署内部网络的 IP 地址。

⑤ 防火墙可以集中安全性。如果一个内部网的所有或大部分需要进行安全措施的系统都集中放在防火墙系统中，而不是分散到每个主机中进行配置，这样就可以通过防火墙进行集中保护，安全和管理成本也就相应降低了。

（2）防火墙的不足之处。

防火墙是一种被动防卫技术，防火墙并非万能，对于以下情况防火墙无能为力：不能防范恶意的知情者；不能防范绕过防火墙的攻击；不能防止木马和后门；不能防止病毒；不能防范来自内部的安全威胁；不能防止数据驱动式攻击。因此，防火墙只适合于相对独立的网络，如企业内部的局域网络等。防火墙需要与其他安全技术手段有效配合，建立联动的安全防御机制。

7.1.3 防火墙的构成

防火墙是一种保护计算机网络安全的技术型措施，它可以是软件，也可以是硬件，或两者结合。防火墙常常安装在受保护的内部网络连接到 Internet 的点上，专用（内部）和公共（外部）网络之间，网络的出口和入口处，专用网络内部，如关键的网段、数据中心。它是一个网关型的设备,所有进出的流量都必须经过防火墙。

防火墙一般有四个接口:内网口、外网口、非军事化区(Demilitarized Zone,DMZ)接口和管理口。一般将防火墙区域分为 Trust 网(内部网)、Untrust 网(外部网,Internet)、DMZ 区和本地区域 Local。例如,华为防火墙产品上默认已经提供了三个安全区域,分别是 Trust、DMZ 和 Untrust。图 7-1-2 是防火墙的位置与作用示意图。

Trust 区域网络的受信任程度高,通常用来定义内部用户所在的网络。Untrust 区域代表的是不受信任的网络,通常用来定义 Internet 等不安全的网络。

非军事区(DMZ)也称为周界网络,是在内外部网之间另加的一层安全保护网络层,DMZ 术语来自于军事方面,在这个区域中禁止任何军事行为。DMZ 可以理解为一个不同于外网或内网的特殊网络区域,DMZ 是内部网络与外部网络的缓冲区。DMZ 的作用是放置对公网发布的各种服务器,如 MAIL 服务器、DNS 服务器、WWW 服务器等,能使外部网络访问内部网络的公开服务,同时又能有效阻断外部网络对内部网络的侵袭。对于进来的信息,外部路由器用于防范通常的外部攻击(如源地址欺骗和源路由攻击),并管理 Internet 到 DMZ 网络的访问。通常将堡垒主机、各种信息服务器等公用服务器放于 DMZ 中。堡垒主机通常是黑客集中攻击的目标,如果没有 DMZ,入侵者控制堡垒主机后就可以监听整个内部网络的会话。DMZ 只允许外部系统访问堡垒主机(可能有信息服务器)。里面的路由器提供第二层防御,只接受源于堡垒主机的数据包,负责管理 DMZ 到内部网络的访问。

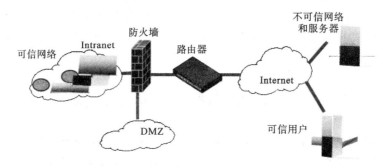

图 7-1-2 防火墙的位置与作用示意图

7.2 防火墙技术分类

7.2.1 防火墙的基本类型

随着互联网和内联网的发展,防火墙的技术也在不断发展,其分类和功能不断细化。防火墙从构成上可以分为以下几类:硬件防火墙、软件防火墙、软硬件结合的防火墙。Check Point 的 FireWall-1 是软件防火墙。硬件防火墙有锐捷 RG-WALL、Juniper Netscreen、Cisco PIX/ASA、Fortinet FortiGate,天融信 NetGuard。防火墙按性能又分为百兆级防火墙、千兆级防火墙和万兆级防火墙三类。

现代防火墙产品主要有四种类型:集成防火墙功能的路由器、集成防火墙功能的代理服务器、专用的软件防火墙和专用的软硬件结合的防火墙。Cisco 的防火墙解决方案中包含了四种类型中的第一种和第四种,即集成防火墙功能的路由器和专用的软硬件结合的防火墙。PIX(Private Internet eXchange)属于四类防火墙中的第四种——软硬件结合的防火墙。

从实现原理上,防火墙的技术包括四大类:网络级防火墙(也叫包过滤型防火墙)、应用级网关(应用代理防火墙)、电路级网关和状态检测防火墙。后面几节将详细介绍这四大类防火墙。

由于对更高安全性的要求,常把基于包过滤的方法与基于应用代理的方法结合起来,形成复合型防火墙产品。这种结合通常是以下两种方案。

屏蔽主机防火墙体系结构:在该结构中,分组过滤路由器或防火墙与Internet相连,同时一个运行网关软件的<u>堡垒主机</u>安装在内部网络。通过在分组过滤路由器或防火墙上过滤规则的设置,使堡垒主机成为Internet上其他节点所能到达的唯一节点,这确保了内部网络不受未授权外部用户的攻击。提供的安全等级较高,因为它实现了网络层安全(包过滤)和应用层安全(代理服务)。

屏蔽子网型防火墙体系结构:本质上和屏蔽主机防火墙体系结构是一样的,但是,通过在屏蔽主机结构中再增加一台路由器,它的作用在于在内部网和外部网之间构筑一个安全子网(DMZ)。

主要的安全机制由屏蔽路由器来提供。<u>堡垒主机</u>位于内部网络上,是外部能访问的唯一内部网络主机。<u>堡垒主机</u>需要保持更高的安全等级。屏蔽子网是最安全的防火墙系统,它在内部网络和外部网络之间建立一个被隔离的子网(非军事区,DMZ)。从而给内部网络增加了一层保护体系——周边网络,使得周边网络和内部网被内部屏蔽路由器分开,周边网络和外部网被外部屏蔽路由器隔开,这样内部网和外部网之间有两层保护体系。

屏蔽子网防火墙使用了两个屏蔽路由器,外部路由器只允许外部流量进入,主要功能是保护DMZ上的主机,外部路由器还可以防止部分的IP欺骗。内部路由器(又称阻塞路由器)位于内部网和DMZ之间,用于保护内部网不受DMZ和Internet的侵害。它完成防火墙大部分的过滤工作,在包过滤规则认为安全的前提下,它允许某些站点的服务在内外网之间互相传送。内部路由器只允许内部流量进入。而对于从内部网发往外部网的数据包,内部路由器管理内部网络到DMZ的访问。它允许内部系统只访问<u>堡垒主机</u>(还可能有信息服务器)。典型的屏蔽子网结构如图7-2-1所示。

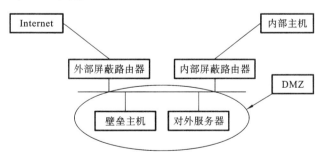

图 7-2-1 屏蔽子网型防火墙结构

防火墙按体系结构可以分为屏蔽主机防火墙、屏蔽子网防火墙、多宿主主机防火墙和通过混合组合而衍生的其他结构的防火墙。

7.2.2 应用代理型防火墙

应用代理型防火墙(Proxy Service)是在应用层上建立协议过滤和转发功能。它针对特定的网络应用服务协议使用指定的数据过滤逻辑,并在过滤的同时,对数据包进行必要的分析、登记和统计,形成报告。不允许数据报直接通过被保护的系统,通过应用层的代理来中转客户机和服务器之间的通信。应用代理型防火墙提供高层应用检测能力。运行代理服务的主机称为应用网关,这些程序根据预先制定的安全规则将用户对外部网的服务请求向外提交、转发。代理服务是运行在防火墙主机上的一些特定的应用程序或者服务程序,它替代了用户和外部网的连接应用级网关,能够检查进出的数据包,通过网关复制传递数据,防止在受信任服务器和客户机与不受信任的主机间直接建立联系。在实际工作中,应用网关一般由专用工作站系统来完成。但每一种协议需要相应的代理软件,使用时工作量大,效率不如网络级防火墙。代理使得网络管理员能够实现比包过滤路由器更严格的安全策略,它会对应用程序的数据进行校验以确保数据格式可以接受。提供代理服务的可以是一台双宿主网关,也可以是一台堡垒主机。网络上流传着很多的个人防火墙软件,都是应用程序级的。应用级网关能够理解应用层上的协议,针对特别的网络应用服务协议即数据过滤协议,并且能够对数据包分析并形成相关的报告。应用级网关有较好的访问控制,是目前最安全的防火墙技术,但实现困难,而且有的应用级网关缺乏"透明度"。

应用级网关的优点:应用级网关有能力支持可靠的用户认证并提供详细的注册信息,过滤规则相对于包过滤路由器来说更容易配置和测试。代理工作在客户机和真实服务器之间,完全控制会话,所以可以提供很详细的日志和安全审计功能。提供代理服务的防火墙可以被配置成唯一的可被外部看见的主机,这样可以隐藏内部网的 IP 地址,保护内部主机免受外部网的进攻。通过代理访问 Internet,可以解决合法的 IP 地址不够用的问题。

应用级网关的缺点:应用级网关所能提供的服务和可伸缩性的服务是有限的。应用级网关不能为 RPC、Talk 和其他一些基于通用协议簇的服务提供代理。应用层实现的防火墙会造成明显的性能下降。应用级网关要求用户改变自己的行为,或者在访问代理服务的每个系统上安装特殊的软件,对用户不透明。

7.2.3 包过滤防火墙

包过滤防火墙:也称网络级防火墙,通常由一个路由器或一台充当路由器的计算机组成。工作在网络层和传输层,根据数据包中包头信息实施有选择地允许通过或阻断。它根据分组包头源地址、目的地址和端口号、协议类型等标志确定是否允许数据包通过。只有满足过滤逻辑的数据包才被转发到相应的目的地出口端,其余数据包则从数据流中被丢弃。对经过防火墙的数据包的包头进行检查,与防火墙的过滤规则进行匹配,从而决定允许通过还是丢弃。

数据包过滤(Packet Filter)技术是防火墙中最常用的技术,它根据所设定的过滤规则集,对所接收的每个数据包做出允许或是拒绝通过的决定,包过滤技术是一种简单、高效的安全控制技术。数据包过滤一般由过滤路由器来完成,这种路由器是普通路由器功能的扩展,是一种硬件设备。包过滤技术是在网络中的适当位置对数据包实施有选择通过的技术。实现包过滤的核心技术是访问控制列表。依据在系统内设置的过滤规则(通常称为访问控制表——Access Control List)对数据流中每个数据包包头中的参数或它们的组合进行检查,以确定是否允许该数据包进出内部网络。对防火墙需要转发的数据包,先获取包头信息,然后与设定的规则进行比较,如果包的进入接口和出接口匹配,并且满足过滤规则,就允许包通过,数据包就按照路由表中的信息被转发到下一跳,否则拒绝该包通过,该包将被丢弃,从而起到了保护内部网络的作用。

1. 包过滤防火墙的优缺点

包过滤防火墙的优点:仅用一个放置在重要位置上的包过滤路由器就可以保护整个网络。处理包的速度比代理服务器的快,过滤路由器为用户提供了一种透明的服务,用户不用改变客户端程序或改变自己的行为。逻辑简单,价格便宜,易于安装和使用,网络性能和透明性好,所以不必对用户进行特殊的培训和在每台主机上安装特定的软件。

包过滤防火墙的缺点:创建规则比较困难,定义数据包过滤器会比较复杂并难以测试;安全控制的力度只限于源地址、目的地址和端口号等,只能进行较为初步的安全控制,安全性较低;数据包的源地址、目的地址以及端口号等都在数据包的头部,很有可能被窃听或假冒。

根据包过滤防火墙的优缺点,一般用在以下场所:机构是非集中化管理;机构没有强大的集中安全策略;网络的主机数非常少;主要依赖于主机安全来防止入侵,但是当主机数增加到一定程度时,仅靠主机安全是不够的;没有使用 DHCP 这样的动态 IP 地址分配协议。

2. 包过滤防火墙的规则

在配置包过滤路由器时,首先要确定哪些服务允许通过而哪些服务应被拒绝,并将这些规定翻译成有关的包过滤规则。信息过滤规则是以其所收到的数据包头信息为基础的。如果包的进入接口和出接口匹配,并且满足过滤规则,就允许包通过。包过滤一般要检查(网络层的 IP 头和传输层的头),包括源 IP 地址、目的 IP 地址、封装的协议类型(TCP、UDP、ICMP 和 IGMP 等)、源端口、目的端口、ICMP 报文类型及 TCP 包头中的 ACK 位(其中 UDP 包头没有 ACK 位)。

有关服务翻译成包过滤规则时的几个非常重要的概念如下。

(1) 协议的双向性。协议总是双向的,协议包括一方发送一个请求,而另一方返回一个应答。在制定包过滤规则时,要注意包是从两个方向来到路由器的。

(2) "往内"与"往外"的含义。在制定包过滤规则时,必须准确理解"往内"与"往外"的包和"往内"与"往外"的服务这几个词的语义。

3. 防火墙的基本配置原则

网络的安全策略中有两种方法:"默认拒绝"(没有明确地指明被允许就应被拒绝)和"默认允许"(没有明确地指明被拒绝就应被允许)。从安全角度来看,用默认拒绝应该更合适,一切未被允许的都是禁止的。在实际应用中,防火墙通常采用第二种设计策略,但多数防火墙都会在两种策略之间采取折中。

规则原则分为按地址过滤和按服务过滤。规则一般包含以下各项:源地址、源端口、目的地址、目的端口、协议类型、协议标志、服务类型、动作。防火墙的规则动作有以下几种类型：通过（Accept）、放弃（Deny）、拒绝（Reject）、返回（Return）。表 7-2-1 列出了一些规则库。

表 7-2-1 过滤规则示例

规则	协议	源 IP	目标 IP	源端口	目的端口	行为
1	TCP	Any	192.168.0.1	Any	http	Accept
2	TCP	Any	192.168.0.2	Any	Pop3 Smtp	Accept
3	UDP	Any	192.168.0.8	Any	53	Accept
4	IP	Any	192.168.0.253/24	Any	ICMP	Accept
5	Any	Any	Any	Any	Any	禁止

在表中列出了 5 条简单的规则，规则 1 允许所有的 IP 访问服务器 192.168.0.1 的 HTTP 协议（端口为 80），规则 2 为允许所有的 IP 访问服务器的 POP3 协议和 SMTP 协议，规则 3 则允许访问服务器的域名解析服务，规则 4 允许 ping 一个网段内的 IP，最后一条则禁止与前面规则都不匹配的所有数据包。

7.2.4 状态检测防火墙

状态检测防火墙是在传统包过滤上的功能扩展，能进行动态包过滤，增加了状态检测机制而形成的；动态包过滤与普通包过滤相比，需要多做一项工作：对外出数据包的"身份"做一个标记，允许相同连接的进入数据包通过。状态检测防火墙利用状态表跟踪每一个网络会话的状态，对每一个数据包的检查不仅根据规则表，更考虑了数据包是否符合会话所处的状态；采用了一个在网关上执行网络安全策略的软件引擎，称为检测模块。检测模块在不影响网络正常工作的前提下，采用抽取相关数据的方法对网络通信的各层实施监测，并动态地保存起来作为以后制定安全决策的参考。

状态检测防火墙主要优点是高安全性（工作在数据链路层和网络层之间；"状态感知"能力）、高效性（对连接的后续数据包直接进行状态检查）、应用范围广（支持基于无连接协议的应用）。其主要缺点是状态检测防火墙在阻止 DDoS 攻击、病毒传播问题以及高级应用入侵问题（如实现应用层内容过滤）等方面显得力不从心。

7.2.5 四类防火墙的对比

包过滤防火墙不检查数据区，不建立连接状态表，前后报文无关，应用层控制很弱。应用级网关防火墙不检查 IP、TCP 报头，不建立连接状态表，网络层保护比较弱。状态检测防火墙不检查数据区，建立连接状态表，前后报文相关，应用层控制很弱。复合型防火墙可以检查整个数据包内容，根据需要建立连接状态表，网络层保护强，应用层控制细，会话控制较弱。它们之间各有所长，具体使用哪一种或是否混合使用，要视具体情况来定。

7.3 锐捷网络防火墙使用

锐捷网络防火墙的管理方式有两种：一种是利用在本地使用 Web 的方式，或者用锐捷网络提供的针对防火墙进行管理的软件对防火墙进行管理;另外一种是通过互联网络的方式对防火墙进行管理,通常,这种管理也叫带外管理,是对运行在互联网上的防火墙进行管理的一个很好的办法,节省和缩短了防火墙在出现问题时的排除故障时间,但是这种管理方式需要防火墙的管理员中远程登录到这个防火墙 PC 的网络地址。

锐捷网络防火墙使用步骤:

(1) 在浏览器的地址栏输入 192.168.1.200 ,进入防火墙的认证登录页面。

(2) 在系统管理中找到路由:路由—静态—静态路由,单击"新建"按钮。

(3) 输入相对应的数据。

(4) 输入完成后,返回上一层页面将会看到设置完成的静态路由。

7.4 华为防火墙配置

7.4.1 华为防火墙配置方式

华为防火墙配置方式有 Console 口本地配置、Telnet 远程配置和 Web 管理配置三种。

1. 通过 Console 口进行本地登录

华为防火墙可通过 Console 口进行本地登录,传输速率设为 9600 b/s。以太网交换机上电,终端上显示设备自检信息,自检结束后提示用户键入回车,之后将出现命令行提示符(如<Quidway>),如图 7-4-1 所示。

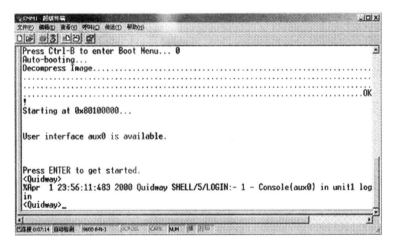

图 7-4-1　以太网交换机配置页面

2. 通过 Telnet 进行配置

Telnet 配置步骤如下。

(1) 执行命令 system-view,进入系统视图。例如,

　　< USG5300> system-view

(2) 执行命令 user-interface [*user-interface-type*] user-interface-number [*ending-*

userinterface-number],进入用户界面视图。例如,

```
[USG5300] user-interface vty 0 4
```

(3) 执行命令 idle-timeout *minutes* [*seconds*],允许定时断开 Telnet 连接。为了防止未授权用户的非法侵入,如果在一定时间内没有接收到终端用户的输入,则断开与用户的连接,终端用户缺省的定时断开时间为 10 min,这里设置超时为 30 min。例如,

```
[USG5300-ui-vty0-4] idle-timeout 30
```

(4) 执行命令 authentication-mode { aaa | none | password | local user *username* password *password* }。设置登录用户界面的验证方式。配置验证方式为 Password 验证。

```
[USG5300-ui-vty0-4] authentication-mode password
```

(5) 执行命令 set authentication password { simple | cipher } password,设置本地验证的口令。当验证方式为 password 时需进行该命令的配置(可选)。这里配置验证密码为 lantian。例如,

```
[USG5300-ui-vty0-4] set authentication password simple lantian   //最新版本的命
令是 authentication-mode password cipher huawei@123
```

(6) 执行命令 user privilege level *level*,配置从当前用户界面登录系统的用户所能访问的命令级别,默认级别是 0(可选,当 authentication-mode 设置为 aaa 模式时,无需配置此步骤)。这里设置用户界面能够访问的命令级别为 level 3。配置 VTY 的优先级为 3,基于密码验证。例如,

```
[USG5300-ui-vty0-4] user privilege level 3
```

(7) firewall packet-filter default permit interzone untrust local direction inbound,不加这个从公网不能 telnet 防火墙。如果不开放 Trust 域到 Local 域的缺省包过滤,那么从内网也不能 telnet 防火墙,但是默认情况下已经开放了 Trust 域到 Local 域的缺省包过滤。例如,

```
[USG5300] firewall packet-filter default permit interzone untrust local di-
rection inbound
```

3. Web 管理配置

USG2000&5000 防火墙实验操作主要以 Web 方式为主。防火墙默认的管理接口为 g0/0/0,默认的 IP 地址为 192.168.0.1/24,默认 g0/0/0 接口开启了 dhcp server,默认用户名为 admin,默认密码为 Admin@123。

1) Web 管理配置步骤

(1) 执行命令 system-view,进入系统视图。

(2) 执行命令 web-manager [*security*] enable [port *port-number*],启动 Web 管理功能。

(3) 添加 Web 管理用户。

(4) 执行命令 local-user user-name service-type web,配置用户的服务类型为 Web。

（5）执行命令 local-user user-name level 3，配置用户的级别，Web 用户的级别必须是最高级别，即级别 3。

2）Web 管理配置界面

访问防火墙 Web 页面，访问之前，要用网线连接到防火墙的 GE0/0/0 口，防火墙访问 IP 地址为 192.168.0.1，登录用户名为 admin，密码为 Admin@123。若不能打开该页面，可以把本地 IP 地址配置成 192.168.0.222。登录过程中出现证书错误，单击"继续浏览此网站"按钮。图 7-4-2 所示的是访问防火墙登录页面。

图 7-4-2　访问防火墙登录页面

登录后，弹出修改用户的初始密码的提示及快速向导。初始密码尽量不要修改。USG2000 基本配置界面如图 7-4-3、图 7-4-4 所示。现场配置所需要用到的只有网络和防火墙两个主菜单。

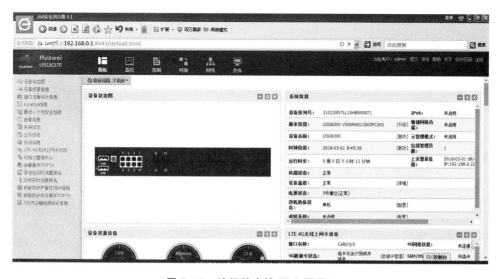

图 7-4-3　访问防火墙 Web 页面 1

图 7-4-4　访问防火墙 Web 页面 2

7.4.2　华为防火墙配置步骤

华为防火墙配置步骤如图 7-4-5 所示。具体配置步骤如下。

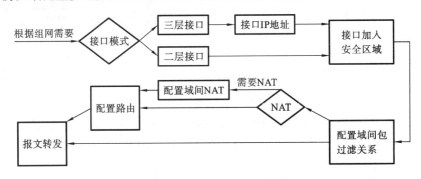

图 7-4-5　华为防火墙配置步骤

1. 配置接口模式

（1）执行命令 system-view，进入系统视图。

（2）执行命令 interface interface-type interface-number。

（3）执行命令 ip address ip-address { *mask* | *mask-length* }，配置三层以太网接口。例如，配置 GigabitEthernet0/0/0 的 IP 地址，命令如下。

```
[USG] interface GigabitEthernet0/0/0
[USG-GigabitEthernet0/0/0] ip address 192.168.1.1 24
```

（4）执行命令 portswitch，配置二层以太网接口。

2. 配置安全区域

（1）执行命令 system-view，进入系统视图。

（2）执行命令 firewall zone [vpn-instance *vpn-instance-name*] [name] *zone-name*，

创建安全区域,并进入相应安全区域视图。若安全区域已经存在,则不必配置关键字 name,直接进入安全区域视图;若安全区域不存在,则需要配置关键字 name,进入安全区域视图。

(3) 执行命令 set priority *security-priority*,配置安全区域的安全级别。

(4) 将接口加入安全区域,执行命令 add interface *interface-type interface-number*,配置接口加入安全区域。例如,配置 GigabitEthernet0/0/0 加入 Trust 安全区域,命令如下。

```
[USG] firewall zone trust
[USG-zone-trust] add interface GigabitEthernet0/0/0
```

3. 访问控制列表命令

访问控制列表命令:

acl [*number*] acl-number [*vpn-instance vpn-instance-name*]

其中,*acl-number*:定义一个数字型的 ACL(访问控制列表),其中序号 2000～2999 范围的 ACL 是基本的访问控制列表,序号 3000～3999 范围的 ACL 是高级的访问控制列表。*vpn-instance*、*vpn-instance-name*:用于定义 VPN 实例的 ACL,其中,*vpn-instance-name* 为 VPN 实例的名称,字符串形式,长度为 1～19。例如,

```
[USG] acl number 3000
[USG-acl-adv-3000] rule permit ip source 192.168.1.0 0.0.0.255 destination 10.1.1.0 0.0.0.255
[USG-acl-adv-3000] quit
```

命令 acl 用于创建一个访问控制列表并进入 ACL 视图,undo acl 用于删除访问控制列表。undo acl 命令:

undo acl { [number] *acl-number* | all }

USG2000 防火墙配置过程中注意事项:接口配置时,不要操作当前连接的端口,否则可能导致防火墙无法连接的情况。这种情况下需要按"reset"按钮初始化出厂配置。

应用高级 ACL,并进入接口视图。

```
firewall packet-filteracl-number {inbound | outbound}
```

4. 配置域间缺省包过滤规则

(1) 执行命令 system-view,进入系统视图。

(2) 执行命令 firewall packet-filter default { permit | deny } { { all | interzone zone1 zone2 } [direction { inbound | outbound }] },配置域间缺省包过滤规则。zone1 与 zone2 没有先后顺序,因为 Inbound 和 Outbound 的方向只与域的优先级有关。例如,

```
[USG] firewall interzone trust dmz
[USG-interzone-trust-dmz] packet-filter 3000 outbound
```

5. 配置路由

(1) 执行命令 system-view,进入系统视图。

(2) 执行命令 ip route-static ip-address { *mask* | *mask-length* } { *interface-type inter-*

face-number | next-ip-address }[preference value][reject | blackhole],配置缺省静态路由。

6. 防火墙策略

防火墙的安全策略(包过滤规则)可以根据数据包的源 IP 地址、目的 IP 地址、服务(端口号)等对通过防火墙的报文进行检测。防火墙策略包括本地策略、域间安全策略和域内安全策略。本地策略是指与 Local 安全区域有关的域间安全策略,用于控制外界与设备本身的互访。域间安全策略就是指不同的区域之间的安全策略。域内安全策略就是指同一个安全区域之间的策略,缺省情况下,同一安全区域内的数据流都允许通过,域内安全策略没有 Inbound 和 Outbound 方向的区分。每条安全策略中包括匹配条件、控制动作和 UTM 等高级安全策略。安全策略可以指定多种匹配条件,报文必须同时满足所有条件才会匹配上策略。域间可以应用多条安全策略,按照策略列表的顺序从上到下匹配。举例说明:配置从 Untrust 区域发往 DMZ 目标服务器 10.0.4.4 的 Telnet 和 FTP 请求被放行,命令如下。

```
[FW]security-policy
[FW-policy-security]rule name policy_sec_2
[FW-policy-security-rule-policy_sec_2]source-zone untrust
[FW-policy-security-rule-policy_sec_2]destination-zone dmz
[FW-policy-security-rule-policy_sec_2]destination-address 10.0.4.4 mask 255.255.255.255
[FW-policy-security-rule-policy_sec_2]service ftp
[FW-policy-security-rule-policy_sec_2]service telnet
[FW-policy-security-rule-policy_sec_2]action permit
```

在用户视图下,执行命令 save,保存当前配置。在用户视图下,执行命令 reboot 命令,防火墙将重新启动。

7.5 防火墙 NAT 的配置以及使用

防火墙在一个网络中既担当着网络安全护卫者,又担当着内部网络和外部网络的数据转发的重要角色。当一台防火墙放置到一个网络中的时候,要配置的工作首先就是要做路由的设置,然后根据不同的接口,设置不同的 NAT 地址。在内网中,内网用户访问内网服务器,某些情况下需要通过防火墙进行 NAT 转换。如用户通过域名访问服务器,经过 DNS 解析后使用服务器的对外公网地址,那么用户和服务器之间的通信就必须经过防火墙。例如,在一个网络中,防火墙连接内部网络,并且有两个网络出口,分别连接到不同的网络,在防火墙内设置了相应的规则外,防火墙就要判断用户所发出的数据包发往哪个出口,如图 7-5-1 所示。

当内网用户上网点击不同的网络资源的时候,用户发出的数据首先被转发到防火墙的内网接口上,此时防火墙根据用户发过来的源数据流,再根据其下一跳的地址,匹配不同的外网出口。同时,把数据流发送到不同的外网出口,当外网接口接收到内网接口转发过来的数据包时,匹配外网接口上的 NAT 地址,然后再对其进行 NAT 转换。因此,防火墙的工作

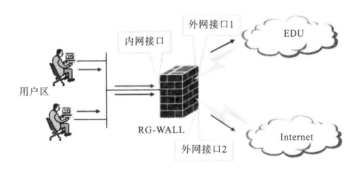

图 7-5-1 防火墙连接内部和外部网络示意图

方式就是先进行路由,然后在 NAT 进行转换。反之,当发出去的数据包返回的时候,则是一个可逆的过程,防火墙先对返回的数据包进行 NAT,然后再转换到防火墙的内网接口上,路由到内部网络中。在防火墙上,专门为内部的服务器配置一个对外的公网地址来代表私网地址。对于外网用户来说,防火墙上配置的外网地址就是服务器的地址。

实现安全的 NAT 地址转换是防火墙的基本功能,防火墙的安全 NAT 规则可以根据数据包的源 IP 地址、目的 IP 地址、服务(端口号)等对通过防火墙的报文进行检测,并进行必要的地址转换。NAT 的实现方式有多种,适用于不同的场景。锐捷防火墙支持四种 NAT 的方式:静态 NAT、动态 NAT、PAT、LSNAT。其中 LSNAT 也称为 DISTRIBUTED NAT,一个外网 IP 地址对应多个内网 IP 地址,在外网把以该 IP 地址为目的地址的所有会话分散转换分配给各内网 IP 地址,这种分配的主要目的是:当一个 IP 地址接到多个请求时,均衡负载保证运行速度。

7.6 虚拟专用网(VPN)技术

7.6.1 VPN 简介

1. VPN 的概念

虚拟专用网(Virtual Private Network,VPN)是一种"通过共享的公共网络建立一条私有的、临时的、安全的数据通道,将各个需要接入这张虚拟网的网络或终端通过通道连接起来,构成一个专用的、具有一定安全性和服务质量保证的网络"。它可以帮助远程用户、公司分支机构、商业伙伴等建立穿越开放的公用网络的安全隧道,与公司的内部网络相连,构成一个扩展的公司企业网。虚拟指用户不再需要拥有实际的专用长途数据线路,而是利用 Internet 的长途数据线路建立自己的私有网络。专用网络指用户可以为自己制定一个最符合自己需求的网络。在公共网络上组建的 VPN 像企业现有的私有网络一样提供安全性、可靠性和可管理性等,利用服务提供商所提供的公共网络来实现远程的广域连接。当前企业使用的 VPN 一般是基于互联网的。图 7-6-1 是 VPN 的逻辑拓扑结构图。VPN 提供安全连接,并保证数据的安全传输。它采用隧道技术,建立点到点的连接,提供数据分组通过公用网络的专用隧道。来自不同信息源、不同网络协议的分组经由不同的隧道在同一体系

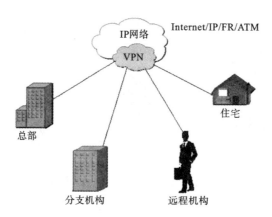

图 7-6-1　VPN 的逻辑拓扑结构图

结构上传输。

VPN 具有很多的优点,当前不管是在企业内还是企业间应用都很广。

(1) VPN 能明显降低运行成本,企业各个节点之间的连通性由互联网保证,不需要物理链路,所以 VPN 扩展网络的时候,成本很低。

(2) 改善连接,能够以更快捷、更简单的方式进行连接。简化广域网,容易扩展,适应性强。可随意与合作伙伴联网,完全控制主动权。

(3) 大大增加了网络设计的灵活性。不管是企业内部还是企业外部,均可以使用 VPN 技术进行连接,连接条件只需要 IP 可达即可,不必再相互协商底层链路参数。

(4) 实现了网络安全。为了保证数据在互联网上传输的安全性,VPN 采用身份认证技术来确认对端设备的身份;采用加解密技术来保证数据在互联网上传输时的保密性;用数据认证技术保证数据在互联网上传送时不被修改。

VPN 也不全是优点,因为 VPN 架构于互联网上,所以中间这一段的网络可控性不好,最常见的是带宽、延迟等 QoS 难以保证。

2. VPN 的主要技术

VPN 主要通过隧道技术来实现,因为 VPN 中的企业数据要穿越公网,为了保证安全性,VPN 应提供的基本功能包括:加密数据,以保证通过公网传输的信息即使被他人截获也不会泄密;信息认证和身份认证,保证接入 VPN 的操作人员的合法性、有效性;提供访问控制,不同的用户对网络有不同的访问权限。密钥管理技术(Key Management),在不安全的网络中安全地传递密钥。隧道技术(Tunneling),用以建立数据通道。

隧道技术是 VPN 技术中最关键的技术。具体地讲,所谓隧道技术,就是将原始分组加密和协议封装后放在另一种协议的数据分组之中,并在公用网络中传输。经过这样的处理,原始分组在公用网络的传递过程中是被密封的,只有到了目的端才被开封,因此好像是在隧道中传输一样。隧道技术在公网上建立一条数据通道,使用这条通道对数据报文进行传输。

现有以下两种类型的隧道协议。

一种是二层隧道协议,用于传输二层网络协议,它主要应用于构建 Access VPN 和 Extranet VPN;第二层隧道协议是先把各种网络协议封装到 PPP 中,再把整个数据包装入隧道协议中。二层隧道协议主要有三种:PPTP(Point to Point Tunneling Protocol,点对点隧道协议)、L2F(Layer2 Forwarding,二层转发协议)和L2TP(Layer2 Tunneling Protocol,二层隧道协议)。PPTP/L2PT 最适合于建立远程访问 VPN。L2TP 协议是目前 IETF 的标准,由 IETF 融合 PPTP 与 L2F 而形成。结合了这两个协议的优点,具有更优越的特性,得到了越来越多的组织和公司的支持,将是使用最广泛的 VPN 二层隧道协议。

另一种是三层隧道协议,用于传输三层网络协议,它主要应用于构建 Intranet VPN 和 Extranet VPN。三层隧道协议把各种网络协议直接装入隧道协议中,形成的数据包依靠第三层协议进行传输。GRE(Generic Routing Encapsulation)协议是典型的三层隧道协议。此外还有 IETF 的 IPSec 协议。

7.6.2 IPSec VPN

1. IPSec VPN 的概念

IPSec(Internet Protocol Security)是一个范围广泛、开放的 VPN 安全协议,可以用来保证 IP 数据报文在网络上传输的机密性、完整性和防重放攻击。它提供网络层上的数据保护,提供透明的安全通信。IPSec VPN 是应用最广的 VPN 技术之一。它是 IETF 制定的一种开放标准的框架结构,包含一系列 IP 安全协议,提供的功能包括数据加密、数据完整性检查、数据真实性验证和防止重放攻击等。

lIPSec VPN 有多种工作模式,常见的包括传输模式和隧道模式,可以适用于多种应用场景。另外,IPSec 技术还能够与其他隧道集成以完成相应的功能。IPSec 最适合于在可信的 LAN 到 LAN 之间建立 VPN,即适合于建立内部网络 VPN。企业远程分支机构可以通过使用 IPSec VPN 建立安全传输通道,接入企业总部网络。

IPSec VPN 体系结构主要由 AH(Authentication Header)、ESP(Encapsulating Security Payload)和 IKE(Internet Key Exchange)协议套件组成。

AH 认证协议:定义了认证的应用方法,提供数据源认证、数据完整性校验和报文防重放功能。ESP 封装安全载荷协议:除提供 AH 认证头协议的所有功能之外,还可对 IP 报文净荷进行加密和认证、只加密或者只认证,ESP 没有对 IP 头的内容进行保护,提供数据可靠性保证。IPSec 通过 AH 和 ESP 这两个安全协议来实现 IP 数据报的安全传送。IKE 协议提供密钥协商,建立和维护安全联盟 SA 等服务,用于自动协商 AH 和 ESP 所使用的密码算法。

2. 华为 IPSec VPN 配置相关概念

IPSec VPN 在部署的时候,可以应用于 Site-to-Site VPN 和 Access VPN。应用于站点到站点 VPN 的时候,一般在特定的网络设备之间启用 IPSec VPN,两侧的网络通过隧道连通。这种方式需要网络设备支持 IPSec,一般当前的路由器、防火墙均可以支持 IPSec,因为涉及数据加密,部分产品需要购买许可(licence)。当前流行的桌面操作系统自身一般不附带 IPSec 客户端,所以,如果要将 IPSec VPN 应用于 Access VPN 的时候,则需要在客户端上安装独立的 IPSec 客户端软件。对于大量用户接入的企业来说,增大了维护工作量。所以 IPSec VPN 更多地用于站点到站点 VPN。介绍 IPSec VPN 配置之前,先介绍几个基本概念。

IPSec 对等体:IPSec 用于在两个端点之间提供安全的 IP 通信,通信的两个端点称为

IPSec 对等体。

安全联盟：SA(Security Association)定义了 IPSec 通信对等体间将使用哪种摘要和加密算法、什么样的密钥进行数据的安全转换和传输。

SA 是单向的，在两个对等体之间的双向通信至少需要两个 SA。SA 包括安全参数索引 SPI(Security Parameter Index)、目的 IP 地址、安全协议名（AH 或 ESP）。安全协议包括 AH(Authentication Header)和 ESP(Encapsulating Security Payload)，两者可以单独使用或一起使用。建立 SA 的方式有以下两种协商方式。

手工方式(manual)：建立安全联盟比较复杂，安全联盟所需的全部信息都必须手工配置，但优点是可以不依赖 IKE 而单独实现 IPSec 功能。

IKE 动态协商(isakmp)方式：建立安全联盟相对简单些，只需要通信对等体间配置好 IKE 协商参数，由 IKE 自动协商来创建和维护 SA。

当对等体设备数量较少时，或是在小型静态环境中，手工配置 SA 是可行的。对于中、大型的动态网络环境，推荐使用 IKE 协商建立 SA。

在实施 IPSec 的过程中，可以使用 IKE 协议来建立 SA。该协议建立在 Internet 安全联盟和密钥管理协议 ISAKMP(Internet Security Association and Key Management Protocol)定义的框架上，IKE 为 IPSec 提供了一套在不安全的网络上安全地分发密钥、验证身份、建立 IPSec SA 的过程，简化了 IPSec 的管理和使用。

3. 华为配置 IPSec VPN 的步骤

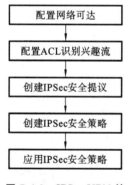

图 7-6-2　IPSec VPN 的配置步骤

为了能够正常传输数据流，安全隧道两端的对等体必须使用相同的安全协议、认证算法、加密算法和封装模式。如果要在两个安全网关之间建立 IPSec 隧道，建议将 IPSec 封装模式设置为隧道模式，以便隐藏通信使用的实际源 IP 地址和目的 IP 地址。如图 7-6-2 所示，配置 IPSec VPN 的步骤如下。

（1）配置网络可达。需要检查报文发送方和接收方之间的网络层可达性，确保双方只有建立 IPSec VPN 隧道才能进行 IPSec 通信。

（2）配置 ACL 识别兴趣流。因为部分流量无需满足完整性和机密性要求，所以需要对流量进行过滤，选择出需要进行 IPSec 处理的兴趣流。可以通过配置 ACL 来定义和区分不同的数据流。

（3）配置 IPSec 安全提议。配置 IPSec 策略时，必须引用 IPSec 提议来指定 IPSec 隧道两端使用的安全协议、加密算法、认证算法和封装模式。安全协议包括 AH 和 ESP。还需配置 IKE 提议和 IKE 对等体。

（4）配置 IPSec 安全策略。IPSec 策略中会应用 IPSec 提议中定义的安全协议、认证算法、加密算法和封装模式。每一个 IPSec 安全策略都使用唯一的名称和序号来标识。IPSec 策略可分成两类：手工建立 SA 的策略和 IKE 协商建立 SA 的策略。

（5）在一个接口上应用 IPSec 安全策略（应用安全策略）。放开相应域间的过滤规则，配置到对端内网网段的路由。

IPSec VPN 具体配置过程如下。

(1) 创建 ACL,定义受保护的数据流。

建立一条高级 ACL,用于确定哪些感兴趣流需要通过 IPSec VPN 隧道。高级 ACL 能够依据特定参数过滤流量,继而对流量执行丢弃、通过或保护操作。

(2) IPSec 提议。

执行 ipsec proposal 命令,可以创建 IPSec 提议并进入 IPSec 提议视图。缺省情况下,创建的 IPSec 提议采用 ESP 协议、MD5 认证算法和隧道封装模式。在 IPSec 提议视图下执行下列命令可以修改这些参数。

执行 proposal *proposal-name* & <1-6> 命令,用来在 IPSec 安全策略模板中引用安全提议。执行 transform [ah | ah-esp | esp] 命令,可以重新配置隧道采用的安全协议。执行 encapsulation-mode {transport | tunnel} 命令,可以配置报文的封装模式。执行 esp authentication-algorithm [md5 | sha1 | sha2-256 | sha2-384 | sha2-512] 命令,可以配置 ESP 协议使用的认证算法。执行 esp encryption-algorithm [des | 3des | aes-128 | aes-192 | aes-256] 命令,可以配置 ESP 加密算法。执行 ah authentication-algorithm [md5 | sha1 | sha2-256 | sha2-384 | sha2-512] 命令,可以配置 AH 协议使用的认证算法。例如,

```
[RTA]ipsec proposal tran1
[RTA-ipsec-proposal-tran1]esp authentication-algorithm sha1
```

tunnel local { *ip-address* | *binding-interface* } 命令用来配置安全隧道的本端地址。tunnel remote ip-address 命令用来设置安全隧道的对端地址。sa spi { inbound | outbound } { ah | esp } spi-number 命令用来设置安全联盟的安全参数索引 SPI。在配置安全联盟时,入方向和出方向安全联盟的安全参数索引都必须设置,并且本端的入方向安全联盟的 SPI 值必须和对端的出方向安全联盟的 SPI 值相同,而本端的出方向安全联盟的 SPI 值必须和对端的入方向安全联盟的 SPI 值相同。安全策略将要保护的数据流和安全提议进行绑定。sa string-key { inbound | outbound } { ah | esp } { simple | cipher } string-key 命令用来设置安全联盟的认证密钥。入方向和出方向安全联盟的认证密钥都必须设置,并且本端的入方向安全联盟的密钥必须和对端的出方向安全联盟的密钥相同;同时,本端的出方向安全联盟密钥必须和对端的入方向安全联盟的密钥相同。

(3) 配置 IPSec 安全提议——IKE 提议。

执行 ike proposal *proposal-number* 命令,创建并进入 IKE 安全提议视图。执行命令 ike peer *peer-name*,创建 IKE Peer 并进入 IKE Peer 视图。执行 exchange-mode { main | aggressive } 命令,配置协商模式。在协商模式下可以配置对端 IP 地址与对端名称,主模式下只能配置对端 IP 地址。缺省情况下,IKE 协商采用主模式。执行 pre-shared-key key-string 命令,配置与对端共享的 pre-shared key。执行 local-address *ip-address*,配置 IKE 协商时本端 IP 地址。执行 remote-address *low-ip-address* [*high-ip-address*] 命令,配置对端的 IP 地址。执行 display ipsec proposal [name <*proposal-name*>] 命令,可以查看 IPSec 提议中配置的参数。例如,

```
[RTA]ipsec policy P1 10 manual
[RTA-ipsec-policy-manual-P1-10]security acl 3001
```

```
[RTA-ipsec-policy-manual-P1-10]proposal tran1
[RTA-ipsec-policy-manual-P1-10]tunnel remote 20.1.1.2
[RTA-ipsec-policy-manual-P1-10]tunnel local 20.1.1.1
[RTA-ipsec-policy-manual-P1-10]sa spi outbound esp 54321
[RTA-ipsec-policy-manual-P1-10]sa spi inbound esp 12345
[RTA-ipsec-policy-manual-P1-10]sa string-key outbound esp simple huawei
[RTA-ipsec-policy-manual-P1-10]sa string-key inbound esp simple Huawei
```

(4) 配置 IPSec 安全策略。

执行 ipsec policy *policy-name seq-number* 命令,用来创建一条 IPSec 策略,并进入 IPSec 策略视图。安全策略是由 *policy-name* 和 *seq-number* 共同来确定的,多个具有相同 *policy-name* 的安全策略组成一个安全策略组。在一个安全策略组中最多可以设置 16 条安全策略,而 *seq-number* 越小的安全策略,优先级越高。IPSec 策略除了指定策略的名称和序号外,还需要指定 SA 的建立方式。执行 security acl *acl-number* 命令,用来指定 IPSec 策略所引用的访问控制列表。执行 ipsec policy *policy-name seq-number* isakmp 命令,创建安全策略。

(5) 一个接口上应用 IPSec 安全策略。

执行 ipsec policy *policy-name* 命令用来在接口上应用指定的安全策略组。手工方式配置的安全策略只能应用到一个接口。执行 interface *interface-type interface-number* 命令,进入接口视图,此处应该选择网络出接口。执行 ipsec policy *policy-name* 命令,引用安全策略。例如,

```
[RTA]interface GigabitEthernet0/0/1
[RTA-GigabitEthernet0/0/1]ipsec policy P1
```

执行 display ipsec policy [brief | name *policy-name* [*seq-number*]]命令,可以查看指定 IPSec 策略或所有 IPSec 策略。命令的显示信息中包括策略名称、策略序号、提议名称、ACL、隧道的本端地址和隧道的远端地址等,还可以查看出方向和入方向 SA 相关的参数。

IPSec 具体配置流程图如图 7-6-3。

4. 锐捷 IPSec VPN 配置

RG-WALL 防火墙的 VPN 系统能提供两大类功能:IPSec VPN 和 PPTP/L2TP 拨号 VPN。

VPN 实施支持"网关到网关"和"客户端到网关"两种形式的隧道。VPN 实施支持基于安全策略的方法,可以使用指定 VPN 隧道和基于路由选择 VPN 隧道的两种 VPN 策略方式。如果希望实施基于路由选择的 VPN 隧道,需要在"VPN 配置>>VPN 设备"中添加相应的虚设备。每次创建一条新的网关隧道或客户端隧道,通常按照下面步骤进行。

第一步:在"VPN 配置>>基本配置"页面,对 IPSec VPN 进行一些基本设置,例如,缺省 IPSec 协议要求的 IKE(Internet 密钥交换)密钥周期,是否启用 DHCP over IPSec 功能等,如图 7-6-4 所示。

第二步:在"VPN 配置>>VPN 端点"页面,添加远程 VPN 端点的基本信息,包括名称、地址方式、认证方式、密钥数据、IKE 算法模式和 IKE 算法组件等。

第三步:在"VPN 配置>>VPN 隧道"页面,添加 VPN 隧道,引用相应的 VPN 端点,

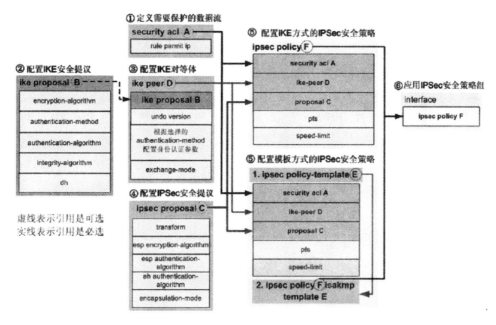

图 7-6-3　IPSec 配置流程图

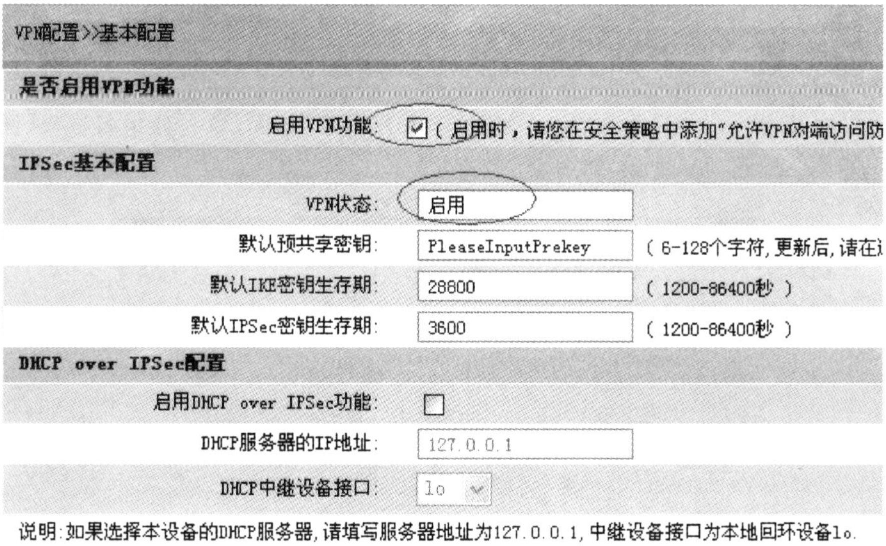

图 7-6-4　基本配置页面

设置数据包封装协议、IPSec 算法组件等信息。

第四步：如果使用基于安全策略的 VPN 隧道机制，在"安全策略＞＞安全规则"页面，添加相应规则，引用已配置的隧道。如果想使用基于路由选择的 VPN 隧道机制，首先在"VPN 配置＞＞VPN 设备"页面，添加对应于 VPN 隧道的 VPN 设备，然后在"网络配置＞＞策略路由"页面，添加相应的路由引用已配置的隧道。

如果在设置 VPN 端点时，"认证方式"设置为"证书"方式，就必须首先通过"证书管理"

目录下的配置界面导入相应的 CA(认证中心)证书、本地证书、对方证书后,才可以建立使用证书方式进行认证。对于"客户端到网关"隧道方式,可以通过"VPN 配置>>VPN 客户端分组"对客户端进行分组,每组用户具有相同的 VPN 端点属性,同时又可以具有各自独立的证书或预共享密钥,这样可以大大方便对 VPN 客户端账号的管理。

1) 基本配置

基本配置页面主要配置 IPSec VPN 的基本功能和缺省参数。进入防火墙 Web 界面:VPN 配置>>基本配置,启用 VPN 功能。

2) VPN 客户端分组

在使用 VPN 客户端访问企业内部网络时,主要针对很多出差、家庭办公、远程办公的用户,或者小型分支机构。网络管理员需要为这些用户设置建立 VPN 的共享密钥或者证书。如果为每一个远程客户端用户单独设置 VPN 端点配置、VPN 隧道、VPN 策略,这样就增加了管理员的工作量。使用 VPN 客户端分组配置可以首先对众多具备一致 VPN 端点属性的用户分组,减少在后续中的配置工作量。该页面如图 7-6-5 所示。

图 7-6-5　VPN 客户端

单击"添加"按钮,弹出"添加、编辑 VPN 客户端分组"界面,填写分组名称、认证方式和每个用户的证书或预共享密钥,如图 7-6-6 所示。

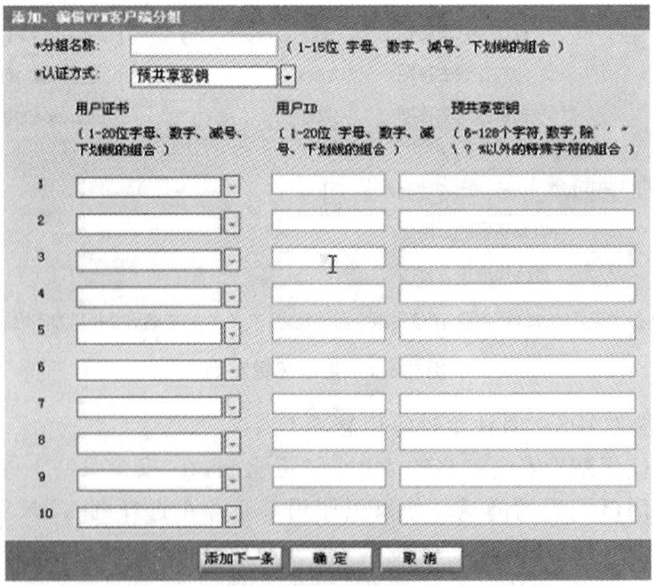

图 7-6-6　添加 VPN 客户端

3) VPN 端点

在建立 VPN 隧道之前,必须明确每条隧道都要有两个端点。其中一个端点是正在配置的该防火墙设备,另外一个远程端点这里称为"VPN 端点"。隧道两端都必须进行相同属性的配置,才可以正常地建立起隧道。用户首先要输入其要建立隧道的 VPN 端点信息。对端是隧道的终点,由它来负责传去加密报文的解密和传回报文的加密。

如图 7-6-7 所示,添加 VPN 端点时,需要根据实际情况选择合适的类型和认证方式。当用户选择的是客户端类型,或 VPN 端点地址为"0.0.0.0",且"认证模式"为"主模式"时,只能使用证书认证方式。当用户选择"认证方式"为"证书"时,需要指定相应的本地证书和对方证书,如图 7-6-8 所示。单击"添加"按钮,弹出"添加、编辑 VPN 端点"界面。输入完成后,单击"确定"按钮,或单击"添加下一条"按钮,添加下一个 VPN 端点。

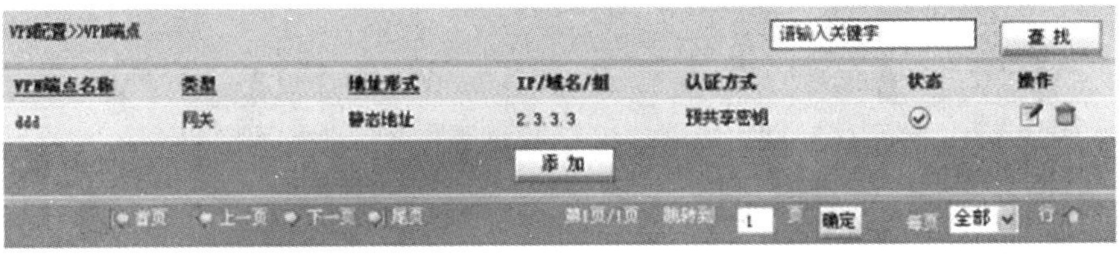

图 7-6-7 VPN 端点

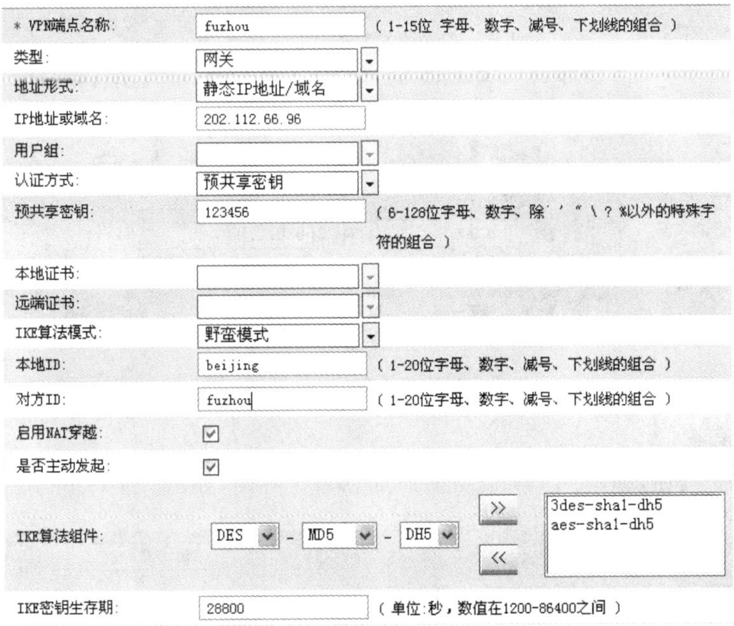

图 7-6-8 定义 VPN 端点

4) VPN 隧道

隧道是指在 RG-WALL 防火墙和 VPN 端点之间通过周期性的自动密钥交换(IKE)建立的高安全性的加密通道。隧道根据 VPN 端点的类型可以分为两类:一种是网关到网关之间建立的隧道,用于保护两个子网之间的数据通信;另一种是客户端和网关之间建立的隧道，用于保护内部子网和远程主机之间的数据通信。

如图 7-6-9 所示，在添加 VPN 隧道时，设置对数据隧道进行加密、认证、密钥生存期等属性，如图 7-6-10 所示。单击"添加"按钮，弹出"添加、编辑 VPN 隧道"界面。

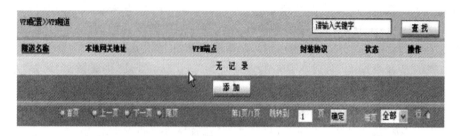

图 7-6-9　VPN 隧道

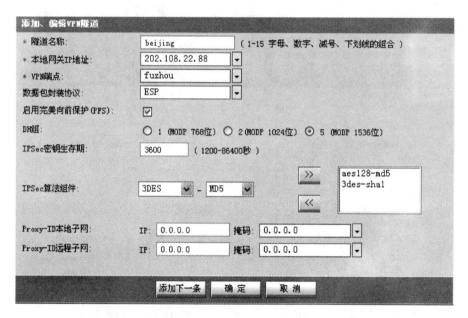

图 7-6-10　添加 VPN 隧道

5）VPN 设备

单击"添加"按钮，弹出"VPN 设备的添加、编辑"界面，如图 7-6-11 所示。

图 7-6-11　添加 VPN 设备

6）VPN 设备定义安全规则

进入防火墙的 Web 界面：安全策略→安全规则，单击"添加"按钮，设置定义安全规则，如图 7-6-12 所示。

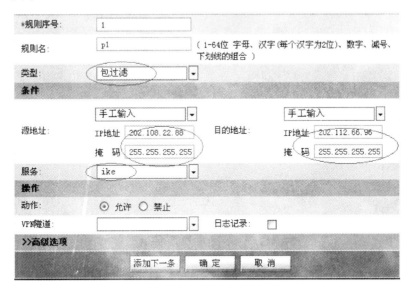

图 7-6-12　定义安全规则

安全规则列表如图 7-6-13 所示。

安全策略>>安全规则　　相关设置　　跳转到 全部

序号	规则名	源地址	目的地址	服务	类型	选项
1	p1	202.108.22.88	202.112.66.96	ike	✓	
2	p2	202.112.66.96	202.108.22.88	ike	✓	
3	p3	192.168.2.0	192.168.1.0	any	✓	
4	p4	192.168.1.0	any	any	NAT规则	

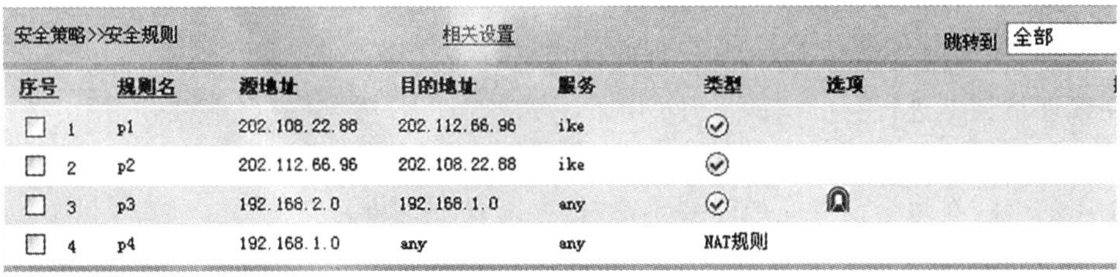

图 7-6-13　安全规则列表

7.7　防火墙实验

实验 7-1　锐捷防火墙 Web 基本实验

【实验目的】

掌握防火墙的基本配置；掌握防火墙安全策略的配置；熟悉防火墙的图形界面；熟悉防火墙各接口的状态及配置信息；学习查看防火墙特征库；学习查看防火墙其他信息。熟悉防火墙常见的安全规则，掌握在锐捷防火墙上配置安全规则的方法。

【实验设备】

防火墙 1 台、PC 3 台、交换机 2 台、跳线 1 条。

【组网需求】

登录防火墙,查看防火墙的基本信息(设备序列号、设备名称、软件版本、运行状态等)、各个界面的功能(接口配置、网络基本配置、安全域配置、隧道查看配置)等。通过 RG-WALL 访问服务器 192.168.10.200,内部网络 172.16.7.0/24 网段的用户可以直接通过防火墙访问放在防火墙内部网络的服务器。

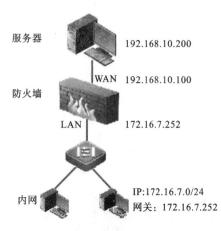

图 7-7-1 实验拓扑图 1

【实验拓扑图】

实验拓扑图如图 7-7-1 所示。

【实验步骤】

正确管理防火墙前,需要配置防火墙的管理主机、管理员账号和权限、网络接口地址、防火墙管理方式。默认管理员账号为 student,密码为 student。默认管理口:防火墙 WAN 口。可管理 IP:WAN 口上默认的 IP 地址为 192.168.10.100/24;管理主机:默认为 192.168.10.200/24。

(1) 防火墙基本配置。

第一步:防火墙加电。

第二步:使用网线连接计算机和防火墙接口,用跳线将管理主机与 WAN 口连接。

配置计算机的 IP 地址,确认连通性。用 ping 命令查看内网 PC 与外网服务器的连通性。

第三步:使用浏览器登录防火墙(推荐使用 IE 浏览器)。

用管理员证书进行身份认证,访问 https://192.168.10.100:6666(注:若用电子钥匙进行认证,则访问 https://防火墙可管理 IP 地址:6667),进入 Web 访问界面。此方式下的通信是加密的(注:在每个设置完成时要单击"保存配置"选项)。

① 添加管理员账号。要区分哪些配置具体是由哪个管理员进行设置的,也就是责任的划分。进入管理配置→管理员账号,在右窗口单击"添加"按钮。输入账号和口令,并选择账号类型,如图 7-7-2 所示。

② 下面要配置一下防火墙上的相关接口。LAN 是我们的内网网关接口,WAN 和 WAN1 都是外网接口,功能相同。在本实验中连接外网用 WAN 口。

(2) 配置一个 NAPT。

基本配置完成之后,我们来配置一个 NAPT。

① 首先要定义内网对象。

进入对象定义→地址,打开"地址列表",在右窗口单击"添加"按钮,如图 7-7-2 所示。

② 防火墙 NAT 规则设置。

进入安全策略→安全规则,在右窗口单击"NAT 规则",设置如图 7-7-3 所示。

③ 验证 NAPT 功能

内网 192.168.10.0/24 的用户可以通过访问由防火墙 WAN 口转换成 192.168.10.100,这样可以访问放在内网的服务器,如图 7-7-4 所示。验证可以用内网 PC ping 外网服务器

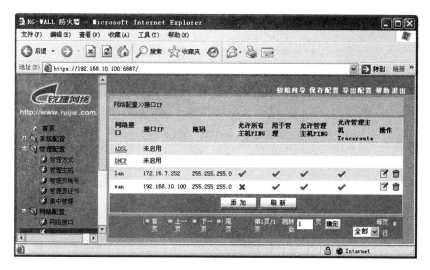

图 7-7-2　防火墙上的相关接口配置

192.168.10.200 看是否连通。验证外网服务器能否访问内网 PC。用外网服务器 ping 内网 PC,看是否连通。

图 7-7-3　防火墙上配置一个 NAPT

图 7-7-4　防火墙 NAT 规则设置

(3) 防火墙地址绑定功能设置。

进入安全策略→地址绑定,在右窗口进行设置,如图 7-7-5 所示。

在"主动探测 IP/MAC 地址对"栏选中 Lan 口,先单击"探测"按钮,再单击"探测到的 IP/MAC 对",然后在"已绑定 IP/MAC 对"栏中看是否已设置成功。如果设置成功,下面验证 IP/MAC 绑定效果。

将原 IP 地址为 172.16.7.3 的主机 IP 设置为 172.16.7.33,使用 ping 测试是否能连通。将内网中另一台主机的 IP 地址设置为 172.16.7.3,使用 ping 测试,看是否能连通。

(4) 防火墙抗攻击设置。

进入安全策略→抗攻击,本实验只设置 Lan 口的抗攻击策略,设置如图 7-7-6 所示。

(5) 配置防火墙安全规则预览版。

进入防火墙配置页面后,在系统管理栏找到:防火墙→策略→新建。在新建输出策略中输入参数。通过 ping 来测试使用防火墙的策略前后,网络中连通性的变化。

图 7-7-5 防火墙地址绑定功能设置

图 7-7-6 防火墙抗攻击设置

【实验报告要求】

记录实验过程和实验结果,解释实验结果显示信息的原因,解释防火墙的功能。

【实验心得】

到这里,您已经完成了本实验。回顾一下,通过本实验,掌握了哪些知识?在实验中遇到了哪些问题,这些问题是如何解决的。

实验 7-2 使用锐捷防火墙 Web 实现安全的访问控制

【实验目的】

熟悉防火墙常见的安全规则,掌握在锐捷防火墙上配置安全规则的方法。

利用防火墙的安全策略实现严格的访问控制,允许企业内部网络主机访问 Trust 区域服务器。

【组网需求】

某企业网络的出口使用了一台防火墙作为接入 Internet 的设备,现在需要使用防火墙的安全策略实现严格的访问控制,以允许必要的流量通过防火墙,并且阻止 Internet 的未授权的访问。现在需要在防火墙上进行访问控制,使经理的主机可以访问 Internet 中的 Web 服务器和公司的外部 FTP 服务器,并能够使用邮件客户端(SMTP/POP3)收发邮件;设计部的主机可以访问 Internet 中的 Web 服务器和公司的外部 FTP 服务器;其他员工的主机只能访问公司的外部 FTP 服务器。

【实验拓扑图】

实验拓扑图如图 7-7-7 所示,企业内部网络使用的地址段为 100.1.1.0/24。公司经理的主机 IP 地址为 100.1.1.100/24,设计部的主机 IP 地址为 100.1.1.101/24~100.1.1.103/24,其他员工使用 100.1.1.2/24~100.1.1.99/24 的地址,并且公司在公网上有一台 IP 地址为 200.1.1.1 的外部 FTP 服务器。

【实验设备】

防火墙 1 台、PC 3 台、FTP 服务器 1 台。

【实验步骤】

(1) 配置防火墙接口的 IP 地址。

进入防火墙的配置页面:网络配置→接口 IP,单击"添加"按钮,为接口添加 IP 地址,如图 7-7-8 所示。

为防火墙的 LAN 接口配置 IP 地址及子网掩码,如图 7-7-9 所示。为防火墙的 WAN 接口配置 IP 地址及子网掩码,如图 7-7-10 所示。接口配置 IP 地址后的状态如图 7-7-11 所示。

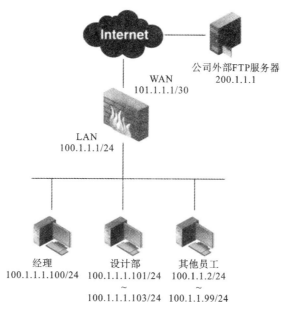

图 7-7-7 实验拓扑图 2

图 7-7-8 为接口添加 IP 地址

图 7-7-9 防火墙的 LAN 接口配置   图 7-7-10 防火墙的 WAN 接口配置

（2）配置针对经理的主机的访问控制规则。

进入防火墙配置页面：安全策略→安全规则，单击页面上方的"包过滤规则"按钮，添加包过滤规则，如图 7-7-12 所示。

添加允许经理的主机访问 Internet 中 Web 服务器的包过滤规则，如图 7-7-13 所示。

添加允许经理的主机进行 DNS 域名解析的访问规则，如图 7-7-14 所示。添加允许经

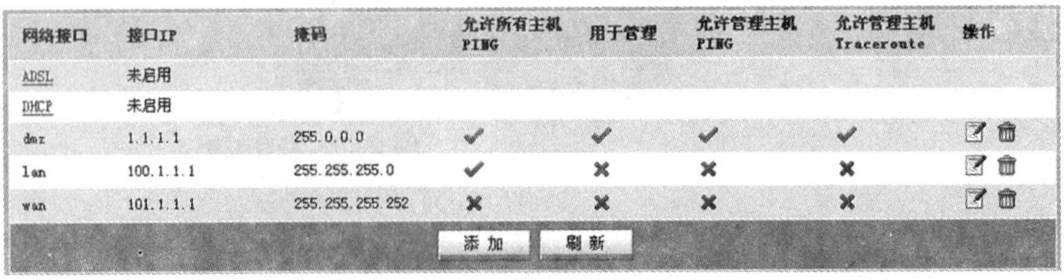

图 7-7-11　接口配置 IP 地址后的状态

图 7-7-12　针对经理的主机的访问控制规则

理的主机访问公司外部 FTP 服务器的访问规则,如图 7-7-15 所示。添加允许经理的主机使用邮件客户端发送邮件(SMTP)的访问规则,如图 7-7-16 所示。添加允许经理的主机使用邮件客户端接收邮件(POP3)的访问规则,如图 7-7-17 所示。

图 7-7-13　添加包过滤规则

图 7-7-14　添加 DNS 域名解析的访问规则

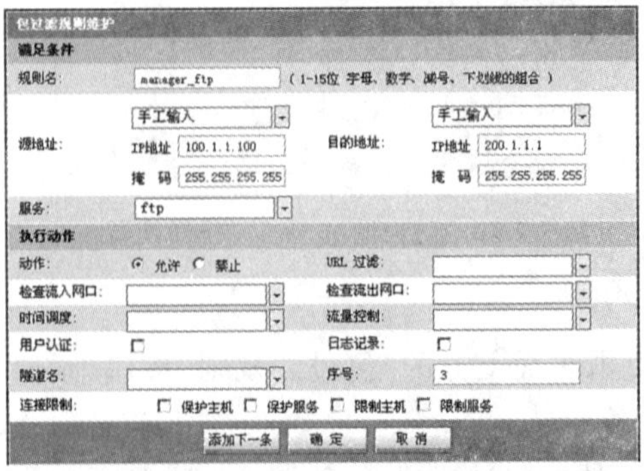

图 7-7-15　添加 FTP 服务器的访问规则

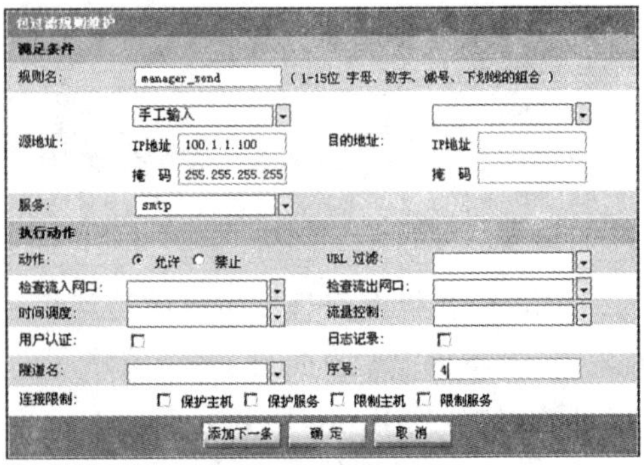

图 7-7-16　添加 SMTP 的访问规则

(3) 配置针对设计部的主机的访问控制规则。

添加允许设计部的主机访问 Internet 中 Web 服务器的访问规则,如图 7-7-18 所示。添加允许设计部的主机进行 DNS 域名解析的访问规则,如图 7-7-19 所示。添加允许设计部的主机访问公司外部 FTP 服务器的访问规则,如图 7-7-20 所示。

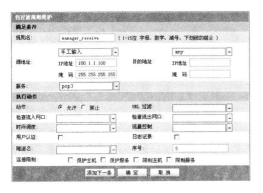

图 7-7-17　添加 POP3 的访问规则

图 7-7-18　添加 Web 服务器的访问规则

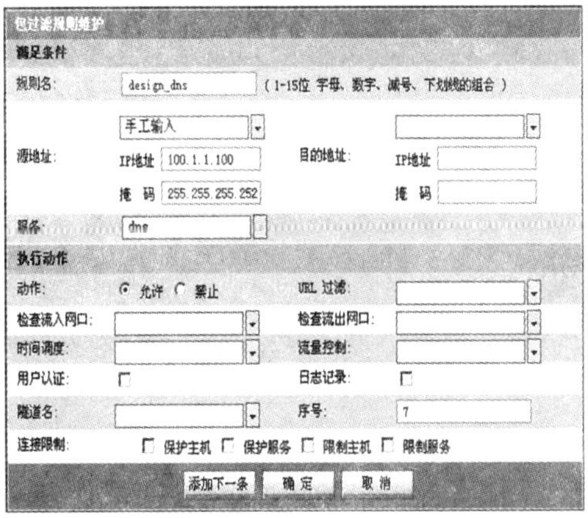

图 7-7-19　添加设计部的 DNS 域名解析的规则

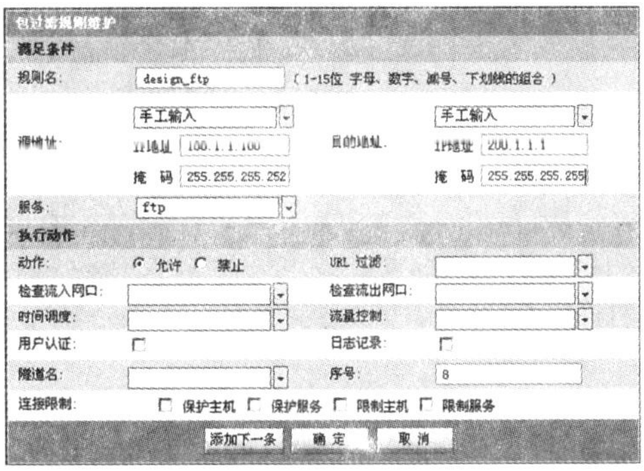

图 7-7-20　添加设计部的 FTP 服务器的规则

(4) 配置针对其他员工的主机的访问控制规则。

添加允许其他员工的主机访问公司外部 FTP 服务器的访问规则,如图 7-7-21 所示。

(5) 查看配置的访问规则。

查看配置的访问规则,如图 7-7-22 所示。

(6) 验证测试。

经理的主机可以访问 Internet 中的 Web 服务器和公司的外部 FTP 服务器,并能够使用邮件客户端(SMTP/POP3)收发邮件。设计部的主机可以访问 Internet 中的 Web 服务器和公司的外部 FTP 服务器。其他员工的主机只能访问公司的外部 FTP 服务器。

【注意事项】

防火墙的访问控制规则是按照顺序进行匹配的,如果数据流匹配到某条规则后,将不再进行后续规则的匹配。默认情况下,防火墙拒绝所有未明确允许的数据流通过。本实验中

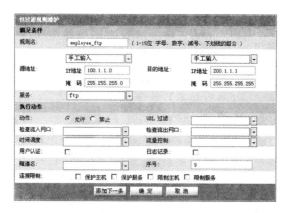

图 7-7-21 其他员工的主机访问 FTP 服务器的访问规则

安全策略>>安全规则　　跳转到 全部

序号	规则名	源地址	目的地址	服务	类型	选项	生效
1	manager_http	100.1.1.100	any	http	✓		✓
2	manager_dns	100.1.1.100	any	dns	✓		✓
3	manager_ftp	100.1.1.100	200.1.1.1	ftp	✓		✓
4	manager_send	100.1.1.100	any	smtp	✓		✓
5	manager_receive	100.1.1.100	any	pop3	✓		✓
6	design_http	100.1.1.100	any	http	✓		✓
7	design_dns	100.1.1.100	any	dns	✓		✓
8	design_ftp	100.1.1.100	200.1.1.1	ftp	✓		✓
9	employee_ftp	100.1.1.0	200.1.1.1	ftp	✓		✓

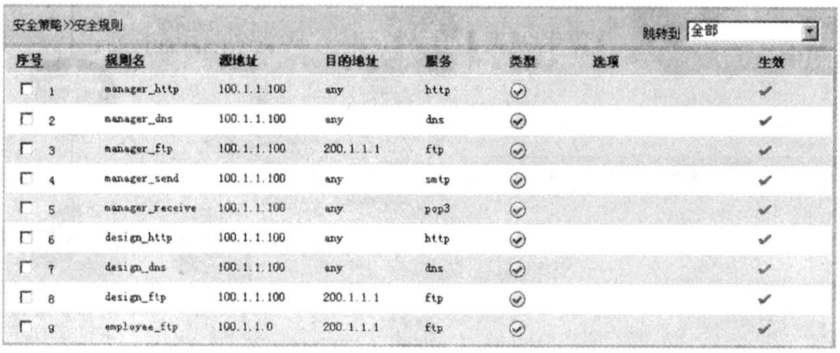

图 7-7-22 查看配置的访问规则

没有给出防火墙路由的配置，需要根据实际网络情况在防火墙上配置到达 Internet(通常是默认路由)和内部网络的路由。

实验 7-3 华为防火墙基本配置实验

【实验目的】

通过本实验，你将了解通过手工方式配置华为防火墙的方法。

【实验设备】

USG 防火墙 1 台、PC 2 台、路由器 1 台。

【实验拓扑图】

实验拓扑图如图 7-7-23 所示。

【实验步骤】

(1) 清空设备配置并重启。

如果之前设备已经有配置，可以通过以下方式进行配置清空。

```
Username:admin
Password:Huawei@ 123
NOTICE:This is a private communication system.
Unauthorized access or use may lead to prosecution.
```

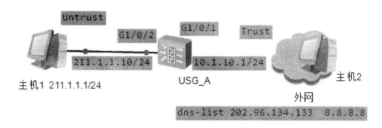

图 7-7-23　实验拓扑图 3

```
< USG6370> reset saved-configuration
15:54:24 2014/09/23
The action will delete the saved configuration in the device.
The configuration will be erased to reconfigure.
Are you sure? [Y/N]y
Now clearing the configuration in the device.
< USG6370> reboot
```

（2）登录设备并修改密码，修改设备名、设备时区、NTP 服务器。

```
Username:admin
Password:Admin@ 123
For the sake of security, please modify the original password of the user.
Please input new password: Admin@ huawei
Please confirm new password: Admin@ huawei
< USG6370> clock timezone beijing add 8
< USG6370> system
[USG6370]sysname USG6370
[USG6370]ntp-service unicast-server 133.100.11.8
```

（3）配置接口 IP 加入安全区域。

按照拓扑图中规划进行 IP 地址的配置，并加 G1/0/1 到 Trust 区域，G1/0/2 到 Untrust 区域。

```
[USG6370]interface g1/0/1
[USG6370-GigabitEthernet1/0/1]ip address 10.1.10.1 24
[USG6370-GigabitEthernet1/0/1]quit
[USG6370]interface g1/0/2
[USG6370-GigabitEthernet1/0/2]ip address 211.1.1.10 24
[USG6370-GigabitEthernet1/0/2]quit
[USG6370]firewall zone trust
[USG6370-zone-trust]add interface g1/0/1
[USG6370-zone-trust]quit
[USG6370]firewall zone untrust
[USG6370-zone-untrust]add interface g1/0/2
[USG6370-zone-untrust]quit
```

配置完成后可以通过命令 display ip interface brief 检查接口 IP 和接口状态。

[USG6370]display ip interface brief

可以使用 display zone 查看区域相关信息。

[USG6370]dis zone
16:21:55 2014/09/23
local
priority is 100
trust
priority is 85
interface of the zone is (2):
GigabitEthernet0/0/0
GigabitEthernet1/0/1
untrust
priority is 5
interface of the zone is (1):
GigabitEthernet1/0/2
dmz
priority is 50
interface of the zone is (0):

(4) 配置默认路由。

[USG6370]dhcp enable
[USG6370]dhcp server forbidden-ip 10.1.10.1 10.1.10.50
[USG6370]dhcp server forbidden-ip 10.1.10.201 10.1.10.254
[USG6370]dhcp server ip-pool vlan1
[USG6370-dhcp-vlan1]network 10.1.10.0 mask 24
[USG6370-dhcp-vlan1]gateway-list 10.1.10.1
[USG6370-dhcp-vlan1]dns-list 202.96.134.133 8.8.8.8
[USG6370-dhcp-vlan1]expired day 0 hour 8
[USG6370]inter g1/0/1
[USG6370-GigabitEthernet1/0/1]dhcp select global
[USG6370-GigabitEthernet1/0/1]quit
[USG6370]ip route-static 0.0.0.0 0.0.0.0 211.1.1.1

配置完成后可以使用命令 display dhcp server ip-in-use pool vlan 1 检查地址分配情况。

[USG6370]display dhcp server ip-in-use pool vlan 1
16:54:31 2014/09/23
IP address Hardware address Lease expiration Type
10.1.10.51 047d-7b84-174f 2014-09-24 00:53:33 Auto:COMMITED

使用 ping 命令测试公网互通性。

(5) 配置安全策略。

可选打开内网接口上的管理协议，打开后 Trust 区域的主机可以管理防火墙。

[USG6370-GigabitEthernet1/0/1]service-manage enable

```
[USG6370-GigabitEthernet1/0/1]service-manage http permit
[USG6370-GigabitEthernet1/0/1]service-manage https permit
[USG6370-GigabitEthernet1/0/1]service-manage ssh permit
[USG6370-GigabitEthernet1/0/1]service-manage telnet permit
[USG6370-GigabitEthernet1/0/1]service-manage ping permit
[USG6370-GigabitEthernet1/0/1]service-manage snmp permit
[USG6370-GigabitEthernet1/0/1]quit
```

配置安全策略实现内网用户可以访问外网。

```
[USG6370]security-policy
[USG6370-policy-security]rule name 10
[USG6370-policy-security-rule-10]source-zone trust
[USG6370-policy-security-rule-10]destination-zone untrust
[USG6370-policy-security-rule-10]service any
[USG6370-policy-security-rule-10]action permit
```

(6) 配置 NAT 策略。

配置基于接口的 NAT 实现用户可以访问互联网。

```
[USG6370]nat-policy
[USG6370-policy-nat]rule name 10
[USG6370-policy-nat-rule-10]source-address 10.1.10.0 mask 255.255.255.0
[USG6370-policy-nat-rule-10]egress-interface g1/0/2
[USG6370-policy-nat-rule-10]action nat easy-ip
[USG6370-policy-nat-rule-10]enable
```

配置完成后可以使用 PC1 访问外网,测试安全策略和 NAT 策略是否生效,在防火墙上使用命令 display 进行验证。

```
[USG6370]display security-policy rule 10
17:26:43 2014/09/23
 (2675 times matched)
rule name 10
source-zone trust
destination-zone untrust
action permit
[USG6370]display nat-policy rule 10
17:26:48 2014/09/23
 (203 times matched)
rule name 10
egress-interface GigabitEthernet1/0/2
source-address 10.1.10.0 24
action nat easy-ip
[USG6370]display firewall session table
17:27:16 2014/09/23
Current Total Sessions : 30
```

```
DNS VPN:public  -->   public 10.1.10.51:49510[211.1.1.10:49510]--> 8.8.8.8:53
DNS VPN:public  -->   public 10.1.10.51:59971[211.1.1.10:59971]--> 202.96.134.133:53
DNS VPN:public  -->   public 10.1.10.51:50545[211.1.1.10:50545]--> 8.8.8.8:53
DNS VPN:public  -->   public 10.1.10.51:50872[211.1.1.10:50872]--> 202.96.134.133:53
DNS VPN:public  -->   public 10.1.10.51:52872[211.1.1.10:52872]--> 202.96.134.133:53
```

实验 7-4　华为防火墙配置 Site-to-Site IPSec VPN

【实验目的】

通过本实验，掌握防火墙的基本操作，掌握 Site-to-Site IPSec VPN 的工作原理及详细配置。掌握防火墙 IPSec VPN 配置方法，掌握 IPSec 策略的配置方法，掌握在接口绑定 IPSec 策略的方法。

【组网需求】

企业的某些私有数据在公网传输时要确保完整性和机密性。作为企业的网络管理员，你需要在企业总部的防火墙(FWA)和分支机构防火墙(FWB)之间部署 IPSec VPN 解决方案，建立 IPSec 隧道，用于安全传输来自指定部门的数据流。PC1 与 PC2 之间进行安全通信，在 FWA 与 FWB 之间使用 IKE 自动协商建立安全通道。为使用 pre-shared key 验证方法的提议配置验证字。FWA 与 FWB 均为固定公网地址。本实验中的 IPSec VPN 连接是通过配置静态路由建立的，下一跳指向 RTB。需要配置两个方向的静态路由确保双向通信可达。

【实验设备】

本次实验使用两台防火墙和两台 PC 进行实验，在防火墙上进行相关配置。

【实验拓扑图】

实验拓扑图如图 7-7-24 所示。

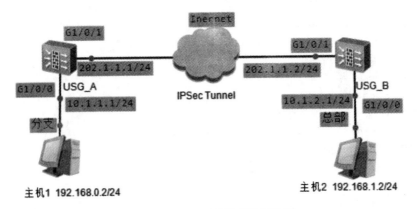

图 7-7-24　IPSec VPN 实验拓扑图

【配置思路】

总的步骤是先配置 FWA，再配置 FWB，然后进行验证测试。具体采用如下思路，配置采用手工方式建立 IPSec 隧道：

(1) 配置接口的 IP 地址，创建逻辑接口。

(2) 配置 ACL,以定义要保护的数据流。
(3) 配置到对端的静态路由。
(4) 配置安全提议。
(5) 配置安全策略,并引用 ACL 和安全提议。
(6) 在接口上应用安全策略。

【实验步骤】

(1) USG_A 和 USG_B 配置接口 IP 地址和安全区域,完成网络基本参数配置。

① 配置 USG_A 主机名。

```
< USG> system-view
[USG]sysname USG_A
```

② 配置 USG_A 接口 IP 地址,且 GE1/0/0 加入 Untrust 区域,GE1/0/1 加入 Trust 区域。

```
[USG_A]interface GigabitEthernet1/0/0
[USG_A-GigabitEthernet1/0/0]ip address 202.1.1.1 255.255.255.0
[USG_A-GigabitEthernet1/0/0]service-manage ping permit
[USG_A-GigabitEthernet1/0/0]quit
[USG_A]interface GigabitEthernet1/0/1
[USG_A-GigabitEthernet1/01]ip address 10.1.1.1 255.255.255.0
[USG_A-GigabitEthernet1/0/1]service-manage ping permit
[USG_A-GigabitEthernet1/0/1]quit
[USG_A]firewall zone untrust
[USG_A-zone-untrust]add interface GigabitEthernet1/0/0
[USG_A-zone-untrust]quit
[USG_A]firewall zone trust
[USG_A-zone-trust]add interface GigabitEthernet1/0/1
[USG_A-zone-trust]quit
```

③ 配置 USG_B 主机名。

```
< USG> system-view
[USG]sysname USG_B
```

④ 配置 USG_B 接口 IP 地址,并且 GE1/0/0 加入 Untrust 区域,GE1/0/1 加入 Trust 区域。

```
[USG_B]interface GigabitEthernet1/0/0
[USG_B-GigabitEthernet0/0/1]ip address 202.1.1.2 255.255.255.0
[USG_B-GigabitEthernet0/0/1]service-manage ping permit
[USG]interface GigabitEthernet1/0/1
[USG_B-GigabitEthernet0/0/2]ip address 10.1.2.1 255.255.255.0
[USG_B-GigabitEthernet0/0/2]service-manage ping permit
[USG_B]firewall zone untrust
[USG_B-zone-untrust]add interface GigabitEthernet1/0/0
```

```
[USG_B]firewall zone trust
[USG_B-zone-trust]add interface GigabitEthernet1/0/1
```

(2) USG_A 配置安全策略,允许私网指定网段进行报文交互。

手工创建 IPSec 策略,每一个 IPSec 安全策略都使用唯一的名称和序号来标识,IPSec 策略中会应用 IPSec 提议中定义的安全协议、认证算法、加密算法和封装模式,手工创建的 IPSec 策略还需配置安全联盟(SA)中的参数。分别在 USG_A 和 USG_B 上创建安全策略。

执行 display ipsec policy 命令,验证配置结果。

① 配置 USG_A 安全策略。

```
[USG_A]security-policy
```

② 按如下参数配置从 Trust 到 Untrust 的域间策略,

名称:policy_ipsec_1;源安全区域;Trust;目的安全区域:Untrust;源地址/地区:10.1.1.0/24;目的地址/地区:10.1.2.0/24;动作:允许。

```
[USG_A-policy-security]rule name policy_ipsec_1
[USG_A-policy-security-rule-policy_ipsec_1]source-zone trust
[USG_A-policy-security-rule-policy_ipsec_1]destination-zone untrust
[USG_A-policy-security-rule-policy_ipsec_1]source-address 10.1.1.0 24
[USG_A-policy-security-rule-policy_ipsec_1]destination-address 10.1.2.0 24
[USG_A-policy-security-rule-policy_ipsec_1]action permit
[USG_B-policy-security-rule-policy_ipsec_1]quit
```

③ 按如下参数配置从 Untrust 到 Local 的域间策略。

名称:policy_ipsec_3;源安全区域:Untrust;目的安全区域:Local;源地址/地区:202.1.1.2/32;目的地址/地区:202.1.1.1/32;动作:允许。

```
[USG_A-policy-security]rule name policy_ipsec_3
[USG_A-policy-security-rule-policy_ipsec_3]source-zone untrust
[USG_A-policy-security-rule-policy_ipsec_3]destination-zone local
[USG_A-policy-security-rule-policy_ipsec_3]source-address 202.1.1.2 32
[USG_A-policy-security-rule-policy_ipsec_3]destination-address 202.1.1.1 32
[USG_A-policy-security-rule-policy_ipsec_3]action permit
[USG_B-policy-security-rule-policy_ipsec_3]quit
```

④ 从 Local 到 Untrust 的域间策略配置如下。

名称:policy_ipsec_4;源安全区域:Local;目的安全区域:Untrust;源地址/地区:202.1.1.1/32;目的地址/地区:202.1.1.2/32;动作:允许。

```
[USG_A-policy-security]rule name policy_ipsec_4
[USG_A-policy-security-rule-policy_ipsec_4]source-zone local
[USG_A-policy-security-rule-policy_ipsec_4]destination-zone untrust
[USG_A-policy-security-rule-policy_ipsec_4]source-address 202.1.1.1 32
[USG_A-policy-security-rule-policy_ipsec_4]destination-address 202.1.1.2 32
[USG_A-policy-security-rule-policy_ipsec_4]action permit
```

```
[USG_B-policy-security-rule-policy_ipsec_4]quit
```

(3) USG_B 配置安全策略,允许私网指定网段进行报文交互。

① 配置 USG_B 安全策略。

```
[USG_B]security-policy
```

② 按如下参数配置从 Trust 到 Untrust 的域间策略。

名称:policy_ipsec_1;源安全区域:Trust;目的安全区域:Untrust;源地址/地区:10.1.2.0/24;目的地址/地区:10.1.1.0/24;动作:允许。

```
[USG_B-policy-security]rule name policy_ipsec_1
[USG_B-policy-security-rule-policy_ipsec_1]source-zone trust
[USG_B-policy-security-rule-policy_ipsec_1]destination-zone untrust
[USG_B-policy-security-rule-policy_ipsec_1]source-address 10.1.2.0 24
[USG_B-policy-security-rule-policy_ipsec_1]destination-address 10.1.1.0 24
[USG_B-policy-security-rule-policy_ipsec_1]action permit
[USG_B-policy-security-rule-policy_ipsec_1]quit
```

③ 按如下参数配置从 Untrust 到 Local 的域间策略。

名称:policy_ipsec_3;源安全区域:Untrust;目的安全区域:Local;源地址/地区:202.1.1.1/32;目的地址/地区:202.1.1.2/32;动作:允许。

```
[USG_B-policy-security]rule name policy_ipsec_3
[USG_B-policy-security-rule-policy_ipsec_3]source-zone untrust
[USG_B-policy-security-rule-policy_ipsec_3]destination-zone local
[USG_B-policy-security-rule-policy_ipsec_3]source-address 202.1.1.1 32
[USG_B-policy-security-rule-policy_ipsec_3]destination-address 202.1.1.2 32
[USG_B-policy-security-rule-policy_ipsec_3]action permit
[USG_B-policy-security-rule-policy_ipsec_3]quit
```

④ 从 Local 到 Untrust 的域间策略配置如下。

名称:policy_ipsec_4;源安全区域:Local;目的安全区域:Untrust;源地址/地区:202.1.1.2/32;目的地址/地区:202.1.1.1/32;动作:允许。

```
[USG_B-policy-security]rule name policy_ipsec_4
[USG_B-policy-security-rule-policy_ipsec_4]source-zone local
[USG_B-policy-security-rule-policy_ipsec_4]destination-zone untrust
[USG_B-policy-security-rule-policy_ipsec_4]source-address 202.1.1.2 32
[USG_B-policy-security-rule-policy_ipsec_4]destination-address 202.1.1.1 32
[USG_B-policy-security-rule-policy_ipsec_4]action permit
[USG_B policy security-rule-policy_ipsec_4]quit
```

此时分别在 USG_BA 和 USG_B 上执行命令 display ipsec policy 会显示所配置的信息。

(4) USG_A 和 USG_B 配置到达对端的路由。

分别在 USG_A 和 USG_B 上配置到对端的静态路由。

① 配置 USG_A 静态路由。

在 USG_A 上配置到目的端的静态路由,此处假设到达 USG_B 的下一跳地址为 202.1.1.2。

[USG_A]ip route-static 0.0.0.0 0.0.0.0 202.1.1.2

② 配置 USG_B 静态路由。

在 USG_B 上配置到目的端的静态路由,此处假设到达 USG_A 的下一跳地址为 202.1.1.1。

[USG_B]ip route-static 0.0.0.0 0.0.0.0 202.1.1.1

(5) 配置 USG_A 的 IPSec 隧道。

① 定义需要保护的数据流。

配置高级 ACL 来定义 IPsec VPN 的感兴趣流。高级 ACL 能够基于特定的参数来匹配流量。

[USG_A]acl 3000
[USG_A-acl-adv-3000]rule 5 permit ip source 10.1.1.0 0.0.0.255 destination 10.1.2.0 0.0.0.255
[USG_A-acl-adv-3000]quit

② 配置 IKE 安全提议。

[USG_A]ike proposal 1
[USG_A-ike-proposal-1]integrity-algorithm aes-xcbc-96

③ 配置 IKE 对等体。

指定对端网关,预共享密钥为 Admin@123。

[USG_A]ike peer b
[USG_A-ike-peer-b]exchange-mode auto
[USG_A-ike-peer-b]pre-shared-key Admin@ 123
[USG_A-ike-peer-b]ike-proposal 1
[USG_A-ike-peer-b]remote-id-type ip 202.1.1.2
[USG_A-ike-peer-b]remote-address 202.1.1.2
[USG_A-ike-peer-b]quit

④ 配置 IPSec 安全提议。

[USG_A]ipsec proposal 1
[USG_A-ipsec-proposal-1]encapsulation-mode auto

⑤ 配置 IPSec 策略。

[USG_A]ipsec policy a 1 isakmp
[USG_A-ipsec-policy-isakmp-a-1]security acl 3000
[USG_A-ipsec-policy-isakmp-a-1]ike-peer b
[USG_A-ipsec-policy-isakmp-a-1]proposal 1

```
[USG_A-ipsec-policy-isakmp-a-1]tunnel local 202.1.1.1
```

⑥ 应用 IPSec 安全策略到出接口。

```
[USG_A]interface GigabitEthernet1/0/0
[USG_A-GigabitEthernet0/0/1]ipsec policy a
```

（6）配置 USG_B 的 IPSec 隧道。

① 定义需要保护的数据流。

```
[USG_B]acl 3000
[USG_B-acl-adv-3000]rule 5 permit ip source 10.1.2.0 0.0.0.255 destination 10.1.1.0 0.0.0.255
```

② 配置 IKE 安全提议

```
[USG_A]ike proposal 1
[USG_A-ike-proposal-1]integrity-algorithm aes-xcbc-96
```

③ 配置 IKE 对等体。

```
[USG_B]ike peer a
[USG_B-ike-peer-b]exchange-mode auto
[USG_B-ike-peer-b]pre-shared-key Admin@ 123
[USG_B-ike-peer-b]ike-proposal 1
[USG_B-ike-peer-b]remote-id-type ip 202.1.1.1
[USG_B-ike-peer-b]remote-address 202.1.1.1
```

④ 配置 IPSec 安全提议。

```
[USG_B]ipsec proposal 1
[USG_B-ipsec-proposal-1]encapsulation-mode auto
```

⑤ 配置 IPSec 策略。

```
[USG_B]ipsec policy b 1 isakmp
[USG_B-ipsec-policy-isakmp-b-1]security acl 3000
[USG_B-ipsec-policy-isakmp-b-1]ike-peer a
[USG_B-ipsec-policy-isakmp-b-1]proposal 1
[USG_B-ipsec-policy-isakmp-b-1]tunnel local 202.1.1.2
```

⑥ 应用 IPSec 安全策略到出接口。

在物理接口应用 IPSec 策略，接口将对感兴趣流量进行 IPSec 加密处理。

```
[USG_B]interface GigabitEthernet1/0/0
[USG_B-GigabitEthernet0/0/1]ipsec policy b
```

（7）验证结果。

① 在 USG_A 上选择"网络→IPSec→监控"，查看 IPSec 隧道监控信息，可以看到建立的如图 7-7-25 所示信息的隧道。

② 在 USG_B 上选择"网络→ IPSec→ 监控"，查看 IPSec 隧道监控信息，可以看到建立

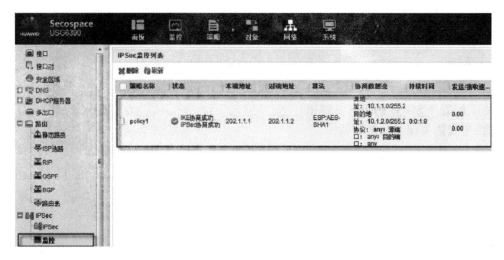

图 7-7-25　USG_A 上查看 IPSec 隧道监控信息

的如图 7-7-26 所示的信息的隧道。

图 7-7-26　USG_B 上查看 IPSec 隧道监控信息

③ PC_A 测试：ping 10.1.2.2。

④ PC_B 测试：ping 10.1.1.2。

⑤ USG_A 查看会话表。

```
<USG_A> display firewall session table
    18:21:19 2014/09/11
    Current Total Sessions : 7
    icmp VPN:public --> public 10.1.1.2:43987--> 10.1.2.2:2048
    esp VPN:public --> public 202.1.1.2:0--> 202.1.1.1:0
```

⑥ USG_A 查看加解密状态。

```
<USG_A> display ipsec statistics
    18:18:23 2018/09/11
```

```
the security packet statistics:
input/output security packets: 68/58
input/output security bytes: 5712/4872
input/output dropped security packets: 0/0
the encrypt packet statistics
send sae:58, recv sae:58,send err:0
local cpu:58, other cpu:0, recv other cpu:0
intact packet:2, first slice:0, after slice:0
the decrypt packet statistics
send sae:68, recv sae:68, send err:0
local cpu:0, other cpu:0, recv other cpu:0
reass first slice:0, after slice:0, len err:0
```

(8) 检查配置结果。

配置成功后,在主机 USG_A 上执行 ping 操作仍然可以 ping 通主机 USG_B,执行命令 display ipsec statistics 可以查看数据包的统计信息。

【实验思考】

(1) 安全联盟的作用是什么?

(2) IPSec VPN 将会对过滤后的感兴趣数据流如何操作?

实验 7-5　华为防火墙配置采用 Manual 方式协商的 IPSec 隧道举例

【组网需求】

网络 A 和网络 B 通过 USG_A 和 USG_B 连接到 Internet。网络 A 属于 10.1.1.0/24 子网,通过接口 GigabitEthernet5/0/0 与 USG_A 连接。网络 B 属于 10.1.2.0/24 子网,通过接口 GigabitEthernet5/0/0 与 USG_B 连接。USG_A 和 USG_B 路由可达。图 7-7-27 是采用 Manual 方式协商的 IPSec 隧道组网图。

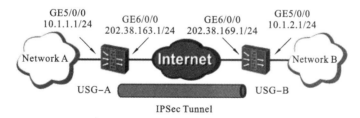

图 7-7-27　采用 Manual 方式协商的 IPSec 隧道组网图

【数据规划】

配置采用 Manual 方式协商的 IPSec 隧道数据规划如表 7-7-1 所示。

表 7-7-1　配置采用 Manual 方式协商的 IPSec 隧道数据规划

项　　目	数　　据
USG-A 接口 IP 地址	GigabitEthernet5/0/0:10.1.1.1/24;GigabitEthernet6/0/0:202.38.163.1/24
USG-B 接口 IP 地址	GigabitEthernet5/0/0:10.1.2.1/24;GigabitEthernet6/0/0:202.38.169.1/24
USG-A、USG-B 安全区域	Trust:GigabitEthernet5/0/0;Untrust:GigabitEthernet6/0/0

续表

项　　目	数　　据
USG_A ACL 3000	允许源地址为 10.1.1.0,目的地址为 10.1.2.0 的报文通过
USG_B ACL 3000	允许源地址为 10.1.2.0,目的地址为 10.1.1.0 的报文通过
USG_A、USG_B ACL 3001	允许任意源 IP 地址的报文通过
USG_A、USG_B IPSec 安全提议 tran1	IPSec 隧道封装模式:隧道模式;安全提议:ESP 协议;ESP 加密算法:DES;ESP 验证算法:SHA1
USG_A IPSec 安全策略 map1	应用高级 ACL3000,对端 IP 地址为 202.38.169.1,本端 IP 地址为 202.38.163.1
USG_B IPSec 安全策略 map1	应用高级 ACL3000,对端 IP 地址为 202.38.163.1,本端 IP 地址为 202.38.169.1

【实验设备】

USG 防火墙 2 台、PC 两台。

【实验步骤】

(1) 配置 USGA。

配置接口 GigabitEthernet5/0/0 的 IP 地址。

< USGA> system-view
[USGA]interface GigabitEthernet5/0/0
[USGA-GigabitEthernet5/0/0]ip address 10.1.1.1 24
[USGA-GigabitEthernet5/0/0]quit

配置接口 GigabitEthernet6/0/0 的 IP 地址。

[USGA]interface GigabitEthernet6/0/0
[USGA-GigabitEthernet6/0/0]ip address 202.38.163.1 24
[USGA-GigabitEthernet6/0/0]quit

将接口 GigabitEthernet5/0/0 加入 Trust 区域。

[USGA]firewall zone trust
[USGA-zone-trust]add interface GigabitEthernet5/0/0
[USGA-zone-trust]quit

将接口 GigabitEthernet6/0/0 加入 Untrust 区域。

[USGA]firewall zone untrust
[USGA-zone-untrust]add interface GigabitEthernet6/0/0
[USGA-zone-untrust]quit

配置域间包过滤规则。

[USGA] USG
[USGA-acl-adv-3001]rule permit ip
[USGA-acl-adv-3001]quit

```
[USGA]firewall interzone local untrust
[USGA-interzone-local-untrust]packet-filter 3001 inbound
[USGA-interzone-local-untrust]packet-filter 3001 outbound
[USGA-interzone-local-untrust]quit
[USGA]firewall interzone trust untrust
[USGA-interzone-trust-untrust]packet-filter 3001 inbound
[USGA-interzone-trust-untrust]packet-filter 3001 outbound
[USGA-interzone-trust-untrust]quit
```

配置达到网络 B 的静态路由,此处假设到达网络 B 的下一跳地址为 202.38.163.2。

```
[USGA]ip route-static 202.38.169.0 255.255.255.0 202.38.163.2
[USGA]ip route-static 10.1.2.0 255.255.255.0 202.38.163.2
```

创建高级 ACL 3000,配置源 IP 地址为 10.1.1.0/24、目的 IP 地址为 10.1.2.0/24 的规则。

```
[USGA]acl 3000
[USGA-acl-adv-3000]rule permit ip source 10.1.1.0 0.0.0.255 destination 10.1.2.0 0.0.0.255
[USGA-acl-adv-3000]quit
```

(2) 配置 IPSec VPN 提议。

配置 IPSec 安全提议 tran1,并进入 IPSec 提议视图来指定安全协议。注意确保隧道两端的设备使用相同的安全协议。先在 USGA 上创建安全提议。

```
[USGA]ipsec proposal tran1
[USGA-ipsec-proposal-tran1]encapsulation-mode tunnel
[USGA-ipsec-proposal-tran1]transform esp
[USGA-ipsec-proposal-tran1]esp authentication-algorithm sha1
[USGA-ipsec-proposal-tran1]esp encryption-algorithm des
[USGA-ipsec-proposal-tran1]quit
```

配置采用 Manual 方式的 IPSec 安全策略 map1,应用高级 ACL 3000,对端 IP 地址为 202.38.169.1,本端 IP 地址为 202.38.163.1。

```
[USGA]ipsec policy map1 10 manual
[USGA-ipsec-policy-manual-map1-10]security acl 3000
[USGA-ipsec-policy-manual-map1-10]proposal tran1
[USGA-ipsec-policy-manual-map1-10]tunnel remote 202.38.169.1
[USGA-ipsec-policy-manual-map1-10]tunnel local 202.38.163.1
[USGA-ipsec-policy-manual-map1-10]sa spi outbound esp 12345
[USGA-ipsec-policy-manual-map1-10]sa spi inbound esp 54321
[USGA-ipsec-policy-manual-map1-10]sa string-key outbound esp abcdefg
[USGA-ipsec-policy-manual-map1-10]sa string-key inbound esp gfedcba
[USGA-ipsec-policy-manual-map1-10]quit
```

在接口 GigabitEthernet6/0/0 上应用安全策略 map1。

```
[USGA]interface GigabitEthernet6/0/0
[USGA-GigabitEthernet6/0/0]ipsec policy map1
```

此时在 USGA 上执行命令 display ipsec proposal 会显示所配置的信息。

(3) 配置 USGB。

配置接口 GigabitEthernet5/0/0 的 IP 地址。

```
< USGB> system-view
[USGB]interface GigabitEthernet5/0/0
[USGB-GigabitEthernet5/0/0]ip address 10.1.2.1 24
[USGB-GigabitEthernet5/0/0]quit
```

配置接口 GigabitEthernet6/0/0 的 IP 地址。

```
[USGB]interface GigabitEthernet6/0/0
[USGB-GigabitEthernet6/0/0]ip address 202.38.169.1 24
[USGB-GigabitEthernet6/0/0]quit
```

将接口 GigabitEthernet5/0/0 加入 Trust 区域。

```
[USGB]firewall zone trust
[USGB-zone-trust]add interface GigabitEthernet5/0/0
[USGB-zone-trust]quit
```

将接口 GigabitEthernet6/0/0 加入 Untrust 区域。

```
[USGB]firewall zone untrust
[USGB-zone-untrust]add interface GigabitEthernet6/0/0
[USGB-zone-untrust]quit
```

配置域间包过滤规则。

```
[USGB]acl 3001
[USGB-acl-adv-3001]rule permit ip
[USGB-acl-adv-3001]quit
[USGB]firewall interzone local untrust
[USGB-interzone-local-untrust]packet-filter 3001 inbound
[USGB-interzone-local-untrust]packet-filter 3001 outbound
[USGB-interzone-local-untrust]quit
[USGB]firewall interzone trust untrust
[USGB-interzone-trust-untrust]packet-filter 3001 inbound
[USGB-interzone-trust-untrust]packet-filter 3001 outbound
[USGB-interzone-trust-untrust]quit
```

配置达到网络 A 的静态路由,此处假设到达网络 A 的下一跳地址为 202.38.169.2。

```
[USGB]ip route-static 10.1.1.0 255.255.255.0 202.38.169.2
```

创建高级 ACL 3000,配置源 IP 地址为 10.1.2.0/24、目的 IP 地址为 10.1.1.0/24 的规则。

```
[USGB]acl 3000
[USGB-acl-adv-3000]rule permit ip source 10.1.2.0 0.0.0.255 destination 10.1.
1.0 0.0.0.255
[USGB-acl-adv-3000]quit
```

配置 IPSec 安全提议 tran1。

```
[USGB]ipsec proposal tran1
[USGB-ipsec-proposal-tran1]encapsulation-mode tunnel
[USGB-ipsec-proposal-tran1]transform esp
[USGB-ipsec-proposal-tran1]esp authentication-algorithm sha1
[USGB-ipsec-proposal-tran1]esp encryption-algorithm des
[USGB-ipsec-proposal-tran1]quit
```

配置采用 Manual 方式的 IPSec 安全策略 map1，应用高级 ACL 3000，对端 IP 地址为 202.38.163.1，本端 IP 地址为 202.38.169.1。

```
[USGB]ipsec policy map1 10 manual
[USGB-ipsec-policy-manual-map1-10]security acl 3000
[USGB-ipsec-policy-manual-map1-10]proposal tran1
[USGB-ipsec-policy-manual-map1-10]tunnel remote 202.38.163.1
[USGB-ipsec-policy-manual-map1-10]tunnel local 202.38.169.1
[USGB-ipsec-policy-manual-map1-10]sa spi outbound esp 54321
[USGB-ipsec-policy-manual-map1-10]sa spi inbound esp 12345
[USGB-ipsec-policy-manual-map1-10]sa string-key outbound esp gfedcba
[USGB-ipsec-policy-manual-map1-10]sa string-key inbound esp abcdefg
[USGB-ipsec-policy-manual-map1-10]quit
```

在接口 GigabitEthernet6/0/0 上应用安全策略 map1。

```
[USGB]interface GigabitEthernet6/0/0
[USGB-GigabitEthernet6/0/0]ipsec policy map1
```

实验 7-6　使用锐捷防火墙实现安全 NAT 功能

【实验目的】

利用防火墙的安全 NAT 功能实现网络地址转换及访问控制。配置防火墙 NAT 功能可以使使用内网私有地址的用户能够访问公网服务器。

【组网需求】

某企业网络的出口使用了一台防火墙作为接入 Internet 的设备，并且内部网络使用私有 IP 地址（RFC 1918）。现在需要使用防火墙的安全 NAT 功能使内部网络中使用私有地址的主机访问 Internet 资源，并且还需要进行访问控制，只允许必要的流量通过防火墙。企业内部网络使用的私有地址段为 10.1.1.0/24、10.1.2.0/24、10.1.3.0/24。公司领导使用的子网为 10.1.1.0/24，设计部使用的子网为 10.1.2.0/24，其他员工使用的子网为 10.1.3.0/24。公司在公网上有一台 IP 地址为 200.1.1.1 的外部 FTP 服务器。

现在需要在防火墙上进行访问控制,使经理的主机可以访问 Internet 中的 Web 服务器和公司的外部 FTP 服务器,并能够使用邮件客户端(SMTP/POP3)收发邮件。设计部主机可访问 Internet 中的 Web 服务器和公司的外部 FTP 服务器;其他员工的主机只能访问公司的外部 FTP 服务器。

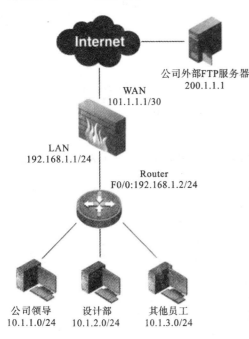

图 7-7-28 实验拓扑图 4

【实验设备】

路由器 1 台、PC 3 台、FTP 服务器 1 台、网线(若干)、防火墙连接到 Internet 的链路。

【实验拓扑图】

实验拓扑图如图 7-7-28 所示。本次实验使用一台防火墙和 3 台主机,PC1 的 IP 地址为 10.1.1.1/24,PC2 的 IP 地址为 10.1.2.1/24,PC3 的 IP 地址为 10.1.3.1/24。

【实验步骤】

实验步骤如下:

第一步:配置防火墙接口的 IP 地址,配置默认路由。

第二步:配置针对经理的主机的安全 NAT 规则。

第三步:配置针对设计部的主机的安全 NAT 规则。

第四步:配置针对其他员工的主机的安全 NAT 规则。

第五步:验证测试。

(1) 配置防火墙接口的 IP 地址。

为防火墙的 LAN 接口配置 IP 地址及子网掩码。进入防火墙的配置页面:网络配置→接口 IP,单击"添加"按钮为接口添加 IP 地址,如图 7-7-29 所示。

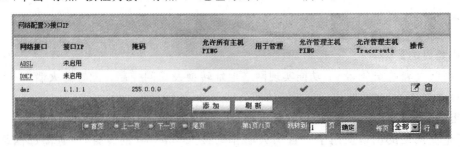

图 7-7-29 为接口添加 IP 地址

如图 7-7-30 所示,为防火墙的 LAN 接口配置 IP 地址及子网掩码。如图 7-7-31 所示,为防火墙的 WAN 接口配置 IP 地址及子网掩码。接口配置 IP 地址后的状态如图 7-7-32 所示。

(2) 配置针对经理的主机的安全 NAT 规则。

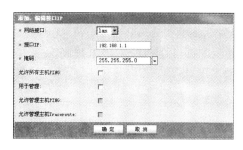

图 7-7-30　为防火墙的 LAN 接口配置 IP 地址　　图 7-7-31　为防火墙的 WAN 接口配置 IP 地址

图 7-7-32　接口配置 IP 地址后的状态

进入防火墙配置页面：安全策略→安全规则，单击页面上方的"NAT 规则"按钮，添加 NAT 规则，如图 7-7-33 所示。

图 7-7-33　添加 NAT 规则

如图 7-7-34 所示，添加允许经理的主机访问 Internet 中 Web 服务器的 NAT 规则。如图 7-7-35 所示，添加允许经理的主机进行 DNS 域名解析的 NAT 规则。

图 7-7-34　允许经理的主机访问 Web 服务器规则

图 7-7-35　允许经理的主机进行 DNS 域名解析的 NAT 规则

如图 7-7-36 所示，添加允许经理的主机访问公司外部 FTP 服务器的 NAT 规则。如图 7-7-37 所示，添加允许经理的主机使用邮件客户端发送邮件（SMTP）的 NAT 规则。如图 7-7-38 所示，添加允许经理的主机使用邮件客户端接收邮件（POP3）的 NAT 规则。

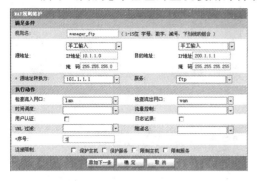

图 7-7-36　允许经理的主机访问 FTP 服务器的 NAT 规则

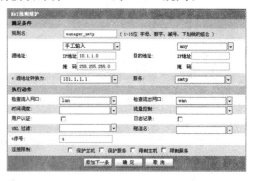

图 7-7-37　允许经理的主机使用 SMTP 的 NAT

图 7-7-38　允许经理使用 POP3 的 NAT 规则

图 7-7-39　允许设计部访问 Web 服务器的 NAT 规则

（3）配置针对设计部的主机的安全 NAT 规则。

如图 7-7-39 所示，添加允许设计部的主机访问 Internet 中 Web 服务器的 NAT 规则。如图 7-7-40 所示，添加允许设计部的主机进行 DNS 域名解析的 NAT 规则。如图 7-7-41 所示，添加允许设计部的主机访问公司外部 FTP 服务器的 NAT 规则。

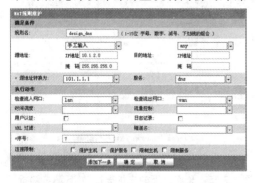

图 7-7-40　允许设计部进行 DNS 域名解析规则

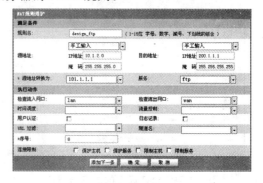

图 7-7-41　允许设计部访问 FTP 服务器的 NAT 规则

（4）配置针对其他员工的主机的安全 NAT 规则。

如图 7-7-42 所示，添加允许其他员工的主机访问公司外部 FTP 服务器的 NAT 规则。

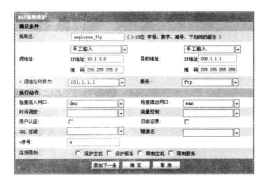

图 7-7-42　允许其他员工访问 FTP 服务器的 NAT 规则

（5）查看配置的访问规则。

如图 7-7-43 所示，可以查看配置的访问规则。

序号	规则名	源地址	目的地址	服务	类型	选项	生效
1	manager_http	10.1.1.0	any	http	NAT规则		✔
2	manager_dns	10.1.1.0	any	dns	NAT规则		✔
3	manager_ftp	10.1.1.0	200.1.1.1	ftp	NAT规则		✔
4	manager_smtp	10.1.1.0	any	smtp	NAT规则		✔
5	manager_pop3	10.1.1.0	any	pop3	NAT规则		✔
6	design_http	10.1.2.0	any	http	NAT规则		✔
7	design_dns	10.1.2.0	any	dns	NAT规则		✔
8	design_ftp	10.1.2.0	200.1.1.1	ftp	NAT规则		✔
9	employee_ftp	10.1.3.0	200.1.1.1	ftp	NAT规则		✔

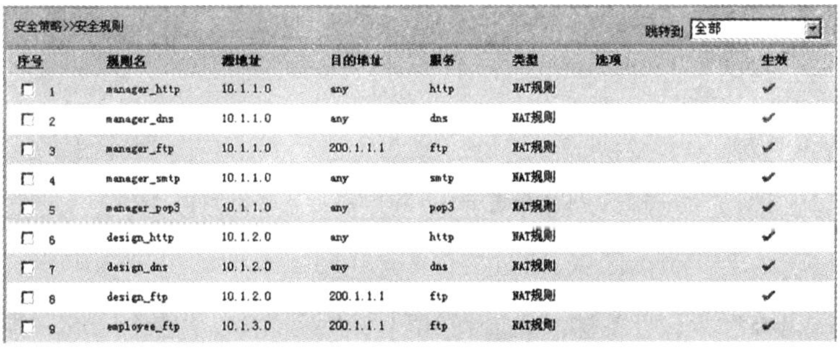

图 7-7-43　查看配置的访问规则

（6）验证测试。

经理的主机可以访问 Internet 中的 Web 服务器和公司的外部 FTP 服务器，并能够使用邮件客户端（SMTP/POP3）收发邮件。设计部的主机可以访问 Internet 中的 Web 服务器和公司的外部 FTP 服务器。其他员工的主机只能访问公司的外部 FTP 服务器。

【注意事项】

（1）防火墙的 NAT 规则是按照顺序进行匹配的，如果数据流匹配到某条规则后，将不再进行后续规则的匹配。所以需要将设计部的 NAT 规则放置在其他用户的 NAT 规则的前面。

（2）本实验中防火墙 WAN 接口使用的地址为虚拟的，请根据实际网络情况配置正确的公网地址和默认路由的下一跳地址。

（3）默认情况下，防火墙拒绝所有未明确允许的数据流通过，并且不对其进行地址转换。

（4）本实验中没有给出防火墙路由的配置，需要根据实际网络情况在防火墙上配置到达 Internet（通常是默认路由）和内部网络的路由。

实验 7-7 华为防火墙配置域间 NAT 和内部服务器举例

【实验目的】

掌握配置防火墙 NAT 功能的方法；配置防火墙 NAT 功能，可以使使用内网私有地址的用户能够访问公网。

【组网需求】

如图 7-7-44 所示，某公司内部网络通过 USG 与 Internet 进行连接，网络环境描述如下：

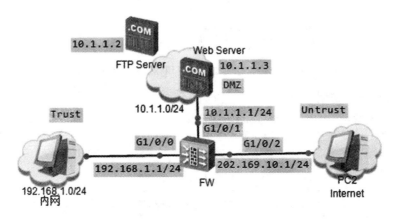

图 7-7-44 配置 NAT 和内部服务器组网图

（1）内部用户属于 Trust 区域，通过接口 GigabitEthernet0/0/0 与 USG 连接。

（2）FTP 和 Web 服务器属于 DMZ 区域，对外提供 FTP 和 Web 服务，通过接口 GigabitEthernet0/0/1 与 USG 连接。

（3）USG 的接口 GigabitEthernet5/0/0 与 Internet 连接，属于 Untrust 区域。

（4）Untrust 区域通过接口 GigabitEthernet5/0/0 与 USG 连接。

配置 NAT 和内部服务器组网图如图 7-7-44 所示。

配置 NAT 和内部服务器，完成以下需求。

需求 1：该公司 Trust 区域的 192.168.1.0/24 网段的用户可以访问 Internet，提供的访问外部网络的合法 IP 地址范围为 202.169.10.3～202.169.10.6。由于公有地址不多，需要使用 NAPT(Network Address Port Translation)功能进行地址复用。

需求 2：提供 FTP 和 Web 服务器供外部网络用户访问。其中 FTP Server 的内部 IP 地址为 10.1.1.2，Web Server 的内部 IP 地址为 10.1.1.3，端口号为 8080。两者对外公布的地址均为 202.169.10.2，对外使用的端口号均为缺省值。

【实验设备】

USG 防火墙 1 台、PC 4 台。

【配置思路】

（1）根据网络规划为统一安全网关分配接口，并将接口加入相应的安全区域。

（2）创建 ACL，并配置 ACL 规则。

（3）配置域间 NAT 和内部服务器。

【数据准备】

为完成此配置,需准备如下的数据:ACL 相关参数,统一安全网关各接口的 IP 地址,FTP Server 和 Web Server 的内部以及提供给外部网络访问的 IP 地址和端口号,地址池编号。

【实验步骤】

（1）完成 USG 的基本配置。

配置接口 GigabitEthernet1/0/0 的 IP 地址。

```
< USG> system-view
[USG]interface GigabitEthernet1/0/0
[USG-GigabitEthernet1/0/0]ip address 192.168.1.1 24
[USG-GigabitEthernet1/0/0]quit
```

配置接口 GigabitEthernet1/0/1 的 IP 地址。

```
[USG]interface GigabitEthernet1/0/1
[USG-GigabitEthernet1/0/1]ip address 202.169.10.1 24
[USG-GigabitEthernet1/0/1]quit
```

配置接口 GigabitEthernet1/0/2 的 IP 地址。

```
[USG]interface GigabitEthernet1/0/2
[USG-GigabitEthernet1/0/2]ip address 10.1.1.1 24
[USG-GigabitEthernet1/0/2]quit
```

将接口 GigabitEthernet1/0/0 加入 Trust 区域。

```
[USG]firewall zone trust
[USG-zone-trust]add interface GigabitEthernet1/0/0
[USG-zone-trust]quit
```

将接口 GigabitEthernet1/0/1 加入 Untrust 区域。

```
[USG]firewall zone untrust
[USG-zone-untrust]add interface GigabitEthernet1/0/1
[USG-zone-untrust]quit
```

将接口 GigabitEthernet1/0/2 加入 DMZ 区域。

```
[USG]firewall zone dmz
[USG-zone-dmz]add interface GigabitEthernet1/0/2
[USG-zone-dmz]quit
```

（2）配置 NAT,完成需求 1。

创建基本 ACL 2000,配置源地址为 192.168.1.0/24 的规则。

```
[USG]acl 2000
    [USG-acl-basic-2000]rule permit source 192.168.1.0 0.0.0.255
```

```
[USG-acl-basic-2000]quit
```

配置 NAT 地址池。

```
[USG]nat address-group 1 202.169.10.3 202.169.10.6
```

配置 Trust 区域和 Untrust 区域的域间包过滤规则。

```
[USG]firewall interzone trust untrust
[USG-interzone-trust-untrust]packet-filter 2000 outbound
```

配置 Trust 区域和 Untrust 区域的 NAT,将地址池和 ACL 关联。

```
[USG-interzone-trust-untrust]nat outbound 2000 address-group 1
[USG-interzone-trust-untrust]quit
```

(3) 配置内部服务器,完成需求 2。

创建高级 ACL 3000,配置目的地址为 10.1.1.2 和 10.1.1.3 的规则。

```
[USG]acl 3000
[USG-acl-adv-3000]rule permit tcp destination 10.1.1.2 0 destination-port eq ftp
[USG-acl-adv-3000]rule permit tcp destination 10.1.1.3 0 destination-port eq 8080
[USG-acl-adv-3000]quit
```

配置 DMZ 区域和 Untrust 区域的域间包过滤规则。

```
[USG]firewall interzone dmz untrust
[USG-interzone-dmz-untrust]packet-filter 3000 inbound
```

配置 DMZ 区域和 Untrust 区域的域间开启 FTP 和 HTTP 协议的 ASPF 功能。

```
[USG-interzone-dmz-untrust]detect ftp
[USG-interzone-dmz-untrust]detect http
[USG-interzone-dmz-untrust]quit
```

配置内部服务器。

```
[USG]nat server protocol tcp global 202.169.10.2 www inside 10.1.1.3 8080
[USG]nat server protocol tcp global 202.169.10.2 ftp inside 10.1.1.2 ftp
```

(4) 配置 Outbound 方向的 NAT 思路及举例

配置域间包过滤策略。

```
[USG] policy interzone trust untrust outbound
[USG-policy-interzone-trust-untrust-outbound] policy 0
[USG-policy-interzone-trust-untrust-outbound-0] policy source 192.168.0.0 0.0.0.255
[USG-policy-interzone-trust-untrust-outbound-0] action permit
```

配置地址池。

```
[USG] nat address-group 1 202.169.10.2 202.169.10.6
```

配置 NAT Outbound 策略。

```
[USG] nat-policy interzone trust untrust outbound
[USG-nat-policy-interzone-trust-untrust-outbound] policy 0
[USG-nat-policy-interzone-trust-untrust-outbound-0] policy source 192.168.0.0
0.0.0.255
[USG-nat-policy-interzone-trust-untrust-outbound-0] action source-nat
[USG-nat-policy-interzone-trust-untrust-outbound-0] address-group 1
```

配置防火墙 NAT Outbound 配置(Web),配置域间包过滤规则。

```
[USG] policy interzone dmz untrust  inbound
[USG-policy-interzone-dmz -untrust-outbound] policy 0
[USG-policy-interzone- dmz -untrust-outbound-0] policy destination 192.168.20.
2 0
[USG-policy-interzone- dmz -untrust-outbound-0] policy service service-set ht-
tp
[USG-policy-interzone- dmz -untrust-outbound-0] action permit
[USG-policy-interzone- dmz -untrust-outbound] policy 1
[USG-policy-interzone- dmz -untrust-outbound-1] policy destination 192.168.20.
3 0
[USG-policy-interzone-dmz -untrust-outbound-1] policy service service-set ftp
[USG-policy-interzone- dmz -untrust-outbound-1] detect ftp
[USG-policy-interzone- dmz -untrust-outbound-1] action permit
```

实验 7-8　华为防火墙安全区域及安全策略配置

【实验目的】

掌握防火墙安全区域的配置方法;掌握安全策略的配置方法;掌握在防火墙上基于地址池配置 NAPT 的方法;掌握在防火墙上配置 NAT Server 的方法。

【组网需求】

你是公司的网络管理员。公司总部的网络分成三个区域,即内部区域(Trust)、外部区域(Untrust)和服务器区域(DMZ)。网络部署如下:公司内部网络部署在 Trust 安全区域,USG 的以太网接口 GigabitEthernet1/0/1 与之相连。公司对外提供服务的 WWW 服务器、FTP 服务器等部署在 DMZ 安全区域,USG 的以太网接口 GigabitEthernet1/0/2 与之相连。外部网络部署在 Untrust 安全区域,由 USG 的以太网接口 GigabitEthernet1/0/0 与之连接。

现需要对 USG 进行一些基本配置,为后面安全策略的设置做好准备。你设计通过防火墙来实现对数据的控制,确保公司内部网络安全,并通过 DMZ 区域对外网提供服务。安全区域配置案例的组网图如图 7-7-45 所示。

实现以下需求。

需求 1:现在内部网络 Trust 区域的用户需要能够访问外部区域,并且需要将 DMZ 区域中的一台服务器(IP 地址为 10.0.4.4)提供的 Telnet 服务和 FTP 服务发布出去,对外公开的地址为 1.1.1.254/24。

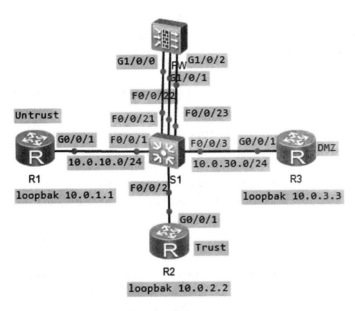

图 7-7-45 安全区域配置组网图

Trust 区域中的特定用户 PC1 可以访问整个 DMZ 区域。

需求 2：Untrust 区域中的特定用户 PC2 只能访问 DMZ 区域中的 FTP Server 和 Telnet 服务。

【实验拓扑图】

安全区域配置组网图如图 7-7-45 所示。

【实验设备】

USG 防火墙 1 台、AR1220 3 台、S5700 1 台、PC 3 台。

【配置思路】

（1）根据网络规划为统一安全网关分配接口，完成设备的基础配置，包括配置接口的 IP 地址，并将接口加入安全区域。完成 USG 的基本配置。

（2）配置安全策略。

（3）配置 NAT 地址池和 NAT 策略，对指定源地址进行 NAT 转换，使 Untrust 用户可以访问 DMZ 指定服务器。

（4）给路由器和防火墙配置地址，并配置静态路由，在交换机上配置 VLAN。

【实验步骤】

为完成此配置，需准备如下的数据：统一安全网关各接口的 IP 地址，特定用户 PC1 和 PC2 的 IP 地址，FTP Server 和 Web Server 的 IP 地址。

GE0/0/1：10.10.10.1/24；GE0/0/2：220.10.10.16/24；GE0/0/3：10.10.11.1/24；WWW 服务器：10.10.11.2/24（DMZ 区域）；FTP 服务器：10.10.11.3/24（DMZ 区域）。

（1）配置 USG 工作模式。

进入系统视图。

```
< USG6370> system-view
```

```
Enter system view, return user view with Ctrl+ Z.
[USG6300]sysname FW
```

（2）配置防火墙接口 IP 地址。

进入 GigabitEthernet0/0/0 视图。防火墙默认会启用 GigabitEthernet0/0/0 接口的 IP 地址，为避免干扰，可以删除。

```
[FW]int GigabitEthernet1/0/0
[FW-GigabitEthernet0/0/0]undo ip address
```

退回系统视图。

```
[FW-GigabitEthernet0/0/0]quit
```

进入 GigabitEthernet1/0/0 视图。

```
[FW]interface GigabitEthernet1/0/0
```

配置 GigabitEthernet1/0/0 的 IP 地址。

```
[FW-GigabitEthernet1/0/0]ip address 10.0.10.254 24
```

退回系统视图。

```
[FW-GigabitEthernet1/0/0]quit
```

进入 GigabitEthernet1/0/1 视图。

```
[FW]interface GigabitEthernet1/0/1
[FW-GigabitEthernet1/0/1]ip address 10.0.20.254 24
[FW-GigabitEthernet1/0/1]quit
```

进入 GigabitEthernet1/0/2 视图。

```
[FW]interface GigabitEthernet1/0/2
[FW-GigabitEthernet1/0/2]ip address 10.0.30.254 24
[FW-GigabitEthernet1/0/2]quit
```

（3）配置交换机 VLAN。

交换机上需要按照需求定义 VLAN。

```
[Quidway]sysname S1
[S1]vlan batch 11 to 13
[S1]interfaceEthernet0/0/1
[S1-Ethernet0/0/1]port link-type access
[S1- Ethernet0/0/1]port default vlan 11
[S1- Ethernet0/0/1]quit
[S1]interfaceEthernet0/0/2
[S1- Ethernet0/0/2]port link-type access
[S1- Ethernet0/0/2]port default vlan 12
[S1- Ethernet0/0/2]quit
[S1]interface ethernet0/0/3
```

```
[S1- Ethernet0/0/3]port link-type access
[S1- Ethernet0/0/3]port default vlan 13
[S1- Ethernet0/0/3]quit
[S1]interfaceEthernet0/0/21
[S1- Ethernet0/0/21]port link-type access
[S1- Ethernet0/0/21]port default vlan 11
[S1- Ethernet0/0/21]quit
[S1]interfaceEthernet0/0/22
[S1- Ethernet0/0/22]port link-type access
[S1- Ethernet0/0/22]port default vlan 12
[S1- Ethernet0/0/22]quit
[S1]interfaceEthernet0/0/23
[S1- Ethernet0/0/23]port link-type access
[S1- Ethernet0/0/23]port default vlan 13
```

(4) 配置路由器接口及静态路由。

给路由器配置地址,并配置静态路由。

```
< Huawei> system-view
[Huawei]sysname R1
[R1]interface GigabitEthernet0/0/1
[R1-GigabitEthernet0/0/1]ip address 10.0.10.1 24
[R1-GigabitEthernet0/0/1]quit
[R1]interface loopback 0
[R1-LoopBack0]ip address 10.0.1.1 24
< Huawei> system-view
[Huawei]sysname R2
[R2]interface GigabitEthernet0/0/1
[R2-GigabitEthernet0/0/1]ip address 10.0.20.1 24
[R2-GigabitEthernet0/0/1]quit
[R2]interface loopback 0
[R2-LoopBack0]ip address 10.0.2.2 24
< Huawei> system-view
[Huawei]sysname R3
[R3]interface GigabitEthernet0/0/1
[R3-GigabitEthernet0/0/1]ip address 10.0.30.1 24
[R3-GigabitEthernet0/0/1]quit
[R3]interface loopback 0
[R3-LoopBack0]ip address 10.0.3.3 24
```

在 R1、R2 和 R3 上配置缺省路由,在 FW 上配置明确的静态路由,实现三个 Loopback0 接口连接的网段之间路由畅通。

```
[R1]ip route-static 0.0.0.0 0 10.0.10.254
[R2]ip route-static 0.0.0.0 0 10.0.20.254
[R3]ip route-static 0.0.0.0 0 10.0.30.254
```

```
[FW]ip route-static 10.0.1.0 24 10.0.10.1
[FW]ip route-static 10.0.2.0 24 10.0.20.1
[FW]ip route-static 10.0.3.0 24 10.0.30.1
```

配置完成后检查防火墙路由信息。

```
[FW]display ip routing-table
Route
Route Flags: R - relay, D - download to fib
------------------------------------------------------------------------
Routing Tables: Public
Destinations : 11 Routes : 11
Destination/Mask Proto Pre Cost Flags NextHop Interface
10.0.1.0/24 Static 60 0 RD 10.0.10.1
GigabitEthernet1/0/0
10.0.2.0/24 Static 60 0 RD 10.0.20.1
GigabitEthernet1/0/1
10.0.3.0/24 Static 60 0 RD 10.0.30.1
GigabitEthernet1/0/2
10.0.10.0/24 Direct 0 0 D 10.0.10.254
GigabitEthernet1/0/0
10.0.10.254/32 Direct 0 0 D 127.0.0.1 InLoopBack0
10.0.20.0/24 Direct 0 0 D 10.0.20.254
GigabitEthernet1/0/1
10.0.20.254/32 Direct 0 0 D 127.0.0.1 InLoopBack0
10.0.30.0/24 Direct 0 0 D 10.0.30.254
GigabitEthernet1/0/2
10.0.30.254/32 Direct 0 0 D 127.0.0.1 InLoopBack0
127.0.0.0/8 Direct 0 0 D 127.0.0.1 InLoopBack0
127.0.0.1/32 Direct 0 0 D 127.0.0.1 InLoopBack0
```

(5) 配置防火墙区域，配置接口并加入安全区域。

防火墙上默认有四个区域，分别是 Local、Trust、Untrust、DMZ。实验中我们使用到 Trust、Untrust 和 DMZ 三个区域，分别将对应接口加入各安全区域，由于默认配置将 GE0/0/0 加入 Trust 区域，为避免干扰，将其删除。

进入 DMZ 安全区域视图。

```
[FW]firewall zone dmz
```

配置 GigabitEthernet1/0/2 加入 DMZ 安全区域。

```
[FW-zone-dmz]add interface GigabitEthernet1/0/2
```

退回系统视图。

```
[FW-zone-dmz]quit
```

进入 Trust 安全区域视图。

[FW]firewall zone trust

将接口 GigabitEthernet1/0/1 加入 Trust 区域。

[FW-zone-trust]add interface GigabitEthernet1/0/1
[FW-zone-trust]undo add interface GigabitEthernet0/0/0
[FW-zone-trust]quit

进入 Untrust 安全区域视图(外网)。

[FW]firewall zone untrust

将接口 GigabitEthernet1/0/0 加入 Untrust 区域。

[FW-zone-untrust]add interface GigabitEthernet1/0/0
[FW-zone-untrust]quit

检查各接口所在的区域。

[FW]display zone interface
local
trust
interface of the zone is (1):
GigabitEthernet1/0/1
untrust
interface of the zone is (1):
GigabitEthernet1/0/0
dmz
interface of the zone is (1):
GigabitEthernet1/0/2
#

检查各区域的优先级。

[FW]display zone
local
priority is 100
trust
priority is 85
interface of the zone is (1):
GigabitEthernet1/0/1
untrust
priority is 5
interface of the zone is (1):
GigabitEthernet1/0/0
dmz
priority is 50
interface of the zone is (1):
GigabitEthernet1/0/2

可以看到,三个接口已经被划分到相应的区域内,默认情况下不同区域间是不可互通的。因此,此时各路由器之间流量是无法通过的,需要配置区域间的安全策略来放行允许通过的流量。

(6) 配置安全策略。

如果防火墙域间没有配置安全策略,或查找安全策略时,所有的安全策略都没有命中,则默认执行域间的缺省包过滤动作(拒绝通过)。配置安全策略,仅允许 Trust 区域访问其他区域,不允许其他区域之间的访问。

```
[FW]security-policy
```

配置 Trust 和 Untrust 域间出方向的策略。

```
[FW-policy-security]rule name policy_sec_1
[FW-policy-security-rule-policy_sec_1]source-zone trust
[FW-policy-security-rule-policy_sec_1]destination-zone untrust
[FW-policy-security-rule-policy_sec_1]action permit
[FW-policy-security-rule-policy_sec_1]quit
```

配置 Untrust 到 DMZ 域间入方向的防火墙策略,即从公网访问内网服务器只需要允许访问内网 IP 地址即可,不需要配置访问公网的 IP 地址。

```
[FW-policy-security]rule name policy_sec_2
[FW-policy-security-rule-policy_sec_2]source-zone trust
[FW-policy-security-rule-policy_sec_2]destination-zone dmz
[FW-policy-security-rule-policy_sec_2]action permit
[FW-policy-security-rule-policy_sec_2]quit
[FW-policy-security]quit
```

检查配置结果。

```
[FW]display security-policy all
Total:3
RULE ID RULE NAME STATE ACTION HITTED
----------------------------------------------------------------
0 default enable deny 0
1 policy_sec_1 enable permit 0
2 policy_sec_2 enable permit 0
----------------------------------------------------------------
[FW]display security-policy rule policy_sec_1
(0 times matched)
rule name policy_sec_1
source-zone trust
destination-zone untrust
action permit
[FW]display security-policy rule policy_sec_2
(0 times matched)
```

```
rule name policy_sec_2
source-zone trust
destination-zone dmz
action permit
```

检查从 Trust 到 Untrust 和 DMZ 的连通性。

```
[R2]ping -a 10.0.2.2 10.0.1.1
[R2]ping -a 10.0.2.2 10.0.3.3
```

检查从 Untrust 到 Trust 和 DMZ 的连通性。

```
[R1]ping -a 10.0.1.1 10.0.2.2
[R1]ping -a 10.0.1.1 10.0.3.3
```

检查从 DMZ 到 Untrust 和 Trust 的连通性。

```
[R3]ping -a 10.0.3.3 10.0.1.1
[R3]ping -a 10.0.3.3 10.0.2.2
```

经过验证,以 Trust 区域为源的数据可以访问 Untrust 和 DMZ,但以其他区域为源的数据不能互访。

配置域间包过滤策略,允许 Untrust 区域访问 DMZ 区域的特定服务器。DMZ 区域有一台服务器,IP 地址为 10.0.3.3,需要对 Untrust 区域开放 Telnet 服务。同时为了测试网络,需要开放 ICMP ping 测试功能。

```
[FW]security-policy
[FW-policy-security]rule name policy_sec_3
[FW-policy-security-rule-policy_sec_3]source-zone untrust
[FW-policy-security-rule-policy_sec_3]destination-zone dmz
[FW-policy-security-rule-policy_sec_3]destination-address 10.0.3.3 mask 255.255.255.255
[FW-policy-security-rule-policy_sec_3]service icmp
[FW-policy-security-rule-policy_sec_3]service telnet
[FW-policy-security-rule-policy_sec_3]action permit
```

测试从 R1(Untrust)到 R3(DMZ)的 ping 和 telnet。

```
< R1> ping 10.0.3.3
< R1> ping 10.0.30.1
```

(7) 配置基于源的 NAT。

配置 NAT 地址池和 NAT 策略。使用公网地址 1.1.1.254 转换源地址。

```
[FW]nat address-group group1
[FW-nat-address-group-group1]section 1.1.1.254 1.1.1.254
```

配置完成后,检查地址池状态。

```
[FW]display nat address-group
```

```
NAT address-group information:
 ID : 0 name : group1
 sectionID : 0 sectionName : ---
 startaddr : 1.1.1.254 endaddr : 1.1.1.254
 excludeIP : 0 excludePort : 0
 reference : 0 vrrp : ---
 vpninstance : root natMode : pat
 description : ---
 Total 1 address-groups
```

配置 NAT 策略,限定只对源地址为 10.0.2.2/24、10.0.3.3/24 网段的流量进行 NAT 转换,并绑定 NAT 地址池 1。

```
[FW]nat-policy
[FW-policy-nat]rule name policy_nat_1
[FW-policy-nat-rule-policy_nat_1]source-zone trust
[FW-policy-nat-rule-policy_nat_1]destination-zone untrust
[FW-policy-nat-rule-policy_nat_1]source-address 10.0.2.2 24
[FW-policy-nat-rule-policy_nat_1]source-address 10.0.3.3 24
[FW-policy-nat-rule-policy_nat_1]action nat address-group group1
```

测试连通性。

```
[R2]ping 11.11.11.11
[R2]ping -a 10.0.2.2 1.1.1.1
[R3]ping 11.11.11.11
[R3]ping -a 10.0.3.3 11.11.11.11
```

注意,直接测试 R2 和 R3 与 11.11.11.11 之间的连通性,显示不通。使用扩展 ping,指定了发送数据包的源地址后,实现了连通性。原因是,客户端 R2 直接发送数据包到 FW 时,数据包的源地址为 10.0.20.2,该地址不属于 NAT 转换的客户端地址范围,R3 同理。

```
[FW]display nat-policy all
Total:2
RULE ID RULE NAME STATE ACTION HITTED
-------------------------------------------------------------------
0 default enable no-nat 0
1 policy_nat_1 enable nat 2
-------------------------------------------------------------------
[FW]display nat-policy rule policy_nat_1
(2 times matched)
rule name policy_nat_1
source-zone trust
destination-zone untrust
source-address 10.0.2.0 mask 255.255.255.0
source-address 10.0.3.0 mask 255.255.255.0
action nat address-group group1
```

(8) 配置 NAT Server 和源 NAT 将服务器发布。

配置 NAT Server 对外服务地址 1.1.1.254，Telnet 端口 2323，FTP 端口 2121。

```
< FW > system-view
[FW]nat server policy_natserver_1 protocol tcp global 1.1.1.254 2323 inside 10.0.4.4 telnet no-reverse
[FW]nat server policy_natserver_2 protocol tcp global 1.1.1.254 2121 inside 10.0.4.4 ftp no-reverse
[FW]display nat server
Server in private network information:
name : policy_natserver_1
zone : ---
interface : ---
global-start-addr : 1.1.1.254 global-end-addr : ---
inside-start-addr : 10.0.4.4 inside-end-addr : ---
global-start-port : 2323 global-end-port : ---
insideport : 23(teln)
globalvpn : public insidevpn : public
protocol : tcp vrrp : ---
no-reverse : yes
name : policy_natserver_2
zone : ---
interface : ---
global-start-addr : 1.1.1.254 global-end-addr : ---
inside-start-addr : 10.0.4.4 inside-end-addr : ---
global-start-port : 2121 global-end-port : ---
insideport : 21(ftp)
globalvpn : public insidevpn : public
protocol : tcp vrrp : ---
no-reverse : yes
Total 2 NAT servers
```

在 R4 上启用 Telnet 和 FTP 服务。

```
[R4]telnet server enable
[R4]ftp server enable
[R4]user-interface vty 0 4
[R4-ui-vty0-4]authentication-mode aaa
[R4-ui-vty0-4]protocol inbound telnet
[R4-ui-vty0-4]quit
[R4]aaa
[R4-aaa]local-user test password irreversible-cipher Admin@123
[R4-aaa]local-user test service telnet ftp
[R4-aaa]local-user test ftp-directory flash:/
[R4-aaa]local-user test privilege level 3
```

[R4-aaa]quit

FTP 是多通道协议，NAT 转换过程中需要配置 NAT ALG 功能。在 DMZ 和 Untrust 域间配置 NAT ALG，使服务器可以正常对外提供 FTP 服务。

[FW]firewall interzone dmz untrust
[FW-interzone-dmz-untrust]detect ftp

在 R1 上测试效果。

```
< R1> telnet 1.1.1.254 2323
Press CTRL+ Z to quit telnet mode
Trying 1.1.1.254 ...
Connected to 1.1.1.254 ...
Login authentication
Username:test
Password:
------------------------------------------------------------------------
User last login information:
------------------------------------------------------------------------
Access Type: Telnet
IP-Address : 1.1.1.1
Time : 2016-09-25 07:45:45+ 00:00
------------------------------------------------------------------------
< R4> quit
< R1> ftp 1.1.1.254 2121
Trying 1.1.1.254 ...
Press CTRL+ K to abort
Connected to 1.1.1.254.
220 FTP service ready.
User(1.1.1.254:(none)):test
331 Password required for test.
Enter password:
230 User logged in.
[R1-ftp]
```

Untrust 区域可以访问 DMZ 区域提供的 Telnet 和 FTP 服务。

第8章 综合实训

本章学习目标：熟悉三类综合模拟现实网络的大型综合实验，包括园区网组网实例(大中型企业级网络)、校园网组网、网吧的组建实例。介绍了每个实例的环境、方案设计和实验要求等。通过现有所学的知识点去组建一个中小型网络，在前者小型项目的基础上进一步扩充，对不同情况的网络环境要有更深的理解。

8.1 园区网组网实例(大中型企业级网络)

8.1.1 案例介绍

通过我们所学习的基础知识，再加上一些书上的高级知识点的结合组建一个大型的政府网络或是大型企业联合网络。知识点包括三层交换机实现 VLAN 间通信、动态路由协议 OSPF 的方法、在网络中运行 VRRP＋MSTP 实现双链路双核心。要求两台核心使用端口汇聚功能以提高带宽。

8.1.2 方案设计

某新建办公大楼，地上有 10 层、地下有 2 层，总计 12 层，建筑总面积为 2.98 万平方米。整栋楼的信息处理机房设在大楼第 6 层。

1. 网络系统设计方案

1) 设备的选用

在组建公司局域网时，要充分考虑公司的具体情况，以及以后公司发展对网络的扩充。

在本实例中可以把接入点设在二号楼的三楼。选用一个路由器作为局域网的网关，路由器以太接口与交换机连接，连接介质均为网线。为了保证速度，各楼宇间交换机与主交换机可以用光纤作为传输介质，可以用一个带多个光口的主交换机与其他楼宇交换机相连接。楼层内部的局域网可以用双绞线连接到各交换机上。由于公司各部门计算机台数不同，交换机也需根据现在和将来的需要，选用不同接口数的交换机，这里可以选用 24 口的交换机。表 8-1-1 列出了所需要的网络设备清单。

表 8-1-1 网络设备清单

建筑物	楼层	节点数	24口接入层交换机数目	主交换机	路由器
一号楼	3	30	2 台		
二号楼	3	30	2 台	1 台	1 台
三号楼	5	15	1 台		

根据公司实际情况来选择不同配置的服务器和计算机。

2）操作系统的选择

客户机可以根据应用情况自主选择操作系统，推荐使用 Windows XP。对于服务器，从安全角度和便于管理的角度出发，服务器推荐使用 Windows 2000 Server 或 Windows 2003 Server 操作系统。

3）IP 地址规划

本例中整个公司分为 6 个部门，这样整个公司网络也可以分为 6 个子网，各子网的子网掩码和 IP 地址规划如表 8-1-2 所示。根据公司的发展需要，各部门增加计算机时只需添加相应的子网掩码和 IP 地址即可。

表 8-1-2 网络设备清单

子 网	部 门	子 网 掩 码	IP 地 址 范 围
1	行政部	255.255.225.9	192.168.1.10 ～ 192.168.1.40
2	财务部	255.225.225.41	192.168.1.42 ～ 192.168.1.72
3	企划部	255.255.255.73	192.168.1.74 ～ 192.168.1.104
4	研发部	255.255.255.105	192.168.1.106 ～ 192.168.1.156
5	销售部	255.255.255.157	192.168.1.128 ～ 192.168.1.188
6	生产部	255.255.255.189	192.168.1.190 ～ 192.168.1.210

2. 布线系统设计方案

由于接入点设在一号楼的三楼，其他二幢楼可能通过采用地下管道铺设方式与二号楼相连，管道内铺设 12 芯多模光纤。安装时至少要预留 1~2 个备用管孔，以供扩充之用。在一号楼、三号楼放置光纤收发器，并接在楼层内的交换机上，以确保信号正常传输。室内连接均采用双绞线，同一楼层上的水平系统多采用超五类非屏蔽双绞线，电缆长度宜为 90 m 以内。施工时要注意网线不能承受过大的弯曲，同时还应该尽量避免靠近强干扰源。

具体的网络拓扑结构设计图如图 8-1-1 所示。

8.1.3 实验要求

参考图 8-1-2 所示的拓扑图完成题目的要求。实际上要求列出网络硬件设备清单。请对所有网络设备进行相应的配置后完成以下配置任务。写出所有设备上面的配置步骤和命令，下面的小问题只是所有配置步骤和命令中的一部分。

1. 背景说明

图 8-1-2 所示的是模拟一个企业的局域网，出口路由器 RSR20、核心 RG-S3760-A、核心 RG-S3760-B、接入交换机 S2026 及接在接入交换机下的各种业务类型的用户组成分公司业务办公局域网，为了实现网络的稳定，在网络中运行 VRRP＋MSTP 实现双链路双核心。要求两台核心使用端口汇聚功能以提高带宽。在网络中，VLAN 10 是生产 VLAN，VLAN 20 是行政 VLAN，VLAN 30 是财务 VLAN，VLAN 40 是销售 VLAN。公司规定下班后不

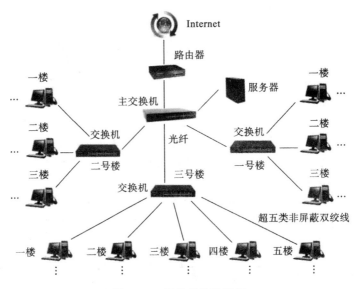

图 8-1-1 网络结构设计图

允许访问互联网(工作时间为周一至周五的 9:00—18:00)。关于网络的具体要求,如 IP 地址、端口等如图 8-1-2 所示。

2. 网络拓扑

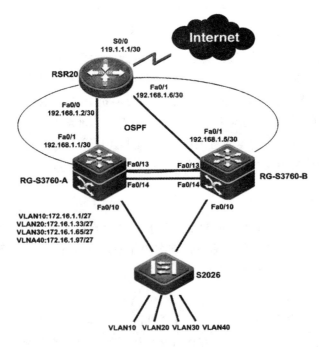

图 8-1-2 实验拓扑图

3. 综合实验要求

(1)在全网所有设备上按照要求配置正确的 IP 地址。

(2) 创建 VLAN 10、VLAN 20、VLAN 30、VLAN 40,并规划交换机 S2026 接口 VLAN,1～4 在 VLAN 10、5～9 在 VLAN 20、10～14 在 VLAN 30、15～21 在 VLAN 40。

(3) 在全部交换机上配置 MSTP 协议,并且创建两个 MSTP 实例:Instance0、Instance1。其中,Instance0 包括 VLAN 10、VLAN 20,Instance1 包括 VLAN 30、VLAN 40。

(4) 设置 MSTP 的优先级,实现在 Instance0 中 RG-S3760-A 为根交换机,在 Instance1 中 RG-S3760-B 为根交换机。

(5) 配置 VRRP 组 1、VRRP 组 2、VRRP 组 3、VRRP 组 4,实现 VLAN 10、VLAN 20 通过 RG-S3760-A 转发数据,VLAN 30、VLAN 40 通过 RG-S3760-B 转发数据。

(6) 三层交换机 RG-S3760-A 和 RG-S3760-B 通过 Fa0/13 和 Fa0/14 实现链路聚合。

(7) 配置 ACL 实现只有上班时间(周一至周五的 9:00—18:00)才可以允许访问互联网。

(8) 使用动态路由协议 OSPF 实现全网互通,并能访问互联网。

在 RSR20 路由器上运行命令(以下命令根据具体题目调整):

```
show running-config          show ip interface brief
show ip route                show access-list
ping ……
```

8.2 校园网组网实例

通过现有所学的知识点去组建一个中小型的校园网络,从网络的组建到设备的调试,让学生感觉就在项目现场,去完成整个项目。用到的知识点包括一般的路由协议、NAT 的地址转换、VLAN、Trunk、VTP、IP 地址的划分、访问控制列表等

8.2.1 实例环境

某学校校园内共有 9 幢楼,分别为:

学生宿舍 3 幢,每幢 6 层,每层有学生寝室 35 间,每间寝室提供一个网络节点;

教师宿舍 2 幢,每幢 6 层,共 114 户,每户提供 1 个网络节点;

教学楼 1 幢,有 6 层,每层有 17 间教室,每间教室提供 1 个网络节点,6 个教师办公室,每间办公室提供 2 个节点;

图书馆和电子阅览室在同一幢楼,共有 4 间电子阅览室,每间电子阅览室需要 40 个网络节点,图书馆各办公室需要 10 个网络节点;

综合楼 1 幢,共 4 层,每层要 10 个网络节点;

实验楼 1 幢,共 6 层,1～4 楼为各种实验教室,每层需用 20 个节点,5 楼为学校的网络中心,6 楼为学校计算机中心,共有 7 个机房,每个机房 60 台机器,办公室需要 10 个网络节点。

网络中心设在实验楼 5 楼,以实验楼为中心,用光纤连接其他 8 个建筑物,构成这个学校的校园网光纤主干。校园网主干采用千兆光纤,百兆交换到桌面。别外还要开通 WWW、E-mail、FTP、BBS 等各种 Internet 服务,实现办公自动化系统、多媒体教学系统、电

子阅览室等功能。

8.2.2 方案设计

1. 系统构成

校园网应是为办公、科研和管理服务的综合性网络系统,通常由以下几部分组成。

(1) 主干网络,用于连接各个主要建筑物,为主要的部门提供上网条件,主干网一般选用高速的光纤作为传输介质。

(2) 局域网部分,以各个部门或楼宇为单位而建立独立的计算环境和实验环境。

(3) 服务器系统,网络中心的服务器和分布在各个局域网上的服务器是网络资源的载体。

(4) 应用软件系统,包括网上 Web 公共信息发布系统、办公自动化系统、管理信息系统、电子邮件系统、电子图书系统、人事管理系统和财务系统等专用的系统。

(5) 出口部分,是指将校园内部网与教育科研网(CERNET)和 Internet 等广域网络相连接的系统,出口系统要着重考虑两个方面:一是选择合适的连接方式,如 DDN 专线、卫星、微波等方式联网;二是防火墙的建设,这与出口系统的安全性有着直接的关系。

2. 主干网络的选择与 Internet 的接入

校园网的主干结构主要采用集中式结构,主干网连接各个教学楼、实验楼、办公楼、图书馆和宿舍。采用光纤干线进行互联,能够提供尽可能高的传输速率,既可以从一点辐射到多点,也可以由数个主节点分别向下辐射,而这些节点之间也需要使用高速线路和交换设备紧密互联。在设计过程中,从网络中心到各个楼宇之间的网络传输介质采用光纤,使用光纤作为中心交换机到节点交换机的传输介质,而节点到桌面的传输介质使用双绞线。

3. 校园网设备的选用

主干交换机选用千兆中心路由交换机,选择以太网端口全为千兆的交换机,通过光纤与各楼宇之间汇聚层交换机连接。中心交换机选用带光纤接口的千兆以太网交换机。汇聚层的交换机要选用带光纤模块的,选择有 100M 端口和两个千兆端口的交换机。在学校的网络结构中,每一栋楼都有一个主交换机,楼栋内的信息点都汇聚到这个交换机上,再通过光纤与上一层设备连接。节点交换机选用具有一个光纤口和若干个通到桌面的 RJ-45 口的百兆交换机。同时在网络中心设置出口路由器,以便接入教育科研网和 Internet。本例中接入层和汇聚层交换机清单如表 8-2-1 所示。

表 8-2-1 接入层汇聚层交换机清单

建筑物	楼层	节点数	24口接入层交换机数目	24口汇聚层交换机数目
1号学生宿舍	6	210	10台	1台
2号学生宿舍	6	210	10台	1台
3号学生宿舍	6	210	10台	1台
1号教师宿舍	6	57	3台	1台

续表

建筑物	楼层	节点数	24口接入层交换机数目	24口汇聚层交换机数目
2号教师宿舍	6	57	3台	1台
教学楼	6	114	5台	1台
图书馆	6	170	9台	1台
实验楼	6	510	23台	1台
综合楼	4	40	2台	1台

4. IP地址规划(IPV4)

1）校园网IP地址的规划

校园网IP地址应包括从CERNET申请教育网公用地址、私有地址和从ChinaNet申请的少量公网IP地址。公网IP地址主要作为接入电信、网通公网和部分关键的服务器出口备份，因此IP地址的规划主要针对前两种。

教育网IP地址是从CERNET申请的多个C类IP地址，作为和国际互联网互联的地址。在对校园网IP地址进行分配时，要本着节约的原则，合理分配，充分利用。

在对网络规划时，一般都是先规划网络的私有部分。原则上所有的内部连接都应使用私有IP地址。如学校的机房、网络教室等，可以把每个机房或网络教室作为一个子网，然后为子网设定主机，并分配一个C类地址。三类私有IP地址，任何一个局域网都可使用，根据子网的规模，而选择使用哪一类私有IP地址。在IP地址的分配上应使用连续的C类地址，这样便于路由的聚合。使用私有IP地址的部门和区域要连接到互联网时，就要采用NAT转换技术将内部地址转换成外部地址。

第一步：制作规划总表，如表8-2-2所示。

表8-2-2 规划总表

应用类地址		
	地址范围	汇总路由
宿舍楼	172.16.0.0/24～172.19.0.0/24	
教学楼	210.210.160.0/24～210.210.167.0/24	210.210.160.0/21
实验楼		
图书馆		
宿舍楼预留扩展	172.5.0.0/24～172.7.0.0/24	172.0.0.0/13
教学楼预留扩展	210.210.162.0/24	210.210.160.0/21
设备互联地址		
	地址范围	
互联地址	192.168.1.0/24～192.168.99.0/24	

续表

设备网管地址		
可网管设备数量(台)	地址范围	
34	192.168.100.0/24～192.168.110.0/24	
外网		
运营商名称	地址范围	
ISP1	210.210.183.0/25	210.210.183.0/25

第二步：应用类地址规划，如表 8-2-3 所示。

表 8-2-3　应用地址规划表

地理位置	网段	掩码	汇总
1 号宿舍楼	一楼 172.16.1.0	/24	172.16.0.0/21
	二楼 172.16.2.0		
	三楼 172.16.3.0		
	四楼 172.16.4.0		
	五楼 172.16.5.0		
2 号宿舍楼	一楼 172.17.1.0	/24	172.17.0.0/21
	二楼 172.17.2.0		
	三楼 172.17.3.0		
	四楼 172.17.4.0		
	五楼 172.17.5.0		
3 号宿舍楼	一楼 172.18.1.0	/24	172.18.0.0/21
	二楼 172.18.2.0		
	三楼 172.18.3.0		
	四楼 172.18.4.0		
	五楼 172.18.5.0		
	食堂 172.18.6.0		

第三步：设备互联地址规划，如表 8-2-4 所示。

表 8-2-4　互联地址规划表

设备名称	接口	互联地址	设备名称	接口	互联地址
S1	g1/1	192.168.1.17	S2	g1/2	192.168.1.30
S1	g1/2	192.168.1.33	S2	g1/2	192.168.1.46
S3	g2/1-2	192.168.2.17	S4	g1/11-12	192.168.2.30

第四步:设备网管地址规划,如表 8-2-5 所示。

表 8-2-5 网管地址规划表

汇聚层	管理地址	掩码	下连二层设备	管理地址	掩码
RS31	192.168.101.254	/24	s11	192.168.101.1	/24
			s12	192.168.101.2	
			s13	192.168.101.3	
			s14	192.168.101.4	
			s15	192.168.101.5	

第五步:外网地址规划,如表 8-2-6 所示。

表 8-2-6 外网地址规划表

出口地址规划					
设备名称	接口	互联地址	设备名称	接口互联地址
ER01	F0/1	210.210.183.113/30	ISP1	210.210.183.114/30
…	…	…	…	…

2) 网络拓扑结构

校园网采用层次化网络结构,校园网网络系统从设计上一般分为核心层、汇聚层和接入层三个部分。网络拓扑结构采用分层式设计,共分三层:核心层、汇聚层、接入层。骨干网可以实现高速、可靠的互联,各教学楼、实验楼、办公楼、宿舍通过接入交换机来接入校园网。根据实例要求,可以绘制校园网的拓扑结构,如图 8-2-1 所示。

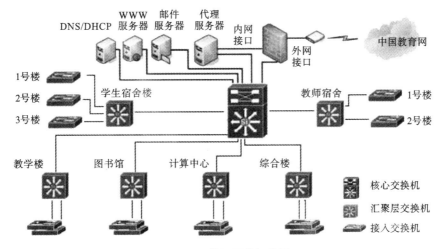

图 8-2-1 校园网的拓扑图

在该学校网络接入层采用 S2126,接入层交换机划分了办公网 VLAN 2 和学生网 VLAN 4,VLAN 2 和 VLAN 4 通过汇聚层交换机 S3550 与路由器 A 相连,另外 S3550 上有一个 VLAN 3 存放一台网管机。

其中,使用路由器与 Internet 连接,并且选购了一台硬件防火墙,以保护内网。

路由器 A 与 B 通过路由协议获取路由信息后,办公网可以访问路由器 B 后的 FTPserver。为了防止学生网内的主机访问重要的 FTPserver,路由器 A 采用了访问控制列表的技术作为控制手段。

8.2.3 实验要求

参考图 8-2-2 所示的拓扑结构完成题目的要求。实际上要求列出网络硬件设备清单。请对所有网络设备进行相应的配置后完成以下配置任务。写出所有设备上面的配置步骤和命令,下面的小问题只是所有配置步骤和命令中的一部分。

1. 背景介绍

图 8-2-2 为某企业网络的拓扑图,接入层采用二层交换机 S2126,汇聚层和核心层使用了两台三层交换机 S3750A 和 S3750B,网络边缘采用一台路由器 R1762 用于连接到外部网络。

为了实现链路的冗余备份,S2126 与 S3750A 之间使用两条链路相连。S2126 上连接一台 PC,PC 处于 VLAN 100 中。S3750B 上连接一台 FTP 服务器和一台打印服务器,两台服务器处于 VLAN 200 中。S3750A 使用具有三层特性的物理端口与 R1762 相连,在 R1762 的外部接口上连接一台外部的 Web 服务器。

2. 网络拓扑

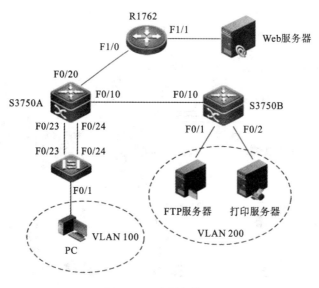

图 8-2-2 实训拓扑图

3. 具体说明

关于网络的具体要求,如 IP 地址、端口等,见如下拓扑编址:

```
PC:172.16.100.100/24
```

S3750A VLAN 100 接口:172.16.100.1/24
S3750A VLAN 200 接口:172.16.200.1/24
S3750A FastEthernet0/20:10.1.1.2/24
FTP 服务器:172.16.200.10/24
打印服务器:172.16.200.20/24
R1762 F1/0:10.1.1.1/24
R1762 F1/1:10.1.2.1/24
Web 服务器:10.1.2.2/24/24

4. 综合实验要求

(1) 在 S2126 与 S3750B 上划分 VLAN,并把 PC 与服务器加入相应的 VLAN 中。

(2) 配置 S2126 与 S3750A 之间的两条交换机间链路,以及 S3750A 与 S3750B 之间的交换机间链路。

(3) 在 S2126 与 S3750A 之间的冗余链路中使用 STP 技术防止桥接环路的产生,并通过手工配置使 S3750A 成为 STP 的根。

(4) 为 S3750A 的 VLAN 接口和 R1762 的接口配置 IP 地址。

(5) 在 S3750A 上使用具有三层特性的物理端口实现与 R1762 的互联。

(6) 在 S3750A 上实现 VLAN 100 与 VLAN 200 之间的通信,并在 S3750A 与 R1762 上使用静态路由,实现全网的互通。

(7) 在一台 PC 上配置 FTP 服务器,使 VLAN 100 中的 PC 能够进行文件的上传和下载。

(8) 在一台 PC 上配置网络打印机共享,使 VLAN 100 中的 PC 能够进行远程打印。

(9) 在一台 PC 上配置 Web 服务器,使 VLAN 100 中的 PC 能够进行 Web 网页的浏览。

(10) 在 R1762 上进行访问控制,允许 VLAN 100 中的主机只能访问外部 Web 服务器的 Web 服务,不允许访问 Web 服务器上的其他服务。

5. 注意事项

在所有的设备商运行 show 命令。

```
show running-config          show ip interface brief
show ip route                show access-list
```

验证

PC 能够 ping 通 Web 服务器。

(1) 在一台 PC 上配置 FTP 服务器,使 VLAN 100 中的 PC 能够进行文件的上传和下载。

① 成功架设 FTP 服务器;

② PC 能够进行上传和下载操作。

(2) 在一台 PC 上配置网络打印机共享,使 VLAN 100 中的 PC 能够进行远程打印。

① 成功配置网络打印机;

② PC 能够进行远程打印。

(3) 在一台 PC 上配置 Web 服务器，使 VLAN 100 中的 PC 能够进行 Web 网页的浏览。

① 成功架设 Web 服务器；

② PC 能够浏览网页。

(4) 在 R1762 上进行访问控制，允许 VLAN 100 中的主机只能访问外部 Web 服务器的 Web 服务，不允许访问 Web 服务器上的其他服务。

在 R1762 上配置 ACL 规则。

将 ACL 应用到接口，此时 PC 无法 ping 通 Web 服务器，但是仍然可以浏览网页。

8.3 网吧的组建

网吧在为普通百姓提供获取网络信息便利的同时，也为自身获取了经济效益。它是典型的服务器/客户机模式，是局域网的具体体现之一。随着网络的不断发展，网吧的接入方式、运营模式和管理模式等都在发生日新月异的变化。如何组建一个稳定、高速、便于管理控制，而且是低投资高收益的网吧就显得极其重要，网络接入方式的选择，路由器、交换机等网络设备的选购都是十分关键的因素。网吧对网络带宽、传输质量和网络性能有很高的要求。网吧网络不仅满足顾客在宽带网络上同时传输语音、视频和数据的需要，而且还支持多种新业务数据处理能力，上网高速通畅，大数据流量下不掉线、不停顿等。网吧的网络架构由路由器、主交换机、交换机、客户机组成。在布线之前要熟悉不同的传输介质所能够容许的最大长度以及交换机最大的级联数目。实验需要学会配置访问列表、RIP 等。

8.3.1 案例环境

某网吧筹备的规模为 280 台客户机，拥有 2 台服务器、一个视频服务器和一个游戏服务器，要求主干网络为千兆以太网，百千兆交换到桌面。上网要高速畅通以及大数据流量不掉线、不停顿。网吧提供网通、电信同时接入，保证速度和带宽，保证最优质的访问。

8.3.2 方案设计

1. 网络系统设计方案

此例中的网吧属于中型规模，根据需要网吧内部局域网核心部分采用模块化千兆三层交换机作为核心交换机，下行千兆链路连接接入各个千兆交换机，交换机与各计算机之间采用快速以太网链路。网吧内部的视频服务器、游戏服务器等通过千兆链路接入核心交换机，网吧实现主干千兆交换、百兆链路到点，实现整个网吧内无阻塞通信，为 VOD、多媒体娱乐、在线电影、在线视频等丰富的应用打下坚实的基础。可以在核心交换机上接入计费系统，实现用户上网的计费功能，也可以在计算机上安装计费软件来实现用户上网计费的功能。

为了实现网通、电信网络同时接入，而且无需进行切换就可以同时快速访问两个运营商的站点，就要选择一个支持双网接入的路由器。通过此路由器，计算机用户在访问网络上的站点和资源时，可以在无任何特殊设置的情况下自动选择网通或电信的线路。网吧的网络结构图如图 8-3-1 所示。

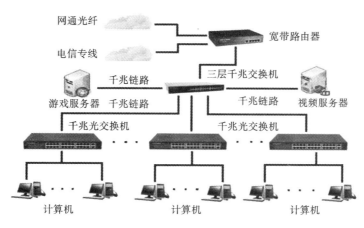

图 8-3-1 网吧网络结构

根据需求,要使用 24 口千兆交换机 12 个。除了配置好交换机、路由器、服务器、计算机以外,还要购买网线、摄像头、耳机话筒等设备,另外还要购买 3~5 块备用网卡,一旦集成网卡不能正常工作,就需要安装独立网卡。

本例选用的是网通、电信双光纤接入,公网的 IP 地址可能有几个,这就要采用内网 IP 地址。可以采用 VLAN 虚拟局域网技术,这是一种通过将局域网内的设备逻辑地而不是物理地划分成一个个网段,从而实现虚拟工作组的新兴技术。这种技术可以解决交换机在进行局域网互联时无法限制广播的问题。可以按照机器性能划分 VLAN,也可以按照室内布局划分 VLAN。VLAN 之间可以通过三层核心交换机来实现。因为使用私有地址,不用考虑地址浪费问题,建议网吧中每个 VLAN 部署 48~60 台计算机,这样可以减轻广播造成的影响。VLAN 可以按照表 8-3-1 来划分。

表 8-3-1 VLAN 划分

VLAN 编号	IP 地址网段	默认网关	说明
VLAN 1	192.168.0.1/50	192.168.0.254	管理口 VLAN
VLAN 2	192.168.1.1/50	192.168.1.254	VLAN 1
VLAN 3	192.168.2.1/50	192.168.2.254	VLAN 2
VLAN 4	192.168.3.1/50	192.168.3.254	VLAN 3
VLAN 5	192.168.4.1/50	192.168.4.254	VLAN 4
VLAN 6	192.168.5.1/50	192.168.5.254	VLAN 5
VLAN 7	192.168.6.1/50	192.168.6.254	VLAN 6
VLAN 8	192.168.7.1/50	192.168.7.254	服务器 VLAN

每个 VLAN 下的计算机之间可以相互通信,因为它们同属一个局域网。但是不在同一个 VLAN 下的计算机相互之间不能通信,要想通信,必须在两个 VLAN 之间安装路由器。通过划分虚拟网,可以把广播限制在各个虚拟网的范围内,从而减少整个网络范围内广播包

的传输,提高了网络的传输效率。子网掩码都为 255.255.255.0,DNS 根据接入的线路来设置,有网通和电信的 DNS。

2. 布线系统设计方案

建议将三层交换机、路由器等价值较高的网络设备放在专业的机柜中,并加 UPS 后备电源,以保护网络设备的安全。

网络布线必须根据网吧的网络结构来设计。目前,网吧一般都是路由器—主交换机—交换机—客户机的网络模式。无论是主交换机还是二级交换机,在选择安装位置时,一定要把交换机放置在节点的中间位置,一方面可以节约网线的使用量,另外还可以将网络的传输距离减小到最短,从而提高网络传输质量。

接好电源、连好网线后,可以按上面的划分来配置三层交换机和路由器。对于服务器和用户机则根据需要安装相应的软件和游戏。

8.3.3 实验要求

1. 实验具体要求

参考图 8-3-1 所示的拓扑结构完成题目的要求。实际上要求列出网络硬件设备清单。请对所有网络设备进行相应的配置后完成以下配置任务。写出所有设备上面的配置步骤和命令,下面的小问题只是所有配置步骤和命令中的一部分。

(1) 在 S5750 上将 Fastethernet0/10-12 加入 VLAN 3,视频、游戏服务器接入汇聚三层千兆交换机,设置为 VLAN 1。

(2) 对汇聚三层千兆交换机进行相应的配置使不同 VLAN 间的 PC 实现互访(如 192.168.2.0 网段与 192.168.3.0 网段的互访)。

(3) S5750 配置实现 VLAN 间互联,根据拓扑图,在汇聚三层千兆交换机上 S5750 配置 VLAN 1,创建 VLAN 2、VLAN 3、VLAN 4,设置 VLAN 地址。汇聚三层千兆交换机 5、6 端口接 S2628 接入千兆交换机,需要设置端口聚合。

(4) 在 S2628 上创建 VLAN 2、VLAN 4,并在 S2628 上将 Fastethernet0/10-15 加入 VLAN 2,将 Fastethernet0/16-20 加入 VLAN 4,在 S5750 上将 Fastethernet0/10-12 加入 VLAN 3,S2628 的 5、6 端口设置端口聚合。

(5) 对路由器 A 进行相应的配置使不同 VLAN 间的 PC 实现互访(如 192.168.20.0 网段与 192.168.1.0 网段的互访)。

(6) 配置路由器 A 和 B 的路由,使 VLAN 2 中的 PC 可以访问到 RB Fastethernet0 上的 IP 地址(如 192.168.20.10 的 PC1 可以 ping 通 65.154.12.8)。

(7) 在 R1 和 R2 上配置动态 RIP 路由协议,使 VLAN 1 和 VLAN 2 可以访问 R2(如 192.168.40.0 和 192.168.20.0 可以 ping 通 202.99.1.1)。

(8) 通过访问列表控制所有人可以正常访问服务器,只有 VLAN 4 不可以访问 FTP 服务。

(9) S5750 和 S2628 的 Fastethernet0/5,Fastethernet0/6 上分别配置链路聚合协议。

(10) 通过相关命令显示相关配置结果,并进行验证。记录在整个项目中可能会出现的问题,以及如何解决的。

2. 实验拓扑图

网吧网络拓扑图如图 8-3-2 所示。

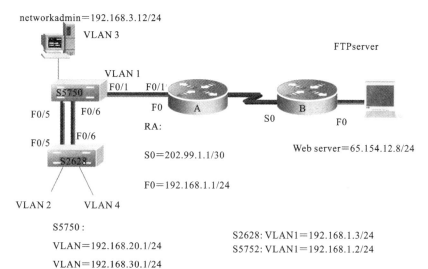

图 8-3-2　网吧网络拓扑图

第9章 实验室网络设备介绍及应用

本章学习目标:了解网络实验室主要网络设备及应用。了解锐捷网络设备以及应用,包括交换机、模块化路由器、防火墙等系列产品、网络实验室机架控制和管理服务器 RG-RC-MS,以及锐捷网络实验室使用方法。了解华为网络仿真工具平台 eNSP、华为网络实验室主要网络设备类型。

9.1 锐捷网络产品介绍

9.1.1 锐捷网络实验室主要网络设备类型及介绍

1. 接入交换机

具备满足行业需求的二层交换功能,让学生使用专业的 CLI 界面完成灵活的二层组网实验,可以练习各个行业中广泛使用的 VLAN 划分、802.1Q、链路聚合、多种生成树协议,以及局域网安全策略。

RG-S2628G-I 交换机是锐捷网络推出的融合了高性能、高安全、多业务的新一代二层交换机,主要应用于大型网络的接入层,提供全线速二层交换,完善的 QoS 策略,根据不同应用对不同业务流分级处理,保证重要数据传输无延时。RG-S2628G-I 以太网交换机前面板提供有 24 个 10/100Base-T 以太网端口、2 个千兆电口、2 个千兆 SFP 光口、1 个 Console 口,后面板提供交流电源输入接口。

图 9-1-1 RG-S2628G-I 接入交换机

2. 汇聚交换机

具备满足行业需求的三层交换功能,让学生使用专业的 CLI 界面完成灵活的三层路由组网实验,可以练习各个行业中广泛使用的单汇聚技术与多汇聚技术,并可以模拟核心设备学习园区网核心设备的常用功能调试。RG-S5750 系列是锐捷网络推出的硬件支持 IPv6 的万兆多层交换机,产品以极高的性价比为大型网络汇聚、中型网络核心、数据中心服务器接入提供了高性能、完善的端到端的服务质量,灵活丰富的安全设置和基于策略的网管,最大化满足高速、安全、智能的企业网需求,如图 9-1-2 所示。

3. 路由器

具备满足行业需求的动态路由协议功能和广域网连接功能。让学生通过专业的 CLI

图 9-1-2　RG-S5750-24sfp8gt-s 汇聚交换机

界面完成跨广域网的总分机构网络连接。RG-R1762 模块化路由器是锐捷网络公司生产的面向企业级的网络产品，适合大中型企业、金融体系、各大公司的办事处和中型 Internet 服务供应商的模块化多服务访问平台。RG-R1762 路由器提供丰富的网络安全特性，支持哑终端接入服务器功能；提供完备的冗余备份解决方案，支持 VoIP 特性、IP 组播协议，有丰富的 QoS 特性，为中小型企业提供高性价比的三网合一解决方案，如图 9-1-3 所示。

图 9-1-3　RG-R1762 高性能模块化分支路由器

4. RG-WALL 防火墙系列

RG-WALL 160M 是百兆防火墙/VPN 网关，固化 8 个 10/100BaseT 端口，扩展的状态检测功能、防范入侵及其他（如 URL 过滤、HTTP 透明代理、SMTP 代理、分离 DNS、NAT 功能和审计/报告等）附加功能，如图 9-1-4 所示。支持的协议有 L2TP VPN、GRE VPN、IPSec VPN，支持 NAT，支持多种 NAT ALG，包括 DNS、FTP、H.323、ILS、MSN、NBT、PPTP、SIP，提供 1 个模块化插槽，支持 4GE/4SFP/2GE/2SFP 扩展，可扩展至 8 个千兆口。

图 9-1-4　RG-WALL 1600-CC 防火墙

9.1.2　网络实验室使用方式

网络实验室每组机柜配置有路由器、二层交换机、三层交换机、核心交换机、防火墙等网络设备。网络实验室对学生进行分组，每 5～8 人为一组，每一组一个实验台，实验台分为基础实验台和高级实验台等，利用 RG-RCMS 统一管理和控制一个实验台。在实验台上，可以做路由器、交换机等多种网络实验。做实验的时候，学生可以以 Web 方式登录到 RCMS，对网络设备进行管理、实验。RG-RCMS 对实验台上所有网络设备进行统一管理和控制，学生做网络实验时，不需要对控制线进行任何的拔插，便可以对实验台上的所有网络设备进行同时管理和控制了。在每组学生做完网络实验后，老师通过 RG-RCMS 提供的"一键清"功能，对连接在 RG-RCMS 上的所有网络设备进行清除配置，方便下一组学生进行其他网络实验。

每个实验小组配置一台 RCMS，学生只需登录到这台访问控制和管理服务器，就可以轻松地登录到任何一台实验设备,无需来回插拔控制线。配置两台三层交换机,作为每个小组的三层路由设备;配置两台二层宽带交换机,作为每个小组的二层接入交换机;配置四台模块化路由器,作为每个小组的路由实验环境;另外还配置有一台防火墙和一台 IDP 入侵检测防御系统,作为每个小组的传统安全实验环境;配置一台 CVM 云虚拟实验平台和一个信息安全实验包,作为每个小组的网络攻防虚拟平台。

(1) RG-RCMS 实验室机架控制和管理服务器。

锐捷网络实验室机架控制和管理服务器 RG-RCMS 系列产品,是锐捷专门针对现代网络实验室开发的统一管理控制服务器,如图 9-1-5 所示。实验室使用者通过 RG-RCMS 可以同时管理和控制 8~16 台网络设备,不需要进行控制线的拔插,采用图形界面管理,简单方便,还可以在做完网络实验后,利用 RG-RCMS 提供的统一清除配置功能,把连接在 RG-RCMS 上的网络设备进行统一的配置清除,方便下次网络实验。

图 9-1-5　RG-RCMS 实验室机架控制

(2) RG-NTC 拓扑连接器。

拓扑连接器(RG-NTC)(见图 9-1-6)是锐捷针对网络实验室研发的拓扑自动化切换设备,通过 RG-LIMP(锐捷推出的实验室综合管理平台)对其进行配置,实现任意 2 个端口之间的连接,代替传统实验室通过手动将实验 PC、实验设备之间的连接。系统切换对于用户完全透明,仅需要通过 RG-LIMP 系统提供的配置界面即可完成;同时实现对经过其网络数据完全物理传输,不对数据包做任何改变。拓扑连接器(RG-NTC)的推出,彻底解决了网络实验室中不能远程改变实验设备拓扑问题,为实验室设备维护、远程实验开展提供了有力的支持。

图 9-1-6　拓扑连接器(RG-NTC)

(3) CTS 云教学服务平台。

CTS(Cloud Teaching Service,云教学服务),是锐捷为实验室用户推出的教学服务产品线。采用终端硬件部署方式,与实验台相连接,主要实现在线获取和更新实验文档、实验课程功能,以及可以支持在一种厂商设备上输入多种厂商命令集,以便让学生能够在实验室中对比学习多厂商命令的配置,以适应更广泛的岗位需求。同时,利用这种方法充分保护客户投资,使客户只需投资一个实验室就可以实现多种厂商的命令集学习。同时,CTS 通过云端快速迭代更新,客户可以在服务期内实时更新,获得更多的增值服务。

9.2 华为网络产品介绍

9.2.1 华为网络仿真工具平台 eNSP

eNSP(Enterprise Network Simulation Platform),是由华为提供的免费的、可扩展的、图形化网络仿真工具平台,主要对企业网路由器、交换机进行硬件模拟,完美呈现真实设备实景,支持大型网络模拟,让大家在没有真实设备的情况下也能够实验测试。图 9-2-1 所示的是华为网络仿真工具平台 eNSP 主界面。

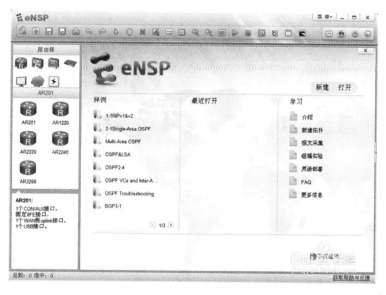

图 9-2-1 华为网络仿真工具平台 eNSP 主界面

eNSP 支持拓扑创建、修改、删除、保存等操作;支持设备拖曳、接口连线操作;通过不同颜色,直观反映设备与接口的运行状态;预置大量工程案例,可直接打开演练学习;支持单机版本和多机版本,支撑组网培训场景。多机组网场景最大可模拟 200 台设备组网规模。eNSP 可模拟华为 AR 路由器、X7 系列交换机的大部分特性,可模拟 PC 终端、Hub、云、帧中继交换机等,实现仿真设备配置功能,快速学习华为命令行,也可模拟大规模设备组网。可通过真实网卡实现与真实网络设备的对接。模拟对网络接口数据进行抓包,直观展示协议交互过程。最新安装程序是 eNSP_V100R002C00B510_Setup.exe。华为完全免费对外开放 eNSP,直接下载安装即可使用,无需申请 license。

9.2.2 华为网络实验室主要网络设备类型及介绍

华为网络实验室设备类型有三层接入交换机、全千兆汇聚交换机、企业路由器、下一代防火墙、管理设备、服务器、机柜及机柜辅材、网络仿真软件、讯方 e-Bridge 实验系统、讯方 ICT-iLearning 在线学习系统、实验室终端接入设备等。图 9-2-2 是华为网络实验室主要设备拓扑图。图中实验室有 9 组网络机柜实验设备,每组网络机柜由若干台 AR1220 企业路由器、USG6370 防火墙、S2750 交换机、S3700 交换机、配线架、EC616 组管理控制设备等组成。

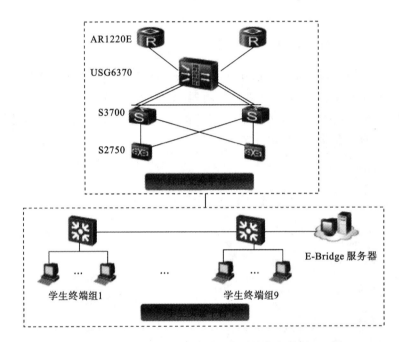

图 9-2-2 华为网络实验室主要设备拓扑图

华为 X7 系列以太网交换机提供数据交换的功能,满足企业网络上多业务的可靠接入和高质量传输的需求。这个系列的交换机定位于企业网络的接入层、汇聚层和核心层,提供大容量交换,高密度端口,实现高效的报文转发。X7 系列以太网交换机有 S1700、S2700、S3700、S5700、S7700、S9700 等型号。

AR 系列企业路由器有多个型号,包括 AR150、AR200、AR1200、AR2200、AR3200。它们是华为第三代路由器产品,提供路由、交换、无线、语音和安全等功能。AR 路由器被部署在企业网络和公网之间,作为两个网络间传输数据的入口和出口。在 AR 路由器上部署多种业务能降低企业的网络建设成本和运维成本。根据一个企业的用户数和业务的复杂程度可以选择不同型号的 AR 路由器来部署到网络中。AR2200 提供 4 个 SIC 插槽、2 个 WSIC 插槽、2 个 XSIC 插槽。AR3200 提供冗余主控,提供 4 个 SIC 插槽、2 个 WSIC 插槽、4 个 XSIC 插槽。

1. 华为 S2700 交换机产品介绍

S2700 系列交换机：二层百兆以太网交换机，该系列中提供大量的具体型号，分别提供 8/16/24/48 个 10/100M 自适应接入端口，并提供 1～4 个千兆上连端口。各型号还提供 PoE 供电、AC/DC 电源、光口/铜缆上连、基本/增强软件版本等不同选项。S2750 基于新一代交换技术和华为 VRP 软件平台，能提供简单便利的安装维护手段，同时融合了灵活的网络部署、完备的安全和 QoS 控制策略、绿色环保等先进技术，可满足以太网多业务承载和接入需要，助力企业用户搭建面向未来的 IT 网络。

华为 S2750 支持华为 Easy Operation 简易运维功能。借助 Easy Operation 简易运维功能可以实现简易安装、简易配置、简易监控和简易故障处理。同时具备友好的人机界面和 Web 网管，支持告警管理和可视化配置；支持故障设备更换免配置功能。S2750-28TP 交换机包转发能力为 9.6 Mb/s，DDR 为 256 MB，Flash Memory 为 200 MB，最大功耗为 15.7 W。图 9-2-3 是华为三层接入交换机 S2750-28TP-EI-AC 的正面图。为了教学方便，我们在交换机每个以太网口下标注了该端口在配置时的接口名，以及在每个光口上标注了该端口在配置时的接口名。

图 9-2-3　二层接入交换机华为 S2750-28TP-EI-AC 产品外观

2. 华为 S3700 交换机产品介绍

S3700 系列交换机：三层百兆以太网交换机，该系列提供 24/48 个 10/100M 自适应接入端口，并提供 2 个千兆上连端口。图 9-2-4 是华为三层汇聚交换机 S3700-28TP-EI-AC 的正面图。我们在交换机每个以太网口上标注了该端口在配置时的接口名，以及在每个光口下标注了该端口在配置时的接口名。

图 9-2-4　三层汇聚交换机华为 S3700-28TP-EI-AC 产品外观

3. 华为 S5700 交换机产品介绍

S5700 系列以太网交换机（以下简称 S5700），是华为为满足大带宽接入和以太网多业务汇聚而推出的新一代绿色节能的全千兆高性能以太网交换机。S5700 系列交换机提供 24/48 个 10/100/1000M 自适应接入端口。当后缀名为 LI 时表示是二层交换机，提供 4 个千兆上连接口；当后缀名为 EI 时，表示是三层交换机，提供 4 个千兆上连接口；当后缀名为 HI 时，表示是三层交换机，提供各种扩展插卡模块，可以选用 10/40G 的上连接口。

华为 S5700-28C 交换机处理器主频 800 MHz，Flash Memory 为 32 MB，最大功耗为 56 W。S5700-28C 拥有 20 个 10/100/1000BASE-T 以太网电接口，4 个 Combo 接口、1 个 Console 接口、1 个 ETH 管理接口、1 个 USB 接口,支持自动配置、即插即用、USB 接口、批量远程升级等功能,便于安装、升级、业务发放和其他管理维护工作,大大降低了运维成本。S5700 支持 SNMP V1/V2/V3、CLI(命令行)、Web 网管、Telnet、SSHv2.0 等多样化的管理和维护方式。图 9-2-5 是华为三层汇聚交换机 S5700-28C 的正面图。我们在交换机每个以太网口上标注了该端口在配置时的接口名,以及在每个光口下标注了该端口在配置时的接口名。

图 9-2-5　华为 S5700-28C 产品外观

4. 华为 AR 系列企业路由器

华为 AR1200 系列企业路由器是华为推出面向中型企业总部或大中型企业分支机构,以宽带、专线接入、语音和安全场景为主的路由器产品,采用多核 CPU、独立分布式交换网满足不同企业用户的业务需求。AR1220E 路由器采用双核 1 GHz 处理器,内存容量为 1 GB,Flash Memory 为 512 MB,提供 2 个 SIC 插槽。AR1220E 路由器提供接口板、电源模块、风扇模块、光模块热插拔机制,为企业提供电信级的可靠性保障。它遵循电信级标准设计,提供设备防攻击机制,抵御来自网络的攻击。图 9-2-6 是华为 AR1220E-S 路由器的正面图。我们在每个光口上标注了该端口在配置时的接口名。

图 9-2-6　华为 AR1220E-S 路由器产品外观

5. 华为 USG6370 防火墙产品介绍

华为 USG6000 系列防火墙采用下一代防火墙技术。单台设备集成了传统防火墙、VPN、入侵防御、防病毒、数据防泄漏、带宽管理、Anti-DDoS、URL 过滤、反垃圾邮件等多种功能,可识别 6000 多个应用,供应用级别的访问控制精度,能够准确检测并防御网络中的漏洞和攻击,能对传输的文件和内容进行识别过滤,支持丰富、高可靠性的 VPN 特性,如 IPSec VPN、SSL VPN、L2TP VPN、MPLS VPN、GRE 等。

USG6370 是华为公司面向中小企业、企业分支和连锁机构推出的企业级下一代防火墙。它支持业界最多的 6300 多个应用识别,提供精细的应用层安全防护和业务加速,一机多能,实现多地间的稳定安全互联。USG6370 防火墙处理器主频为 1.1 GHz,DDR3 为 4 GB,可配备多容量的 2.5 英寸硬盘(300 GB、600 GB 或 1200 GB SAS 单硬盘),硬盘单元支持热插拔。外形尺寸(宽×深×高)为 442 mm×421 mm× 44.4 mm(1U),最大功耗为 74.1 W。USG6370 防火墙配备有 1 个带外管理口,1 个 Console 接口和 2 个 USB 2.0 接口。标配业务接口有 4 个千兆以太网光接口,8 个 10/100/1000M 自适应以太网电接口。具有强大的内容安全防护能力,支持全面的路由交换协议,适用于多种网络环境,为企业构建端到端的安全网络环境。图 9-2-7 是 USG6370 防火墙的正面图。为了方便做实验,我们在每个端口上标示了该端口在防火墙配置时对应的端口号。

图 9-2-7 USG6370 防火墙

6. 组管理控制系统-讯方 EC616

EC616 组管理控制系统如图 9-2-8 所示。

图 9-2-8 EC616 组管理控制系统

7. 讯方 e-Bridge 通信实验管理软件

e-Bridge 系统分为实验模式和考试模式。实验模式分为单网元实验和联合实验。系统包括实训辅助功能、实训管理功能、考试管理、网元管理、学生教师信息管理、实验项目管理、互动平台终端监理等功能模块。考试时,由教师发要求,学生考完后系统自动评分,方便教师和学生上机实验。该系统容易操作,且具有扩展性,提高了学生的习效率。系统对各个平台内置了多个实验,教师在启动服务时,可选任意一个实验。

附 录

附录1 缩略语

A		
AES	Advanced Encryption Standard	高级加密标准
AH	Authentication Header	报文认证头
ACL	Access Control List	访问控制列表
C		
CBC	cipher block chaining	密码分组链接
CHAP	Challenge Handshake Authentication Protocol	质询握手验证协议
CA	Certificate Authority	证书颁发机构
CIDR	Classless Inter Domain Routing	无类别域间路由
D		
DES	Data Encryption Standard	数据加密标准
DES-CBC	DES-Cipher Block Chaining	DES密钥块链接
DMZ	demilitarized zone	非军事化区
E		
ESP	Encapsulating Security Payload	封装安全载荷
EIGRP	Enhanced Interior Gateway Routing Protocol	增强内部网关路由协议
eNSP	Enterprise Network Simulation Platform	华为网络仿真工具平台
GE	GigabitEthernet	千兆以太网
GRE	Generic Routing Encapsulation	通用路由封装协议
GARP	Generic Attribute Registration Protocol	通用的属性注册协议
GVRP	GARP VLAN	GARP VLAN 注册协议
I		
IGP	Interior Gateway Protocol	内部网关协议
IKE	Internet Key Exchange	Internet 密钥交换协议
IP	Internet Protocol	互联网协议
IPSec	IP Security Protocol	IP 网络安全协议
IGRP	Interior Gateway Routing Protocol	内部网关路由协议

续表

ISAKMP	Internet Security Association and Key Management Protocol	Internet 安全联盟和密钥管理协议
L		
L2TP	Layer 2 Tunneling Protocol	二层隧道协议
LNS	L2TP Network Server	L2TP 网络服务器
L2F	Layer 2 Forwarding Protocol	二层转发协议
LSA	Link State Advertisement	链路状态广播
LSDB	Link State Database	链路状态数据库
M		
MD5	Message-Digest Algorithm 5	信息-摘要算法5
MAC	Media Access Control	媒体访问控制或称为物理地址、硬件地址,用来定义网络设备的位置
N		
NAT	Network Address Translation	网络地址转换
NAPT	Network Address Port Translation	网络地址端口转换
O		
OSPF	Open Shortest Path First	开放最短路径优先协议
P		
PAP	Password Authentication Protocol	密码验证协议
PAT	Port Address Translation	端口地址转换/翻译
R		
RIP	Routing Information Protocol	路由信息协议
RSTP	Rapid Spanning-Tree Protocol	快速生成树协议
S		
STP	Spanning-Tree Protocol	生成树协议
SA	Security Association	安全联盟
T		
TCP/IP	Transmission Control Protocol/ Internet Protocol	TCP/IP 协议栈
TFTP	Trivial File Transfer Protocol	简单文件传输协议
V		
VLSM	Variable Length Subnet Masking	变长子网掩码
VPN	Virtual Private Network	虚拟专用网

续表

VRP	Versatile Routing Platform	通用路由平台
VRRP	Virtual Router Redundancy Protocol	虚拟路由冗余协议
VT	Virtual Template	虚拟接口模板
VTP	VLAN Trunk Protocol	VLAN 干道协议
Vlan	Virtual Local Area Network	虚拟局域网

附录2 常用思科(锐捷)网络命令参考

1. 常用锐捷/思科的交换机命令交换机支持的命令

(1) 交换机基本状态

```
Switch:                              //交换机的 ROM 状态
rommon>                              //路由器的 ROM 状态
hostname>                            //用户模式
hostname#                            //特权模式
Switch # Switch > enable             //进入特权模式
hostname(config)#                    //全局配置模式
Switch # configure terminal          //进入全局配置模式
Switch # end                         //退出全局设置状态
hostname(config-if)#                 //接口状态
Switch # disable                     //退出特权模式
Switch(vlan)#                        //全局 VLAN 模式
Switch # vlan database               //进入全局 VLAN 模式
Switch (config-line)#                //全局线程模式
Switch (config)# line console 0      //进入全局线程模式
Switch (config)# exit                //退出局部设置状态
```

(2) 交换机口令设置。

```
Switch> enable                               //进入特权模式
Switch# config terminal                      //进入全局配置模式
Switch(config)# hostname < hostname>         //设置交换机的主机名
Switch(config)# enable secret xxx            //设置特权加密口令
Switch(config)# enable password xxx          //设置特权非密口令
Switch(config)# line console 0               //进入控制台口
Switch(config-line)# line vty 0 4            //进入虚拟终端
Switch(config-line)# login                   //允许登录
Switch(config-line)# password xx             //设置登录口令 xx
Switch# exit                                 //返回命令
```

(3) 交换机 VLAN 设置。

```
Switch# vlan database                                  //进入 VLAN 设置
Switch(vlan)# vlan 2                                   //建 VLAN 2
Switch(vlan)# no vlan 2                                //删 VLAN 2
Switch(config)# int f0/1                               //进入端口 1
Switch(config-if)# switchport access vlan 2            //当前端口加入 VLAN 2
Switch(config-if)# switchport mode trunk               //设置为干线
Switch(config-if)# switchport trunk allowed vlan 1,2   //设置允许的 VLAN
Switch(config-if)# switchport trunk encap dot1q        //设置 VLAN 中继
Switch(config)# vtp domain < name>                     //设置发 VTP 域名
Switch(config)# vtp password < word>                   //设置发 VTP 密码
Switch(config)# vtp mode server                        //设置发 VTP 模式
Switch(config)# vtp mode client                        //设置发 VTP 模式
```

（4）交换机设置 IP 地址。

```
Switch(config)# interface vlan 1                       //进入 VLAN 1
Switch(config-if)# ip address < IP> < mask>            //设置 IP 地址
Switch(config)# ip default-gateway < IP>               //设置默认网关
Switch# dir flash:                                     //查看闪存
```

（5）交换机显示命令。

```
Switch# write                                          //保存配置信息
Switch# show vtp                                       //查看 VTP 配置信息
Switch# show run                                       //查看当前配置信息
Switch# show vlan                                      //查看 VLAN 配置信息
Switch# show interface                                 //查看端口信息
Switch# show int f0/0                                  //查看指定端口信息
Switch# show ip                                        //显示 IP 地址配置
Switch# show mac-address-table {seccurtity}            //显示 MAC 地址表
Switch# show running-config                            //查看运行设置
Switch# show startup-config                            //查看开机设置
```

2. 常用锐捷/思科的路由器支持的命令

（1）路由器配置。

```
Router>                                                //用户模式,开机自动进入
Router#                                                //特权模式
Router(config-router)#                                 //全局路由模式
Router(config)#                                        //全局配置模式
Router(router)# route rip                              //全局路由模式
Router(config-if)#                                     //全局接口模式
Router> enable                                         //特权模式
Router# configure terminal
Router(config)# interface fa0/0                        //全局接口模式
Router(config-line)#                                   //全局线程模式
Router(config)# line console 0                         //全局线程模式
```

(2) 路由器显示命令。

  router# show run   //显示配置信息
  router# show interface   //显示接口信息
  router# show ip route   //显示路由信息
  router# show cdp nei   //显示邻居信息
  router# reload   //重新启动

(3) 路由器口令设置。

  router> enable   //进入特权模式
  router# config terminal   //进入全局配置模式
  router(config)# hostname < hostname>   //设置交换机的主机名
  router(config)# enable secret xxx   //设置特权加密口令
  router(config)# enable password xxx   //设置特权非密口令
  router(config)# line console 0   //进入控制台口
  router(config-line)# line vty 0 4   //进入虚拟终端
  router(config-line)# login   //要求口令验证
  router(config-line)# password xx   //设置登录口令 xx
  router(config)# (Ctrl+ z)   //返回特权模式
  router# exit   //返回命令
  router(config)# int s0/0   //进入 Serail 接口
  router(config-if)# no shutdown   //激活当前接口
  router(config-if)# clock rate 64000   //设置同步时钟
  router(config-if)# ip address < ip> < netmask>   //设置 IP 地址
  router(config-if)# ip address < ip> < netmask> second   //设置第二个 IP 地址
  router(config-if)# int f0/0.1   //进入子接口
  router(config-subif.1)# ip address < ip> < netmask>   //设置子接口 IP 地址
  router(config-subif.1)# encapsulation dot1q < n>   //绑定 VLAN 中继协议
  router(config)# config-register 0x2142   //跳过配置文件
  router(config)# config-register 0x2102   //正常使用配置文件
  router# reload   //重新引导

(4) 路由器文件操作。

  router# copy running-config startup-config   //保存配置
  router# copy running-config tftp   //保存配置到 TFTP
  router# copy startup-config tftp   //开机配置存到 TFTP
  router# copy tftp flash: //下传文件到 Flash
  router# copy tftp startup-config   //下载配置文件
  router# copy tftp://10.1.1.1/config.cfg nvram
          //从 IP 地址为 10.1.1.1 的 TFTP 服务器拷贝配置文件
  router# copy nvram tftp://10.1.1.1/config.cfg
           //在 IP 地址为 10.1.1.1 的 TFTP 服务器上保存配置文件
  router# delete nvram   //清除所有配置参数，升级交换机返回出厂时的缺省设置

(5) ROM 状态。

```
Ctrl+ Break                                          //进入 ROM 监控状态
rommon> confreg 0x2142                               //跳过配置文件
rommon> confreg 0x2102                               //恢复配置文件
rommon> reset                                        //重新引导
rommon> copy xmodem:< sname> flash:< dname>//从 Console 口传输文件
rommon> IP_ADDRESS= 10.65.1.2                        //设置路由器 IP
rommon> IP_SUBNET_MASK= 255.255.0.0                  //设置路由器掩码
rommon> TFTP_SERVER= 10.65.1.1                       //指定 TFTP 服务器 IP 地址
rommon> TFTP_FILE= c2600.bin                         //指定下载的文件
rommon> tftpdnld                                     //从 TFTP 下载
rommon> dir flash:                                   //查看 Flash 内容
rommon> boot                                         //引导 IOS
```

(6) 静态路由。

```
ip route < ip-address> < subnet-mask> < gateway>     //命令格式
router(config)# ip route 2.0.0.0 255.0.0.0 1.1.1.2   //静态路由举例
router(config)# ip route 0.0.0.0 0.0.0.0 1.1.1.2     //默认路由举例
```

(7) 动态路由。

```
router(config)# ip routing                           //启动路由转发
router(config)# router rip                           //启动 RIP 路由协议
router(config-router)# network < netid>              //设置发布路由
router(config-router)# negihbor < ip>                //点对点帧中继
```

(8) 基本访问控制列表。

```
router(config)# access-list < number> permit|deny < source_ip> < wild|any>
router(config)# interface < interface>       //default:deny any
router(config-if)# ip access-group < number> in|out   //default:out
```

(9) 扩展访问控制列表。

```
access-list < number> permit|deny icmp < S_IP wild> < D_IP wild> [type]
access-list < number> permit|deny tcp < S_IP wild> < D_IP wild> [port]
```

(10) 删除访问控制列表

```
router(config)# no access-list 102
router(config-if)# no ip access-group 101 in
```

(11) 路由器的 NAT 配置。

```
Router(config-if)# ip nat inside                     //当前接口指定为内部接口
Router(config-if)# ip nat outside                    //当前接口指定为外部接口
Router(config)# ip nat inside source static [p] < 私有 IP> < 公网 IP> [port]
Router(config)# ip nat inside source static 10.65.1.2 60.1.1.1
Router(config)# ip nat inside source static tcp 10.65.1.3 80 60.1.1.1 80
Router(config)# ip nat pool p1 60.1.1.1 60.1.1.20 255.255.255.0
```

```
Router(config)# ip nat inside source list 1 pool p1
Router(config)# ip nat inside destination list 2 pool p2
Router(config)# ip nat inside source list 2 interface s0/0 overload
Router(config)# ip nat pool p2 10.65.1.2 10.65.1.4 255.255.255.0 type rotary
Router# show ip nat translation
```

附录3 华为网络命令参考

1. 华为命令行视图

命令视图	功 能	提 示 符	进入命令
用户视图	查看路由器的简单运行状态和统计信息	<Quidway>	与路由器建立连接即进入
系统视图	配置系统参数	[Quidway]	在用户视图下键入 system-view
OSPF 协议视图	配置 OSPF 协议参数	[Quidway-ospf]	在系统视图下键入 ospf
RIP 协议视图	配置 RIP 协议参数	[Quidway-rip]	在系统视图下键入 rip
BGP 协议视图	配置 BGP 协议参数	[Quidway-bgp]	在系统视图下键入 bgp
IS-IS 协议视图	配置 IS-IS 协议参数	[Quidway-isis]	在系统视图下键入 isis
同步串口视图	配置同步串口参数	[Quidway-Serial1/0/0] [Quidway-Serial1/0/2:1]	在系统视图下键入 Interface serial 1/0/0（或 1/0/2:1）
以太网口视图	配置以太网口参数	[Quidway-Ethernet1/0/0]	在系统视图下键入 Interface ethernet1/0/0
子接口视图	配置子接口参数	[Quidway-serial1/0/0.1]	在系统视图下键入 interface serial1/0/0.1
虚拟接口模板视图	配置虚拟接口模板参数	[Quidway-virtual-template0]	在系统视图下键入 interface virtual-template 0
Loopback 接口视图	配置 Loopback 接口参数	[Quidway-Loopback2]	在系统视图下键入 interface loopback 2
NULL 接口视图	配置 Null 接口参数	[Quidway-NULL0]	在系统视图下键入 interface null 0
L2TP 组视图	配置 L2TP 组	[Quidway-l2tp1]	在系统视图下键入了 l2tp-group 1
E1/CE1 接口视图	配置 E1/CE1 接口的时隙捆绑方式和物理层参数	[Quidway-E1 1/0/0]	在系统视图下键入 controller e1 1/0/0
E3/cE3 接口视图	配置 E3/cE3 接口的物理层参数	[Quidway-E3 1/0/0]	在系统视图下键入 controller e3 1/0/0

续表

命令视图	功　能	提　示　符	进　入　命　令
CT1 接口视图	配置 CT1 接口的时隙捆绑方式和物理层参数	[Quidway-T1 1/0/0]	在系统视图下键入 controller t1 1/0/0
T3/cT3 接口视图	配置 T3/cT3 接口的物理层参数	[Quidway-T3 1/0/0]	在系统视图下键入 controller t3 1/0/0
虚拟以太网接口视图	配置虚拟以太网接口参数	[Quidway-virtual-Ethernet1/0/0]	在系统视图下键入 Interface virtual-ethernet1/0/0
用户界面视图	管理路由器异步和逻辑接口	[Quidway-ui0]	在系统视图下键入 user-interface 0
route-policy 视图	配置 BGP route-policy	[Quidway-route-policy]	在系统视图下键入 route-policy test node permit 10
POS 接口视图	配置 POS 接口参数	[Quidway-Pos3/0/0]	在系统视图下键入 interface pos 3/0/0
ATM 接口视图	配置 ATM 接口参数	[Quidway-Atm2/0/0]	在系统视图下键入 interface atm 2/0/0
千兆以太网接口视图	配置千兆以太网接口参数	[Quidway-GigabitEthernet6/1/0]	在系统视图下键入 interface GigabitEthernet6/1/0
PVC 视图	配置 PVC 参数	[Quidway-pvc-Atm1/0/0-1/32]	在 ATM 接口视图下键入 pvc 1/32

（2）华为交换机路由器基本命令。

命令	功能
display this	显示当前位置的设置信息
display 端口	显示端口的相关信息
shutdown	当进入一个端口后,使用 shutdown 可以关闭该端口
undo 命令	执行与命令相反的操作,如 undo shutdown 是开启该端口
sysname 设备名	更改设备的名称
interface eth-trunk 1	创建汇聚端口 1(若已创建则是进入)
interface GigabitEthernet0/0/1	进入千兆以太网端口 1 的设置状态
bpdu enable	允许发送 bpdu 信息
ip address 192.168.0.10 24	设置 ip 地址,24 代表 24 位网络号
vlan 10	进入 VLAN 10 的配置状态
quit	退出当前状态

附录4 思科与华为常用命令对照表

命令的作用	思科路由器命令	华为路由器命令
显示当前配置	show run	display current
显示已保存的配置	show start	display saved
显示版本	show version	display version
显示路由器板卡信息	show diag	display device
显示全面的信息	show tech	display base
显示接口信息	show interface	display interface
显示路由表	show ip route	display ip routing
显示 CPU 占用率	show pro cpu	display cpu-usage
显示内存利用率	show pro mem	display memory-usage
显示日志	show logging	display logbuffer
显示时间	show clock	display clock
进入特权模式	enable	super
退出特权模式	disable	quit
进入设置模式	config terminal	system
进入端口设置模式	interface 端口	interface 端口
设置端口封装模式	encapslution	link-protocl
设置 E1 端口非成帧模式	unframe	using E1
退出设置模式	end	return
返回上级模式	exit	quit
删除某项配置数据	no	undo
删除整个配置文件	erase	delete
保存配置文件	write	save
设置路由器名字	hostname	sysname
创建新用户	username	local-user
设置特权密码	enable secret	super password
启动 RIP 路由协议	router rip	rip
启动 OSPF 路由协议	router ospf	ospf
启动 BGP 路由协议	router bgp	bgp
引入路由信息	redistribute	import-route

续表

命令的作用	思科路由器命令	华为路由器命令
设置控制访问列表	access-list	acl
配置日志信息	logging	info-center
配置VTY端口信息	line vty 0 4	user-interface vty 0 4
设置VTY登录密码	password	set authentication password
清除统计信息/复位进程	clear	reset
重启路由器	reload	reboot

参 考 文 献

[1] 董南萍,郭文荣,周进.计算机网络与应用教程[M].北京:清华大学出版社,北京交通大学出版社,2005.

[2] 尚晓航.计算机局域网与 Windows 2000 实用教程[M].北京:清华大学出版社,2003.

[3] 罗昶,黎连业,潘朝阳,等.计算机网络故障诊断与排除[M].3版.北京:清华大学出版社,2016.

[4] 赵刚.网络综合布线[M].北京:清华大学出版社,2014.

[5] 龚啓军,何胤.网络综合布线[M].重庆:重庆大学出版社,2014.

[6] 褚建立.网络综合布线实用技术[M].北京:清华大学出版社,2011.

[7] 周庆.网络工程与综合布线项目教程[M].北京:清华大学出版社,2012.

[8] 胡金良,王彦,刘书伦.综合布线系统工程技术[M].北京:北京师范大学出版社,2014.

[9] 方水平.综合布线实训教程[M].3版.北京:人民邮电出版社,2014.

[10] 吴素全.综合布线系统及施工[M].北京:清华大学出版社,2014.

[11] 程控,金文光.综合布线系统工程[M].北京:清华大学出版社,2005.

[12] 汪双顶,姚羽.网络互联技术与实践教程[M].北京:清华大学出版,2009.

[13] 刘京中,邵慧莹.网络互联技术与实践教程[M].北京:电子工业出版社.2012.

[14] 汪双顶,武春岭,王津.网络互联技术(实践篇)[M].北京:人民邮电出版社,2017.

[15] 李畅,刘志成,张平安.网络互联技术(实践篇)[M].北京:人民邮电出版社,2017.

[16] 汪双顶,武春岭,王津.网络互联技术(理论篇)[M].北京:人民邮电出版社,2017.

[17] 雷震甲.网络工程师教程[M].3版.北京:清华大学出版社,2009.

[18] 贾铁军.网络安全实用技术[M].北京:清华大学出版社,2011.